Landschaftsformen und Landschaftselemente
im Hochgebirge

Springer-Verlag Berlin Heidelberg GmbH

Alexander Stahr   Thomas Hartmann

Landschaftsformen und Landschaftselemente im Hochgebirge

Mit 273 Abbildungen

 Springer

Dr. Alexander Stahr
Thomas Hartmann

Fotos auf Buchumschlag:
Großes Bild: Piz Palü-Ostgipfel in der Berninagruppe/Schweiz
Kleine Bilder: (oben) Blick auf das Lagginhorn in den Walliser Alpen; *(Mitte)* Erosionsrinnen am Taboche im Khumbu Himal; *(unten)* Gipfel des Pumori im Khumbu Himal.

ISBN 978-3-540-65278-6

Die Deutsche Bibliothek - CIP-Einheitsaufnahme

Stahr, Alexander R.: Landschaftsformen und Landschaftselemente im Hochgebirge / Alexander Stahr; Thomas Hartmann. - Berlin; Heidelberg; New York; Barcelona; Hongkong; London; Mailand; Paris; Singapur; Tokio: Springer 1999
ISBN 978-3-540-65278-6   ISBN 978-3-642-58466-4 (eBook)
DOI 10.1007/978-3-642-58466-4

Umschlaggestaltung: de'blik, Berlin
Satz: Reproduktionsfertige Vorlage der Autoren
Herstellung: Renate Münzenmayer

SPIN: 10669717 30/3136 - 5 4 3 2 1 0 - Gedruckt auf säurefreiem Papier

Vorwort

Wenn der Berg ruft, dann kommen sie: die Wanderer und Bergsteiger, die Schüler, Studenten und Wissenschaftler, die Junioren und die Senioren, die Gemäßigten und die Extremen. Sie kommen alle, und sie kommen gern. Genaue Zahlen gibt es nicht, aber es dürften jährlich Millionen sein, die diesem Ruf erliegen und in die Hochgebirge der Welt reisen.

Wir alle haben Freude an den Schönheiten der Berge, wir fotografieren sie, durchwandern ihre Täler, steigen über ihre Gletscher und klettern durch ihre Wände. Wir glauben oft zu wissen, was wir dabei an verschiedenen Landschaftsformen und Landschaftselementen sehen. Können wir sie aber auch beschreiben oder erklären? Und was eigentlich wissen wir über ihre Entstehung? Wir treffen auf sie, so lange wir in den Bergen sind. Aber wie heißen die Dinge, die wir sehen? Was genau können wir über die vielfältigen Landschaftsformen sagen und worin besteht eigentlich der Unterschied zum Landschaftselement? Uns sind Namen wie Reinhold Messner, Hermann Buhl oder Luis Trenker geläufig, aber kennen wir die Begriffe "Stockwerkbau", "Ufermoräne" oder "Firnspiegel"?

Dieses Buch soll über die vielfältigen Landschaftsformen und die wesentlichen Landschaftselemente im Hochgebirge Auskunft geben. Es ist ein verständliches, reich illustriertes Lehrbuch, Ratgeber und Nachschlagewerk zugleich. Das Buch wendet sich daher sowohl an den interessierten Laien als auch an Schüler, Lehrer oder an die Studenten der Geowissenschaften zur Einführung in die geomorphologische Vielfalt der Hochgebirge. Es kann und will jedoch kein herkömmliches Lehrbuch ersetzen. Zum vertiefenden Studium der behandelten Themen sei auf die weiterführenden Schriften im Literaturverzeichnis verwiesen.

Inhaltliche Übereinstimmungen zwischen dem laufenden Text und den Bildbeschreibungen sind gewollt. Damit ist dem Benutzer die Möglichkeit gegeben, in den meisten Fällen schon anhand der Bildbeschreibungen, d. h. weitgehend unabhängig vom laufenden Text, wesentliche Informationen über das behandelte und fotografisch dargestellte Phänomen zu erhalten.

Die Beispiele stammen aus Europa, Asien, Südamerika und Ozeanien. Vollständigkeit wurde dabei nicht angestrebt. Es wäre ohnehin unmöglich, die enorme Vielfalt der Landschaftsformen im Hochgebirge in einem Buch umfassend aufzunehmen. Fotos und Textinhalt beschränken sich daher auf eine subjektive Auswahl. Vielleicht werden einige Leserinnen und Leser Luftaufnahmen vermissen. Wir haben bewußt darauf verzichtet, denn die Fotos sollen die Hochgebirgslandschaft und ihre Phänomene aus Perspektiven zeigen, wie wir sie auch auf Wanderungen, beim Klettern oder beim Durchfahren sehen können.

Für das Überlassen von wertvollem Fotomaterial geht ein herzlicher Dank an Frau Dr. Gotlind Blechschmidt (Augsburg), Frau Brigitte Reber (Frankfurt am

Main), Herrn Dr. Ewald Langenscheidt (Rotthalmünster), Herrn Herbert Funk (Frankfurt am Main), Herrn Heinz-Felix Stahr (Frankfurt am Main), Herrn Dr. Peter Ippach (Kiel), Herrn Prof. Dr. Jürgen Heinrich (Leipzig), Herrn Thomas Winterstein (Offenbach am Main) sowie an die Gemeindeverwaltung Prägraten am Großvenediger (Osttirol). Ein ganz besonderer Dank gilt an dieser Stelle unseren Frauen Christiane Stahr und Christina Hartmann sowie Frau Sandra Kohl M. A. (Heusenstamm) für die Durchsicht und Redigierung des Manuskriptes.

Wir hoffen, einer breiteren Öffentlichkeit die faszinierende Formenvielfalt in den Hochgebirgen auf den folgenden Seiten näher zu bringen und ein Verständnis für die wesentlichen geomorphologischen Zusammenhänge in der Hochgebirgs-landschaft zu vermitteln.

Wiesbaden/Eppstein, im Frühjahr 1999   Alexander Stahr
                                                       Thomas Hartmann

Inhaltsverzeichnis

1 Einführung

Man begegnet ihnen auf allen Kontinenten. Ihr Antlitz kann gewaltig sein, verlockend schön, aber auch abweisend, drohend und gefährlich. Sie erstrecken sich einerseits über tausende von Kilometern Länge und bedecken andererseits gerademal ein Gebiet von nur wenigen hundert Quadratkilometern. Die Rede ist von den Hochgebirgen unserer Erde. Dieses Stichwort löst eine Vielfalt von Assoziationen aus. Zunächst denkt man vielleicht an ein bestimmtes Gebirge, an eine Region, in der man schon einmal gewesen ist oder die als Reiseziel bevorsteht – an die Alpen, die Rocky Mountains, den Himalaya oder an die Gebirgswelt Skandinaviens. Bilder von berühmten Gipfeln kommen einem in den Sinn. Man hat das Matterhorn vor Augen, den Mont Blanc, vielleicht die Drei Zinnen in den Dolomiten, den Mount McKinley oder den 8611 m hohen K2, den zweithöchsten Berg der Welt. Man denkt an das Bild des wettergegerbten Bergbauern in den Alpen, der bemüht ist, dem Boden und den Steilhängen einen Ertrag abzuringen und der heutzutage gegen das wirtschaftliche Aus kämpfen muß. Es sind vielleicht aber auch die exotischen Bergvölker, die Berber, die Balti, die Hunzas, die Sherpa und andere, an die man denkt und deren Leben gekennzeichnet ist durch eine karge Saat in einer harten Erde. Es werden einem jene Alpinisten in den Sinn kommen, die durch senkrechte Wandfluchten auf hohe Zinnen steigen und die sich in die lebensfeindlichen Sphären der sieben- und achttausend Meter hohen Berge begeben. Und nicht zuletzt sind es die schier unerschöpflichen und markanten Formen in der Hochgebirgslandschaft, aber auch Naturgewalten wie tosende Wildwasser oder langsam zu Tal strömende Gletschermassen, die wir mit dem Wort Hochgebirge verbinden.

1.1
Hochgebirgslandschaft im Bewußtsein des Menschen

Gebirge haben im Bewußtsein vieler Menschen ihren festen Platz als eine an Naturschönheiten reiche Landschaft, als Refugium der Stille und Erholung oder als Stätte alpinistischer Betätigungen. Aber Hochgebirge hatten für die Menschen verschiedener Kulturkreise auch ganz unterschiedliche Bedeutungen. Wurden bereits in präkolumbianischer Zeit von Indianerstämmen auf dem Gipfel des 6739 m hohen Llullallaco in den chilenischen Anden Opfergaben dargebracht, so galten zu dieser Zeit die Alpen als geächtet. Sie waren gefürchtet als Hort der Dämonen, Geister und Unwesen und wurden von der Kirche gar zu einem Vorhof der Hölle erklärt. Auch heute noch, an der Schwelle zum dritten Jahrtausend, sind die Gipfel des Himalaya für die Sherpa, die Tibeter und andere Bergvölker, heilige Orte (Bild 1.1.). Als "Thron der Götter" verehrt sind einige Gipfel, wie der

Machapuchare im Anapurnagebiet, so heilig, daß sie nicht bestiegen werden dürfen. Selbst der höchste Punkt des dritthöchsten Berges der Erde, der Gipfel des 8598 m hohen Kangchendzönga, darf von Menschen nicht betreten werden. Der Fudschijama gilt den Japanern ebenso als heiliger Berg wie der Vulkan Ruapehu den Maori auf Neuseeland. Die Griechen betrachteten den Olymp als Götterberg schlechthin und die Bibel erwähnt den 5165 m hohen Vulkan Ararat im türkischen Hochland als Landeplatz der Arche Noah.

Bild 1.1. Heiliger Berg (Ama Dablam, Khumbu Himal, Nepal)

Die 6859 m hohe Ama Dablam gilt den Sherpa als heiliger Berg und in Alpinistenkreisen als einer der schönsten Berge der Welt. Im Gegensatz zu anderen heiligen Bergen des Himalaya darf der Gipfel der Ama Dablam betreten werden.

Was aber sind die Gründe dafür, daß Hochgebirge für Menschen so bedeutungsvoll sind? Warum sind sie Thron der Götter, warum wurde auf ihren Gipfeln geopfert, wieso steht auf so vielen Alpengipfeln ein Kreuz (Bild 1.2.) und warum pilgern fromme Buddhisten und Hinduisten zum heiligen Berg Kailash und umrunden ihn, in dem sie die Wegstrecke kriechend mit ihrem Leib ausmessen und dafür zwei Wochen benötigen? Zweifelsohne waren die frühesten Beziehungen des Menschen zu den Bergen religiöser und mythischer Art und es erscheint verständlich, daß einerseits die obersten Gebirgsregionen ängstlich gemieden wurden, man andererseits aber annahm, auf dem "Götterthron" selbst am besten fähig zu sein, seine Verehrung zu beweisen. Von den unerschöpflichen Landschaftsformen auf der Erde sind die Berge mit ihren gewaltigen Wänden (Bild 1.3.), Graten, Gletschern und Schluchten wohl die eindrucksvollsten. Und sie waren es sicherlich, die viele Naturvölker, aber auch den christlich geprägten Menschen nachhaltig beeindruckten, gar verängstigten und sie waren es, die den Menschen veranlassten, sie letztendlich für ihre Mythen und Kulte auszuwählen. Von der furchteinflößenden und mysthisch-religiösen Wirkung vieler unerklärbarer, rätselhafter Landschaftsformen und Naturerscheinungen auf den Menschen gibt es zahlreiche Beispiele und Überlieferungen. Gletschertöpfe wurden von den Menschen in den Alpen als Teufelsmühlen oder Hexenkessel interpretiert, Findlinge oder erratische Blöcke nannte man Druiden-, Hexen- oder Teufelssteine (Bild 1.4., s. a. Kap. 9.2) und die Bewegung des Gletschereises wurde geheimnisvollen Zauberkräften zugeschrieben (Bild 1.5.). In der Schweizer Berninagruppe finden wir den *Lej Sgrischus*, den schauerlichen See und in den Ampezzaner Dolomiten den Hexenstein, einen eigenartig geformten Felsgipfel. Der Mount Everest heißt in der Sprache der Tibeter Chomolungma und bei den Nepalesen Sagarmatha, was soviel bedeutet wie Mutter der Erde.

Bild 1.2. Gipfelkreuz (Guslarspitze, Ötztaler Alpen, Österreich)

Warum steht auf so vielen Alpengipfeln ein Kreuz? Vielleicht mag eine an Gipfelkreuzen des öfteren zu lesende Inschrift die Frage beantworten: "Viele Wege führen zu Gott, einer davon über die Berge". Ist es vielleicht aber auch eine Demonstration der Erhabenheit der religiösen Macht über die gewaltige Natur des Hochgebirges, das dem europäischen Menschen über Jahrhunderte als Hölle auf Erden galt?

Seit Beginn der menschlichen Besiedelung der Hochgebirge - die ältesten Zeugnisse davon werden im Alpenraum auf rund 100.000 Jahre datiert - mußte sich der Mensch mit den Naturgewalten arrangieren, gleich ob er sie fürchtete oder ehrfurchtsvoll als unveränderlichen Teil seines Lebensraumes betrachtete. Für die Hochkulturen der Antike waren Gebirge hingegen nichts anderes als zu überwindende Hindernisse. Die Römer betrachteten die Berge geradezu mit Abscheu. Der von römischen Schriftstellern geprägte Begriff *montes horribiles*, die "furchterregenden Berge", spricht für sich. Diese Anschauung vertiefte sich im Mittelalter zu einer regelrechten Angst vor dem Hochgebirge. Das Gebirge galt schlechthin als Hölle auf Erden. In mittelalterlichen Beschreibungen von Reisen durch die Alpen sucht man daher vergebens Äußerungen über die Schönheit und Pracht der Landschaft und ihre faszinierende Formenvielfalt. Mangels naturwissenschaftlicher Erkenntnisse über das Hochgebirge stand man der Natur und ihren Elementen lange Zeit hilflos und vor allem ohne jegliches Verständnis gegenüber. Gefördert wurde dies durch den lähmenden Einfluß der Kirche auf die geowissenschaftliche Forschung bis in das 19. Jahrhundert hinein.

Bild 1.3. Steilwand (Piz Ciavazes, Dolomiten, Italien)

Senkrechte, hunderte von Metern hohe Felswände wirken auf Menschen nicht nur faszinierend oder verlockend. Landschaftsformen wie diese stellen für viele Menschen auch eine irrationale Bedrohung dar. Auch mancher aufgeklärte, moderne Zivilisationsmensch verspürt eine Beklemmung oder fühlt sich eingeengt angesichts dieser überwältigenden Formen. Was muß wohl der Mensch in früheren Zeiten beim Anblick solch gewaltiger Felswände verspürt haben?

Gegen Ende des 18. Jahrhunderts suchte der schottische Naturforscher und Geologe James Hutton (1726-1797) die Schweizer Alpen auf. Er fand Gesteinsblöcke, die nicht zum Gestein der umliegenden Berge paßten. Nach eingehenden Beobachtungen der Landschaft kam Hutton zu dem Schluß, daß die Gletscher, auf denen er viele solcher Blöcke sah, nach unten fließen und dabei die großen Gesteinsblöcke transportieren. Als sich die Gletscher auflösten, kombinierte Hutten, setzten sie ihre Gesteinsfracht in weiter Entfernung von ihrem Herkunftsgebiet wieder ab. Diese Ansicht wurde damals nicht gern akzeptiert, denn die herumliegenden Findlinge wurden von der Kirche als unwiderlegbarer Beweis für die Sintflut angesehen, die diese Steine über Berg und Tal gerollt hatte. Doch allmählich kam eine ganze Reihe von nachdenklichen, aufgeschlossenen Menschen, unter ihnen Wissenschaftler, Jäger, Brückenbauer und Holzfäller, zu der selben Erkenntnis wie Hutton. Auch sie sahen die Findlinge und bemerkten die merkwürdig polierten, regelrecht glattgehobelten Felsen am Talboden. Das schien für sie doch eher die Arbeit von Gletschern zu sein als das Ergebnis der Sintflut. Die klugen Beobachter waren aber nicht berühmt oder mächtig genug, um den Menschen die Augen für die wirklichen Ursachen vieler Landschaftsformen zu öffnen.

Bild 1.4. ”Druidenstein” (Saas Grund, Walliser Alpen, Schweiz)

Das vereinzelte Vorkommen großer Gesteinsblöcke inmitten eines weiten Talbodens konnten sich die Menschen lange Zeit nicht erklären. Man schrieb diese Findlinge dem Walten dunkler Mächte und Zauberer zu. Die Bezeichnungen ”Druidenstein”, ”Hexenstein” oder ”Teufelsstein” sprechen für sich.

Anläßlich eines Treffens der Schweizer Gesellschaft der Naturwissenschaften in Neuchátel hielt der brillante schweizerisch-amerikanische Zoologe, Paläontologe und Geologe Jean Louis Rodolphe Agassiz (1807-1873) im Juni 1837 die Eröffnungsrede. Einige der führenden Geowissenschaftler Europas waren anwesend. In seiner Rede kam Agassiz zu dem Schluß, daß nicht die Sintflut die Findlinge bewegt hatte, sondern die Gletscher. Und er erklärte, daß das Tal, in dem sie sich gerade befanden, einst unter einer eineinhalb Kilometer dicken Eisschicht begraben war. Weiter erklärte er, daß die Gletscher ehemals über ganz Europa verbreitet waren. Die anwesenden Wissenschaftler und Mitglieder der Gesellschaft waren wütend und empört über die Aussagen von Agassiz. Er bat die Tagungsteilnehmer, ihm nach draußen zu folgen, um die Beweise für seine Aussagen vor Ort zu begutachten. Auf dieser Exkursion konnte Agassiz einige Fürsprecher gewinnen. Doch es benötigte noch einen langen, harten internationalen Feldzug, um auch die letzten Zweifler davon zu überzeugen, daß sich die Gletscher bewegen, daß sie über weite Teile Europas verbreitet waren und daß sie die Ursache für die unterschiedlichsten Phänomene in der Gebirgslandschaft darstellen.

Vielleicht war es auch zu einem gewissen Anteil der Alpinismus, die Idee, als Selbstzweck auf die Berge zu steigen, der zum beginnenden Verständnis der Hochgebirgslandschaft, zum Interesse an ihren Formen und Elementen entscheidend beitrug. Das Jahr 1336 markiert die Geburtsstunde des modernen Alpinismus. Der lyrische Dichter Francesco Petrarca bestieg, "einzig von dem Wunsche beseelt, die bemerkenswerte Höhe kennenzulernen", gemeinsam mit seinem jüngeren Bruder Girardo am 26. April den 1912 m hohen Mont Ventoux, einen typischen Voralpenberg der Provence. Zwar gilt es als sicher, daß lange vor 1336 deutlich höhere Berge - und nicht nur in den Alpen - von Jägern, Hirten und Bauern bestiegen wurden. Aber Petrarca war der erste Bergsteiger und Aufklärer, der sein Erlebnis, seine Empfindungen und Gedanken niederschrieb und der Nachwelt hinterließ. Die Geschichtsschreibung verlieh ihm den Ehrentitel "Vater des Alpinismus". Im Laufe der nächsten Jahrhunderte schwand bei immer mehr Menschen die Furcht vor dem Hochgebirge und ließ so Raum für eine sehr menschliche Eigenschaft entstehen - die Neugierde. Kein geringerer als Leonardo da Vinci (1452-1519) unternahm gegen Ende des 15. Jahrhunderts Bergwanderungen im Monte Rosa-Gebiet. Und dies nicht nur, um wissenschaftlich Höhen zu messen und Notizen über optische Erscheinungen anzufertigen, sondern sicherlich auch zum Selbstzweck, zur Freude an der Landschaft, was sich nicht zuletzt in seinen Gemälden ausdrückt. Im Jahre 1511 erstieg Leonardo den 2556 m hohen Monte Bo im Monte Rosa-Stock. Und zunehmend verband sich der Selbstzweck des Alpinismus mit dem Drang zu Forschen. So schreibt der Schweizer Naturforscher Conrad Gessner (1516-1565) an seine Freunde:

> Ich bin fest entschlossen, jedes Jahr, solange mir Gott das Leben schenkt, einige Berge oder doch mindstens einen zu besteigen, und zwar zur Zeit, da die Bergflora in voller Blüte steht, sowohl um diese zu untersuchen als auch um meinem Körper eine edle Übung und meinem Geiste eine Freude zu verschaffen. Welches Vergnügen, welche Wonne gewährt es doch dem Geiste, die ungeheuren Bergmassen zu bewundern und das Haupt bis in die Wolken zu erheben! Die Geistesschwachen hocken untätig zu Hause, sie wälzen sich im Kote, durch Profit und gemeine Begier verwirrt; die Jünger der Weisheit aber werden stets das leibliche und geistige Auge an den Schauspielen des irdischen Paradieses weiden, unter denen nicht die letzten Herrlichkeiten die schroffen Gipfel, die unzugänglichen Abstürze, die himmelanstrebenden Wände, die zerklüfteten Felsen sind.

Dann trat ein Rückschlag ein, der nicht nur den Alpinismus sondern die ganze Wissenschaft und Kultur des deutschen Sprachraumes traf. Soziale, religiöse und dynastische Kriege verschütteten die so verheißungsvoll begonnene Entwicklung. Als Mitteleuropa endlich befriedet war, schaute man nicht mehr nach den unwirtlichen Alpen oder anderen Gebirgen. Alles blickte nach den kunstvoll angelegten Alleen von Versailles, wo man die Natur eher wie eine Theaterdekoration behandelte. Aber vielleich taten die Alpen auch selbst das Ihre hinzu, daß man sich von ihnen abwendete und sie weniger kannte als früher. Denn sie wurden unwegsamer, als während der "kleinen Eiszeit" im Laufe des 16. und 17. Jahrhunderts die Gletscher vorstießen und den Zugang zu manchem ehemals schnee- und eisfreien Paß versperrten. Erst im 18. Jahrhundert begann erneut das Interesse am Alpinismus und an der Natur der Hochgebirge. Und nicht nur das. Die schrecklichen Berge wandelten sich zu schönen Bergen, das romantische Bild des Hochgebirges, insbesondere der Alpen, war geboren. Die industrialisierte Gesellschaft entwarf einen idyllischen Kontrast zu sich selbst, der im Grunde genommen, trotz aller ökologischen, ökonomischen und politischen Probleme in den Hochgebirgen der Welt, bis heute Bestand hat.

Bild 1.5. Gletscher (Vadret da Morteratsch, Berninagruppe, Schweiz)

Jahrtausende lang waren Gletscher für den Menschen geheimnisvolle Phänomene. Nur wenige Unerschrockene wagten es, einen Gletscher zu betreten. Für den gut ausgerüsteten und erfahrenen Alpinisten unserer Zeit ist das Begehen der Gletscher in der Regel kein Problem und eher Selbstverständlichkeit. Daß sich Gletscher bewegen, wußte der Mensch schon lange. Doch warum, das wußte er nicht. Als Erklärung zog man daher geheimnisvolle Zauberkräfte heran. Der Schweizer Naturforscher Horace Bénédict de Saussure (1740-1799), einer der ersten Menschen auf dem Mont Blanc, war auch einer der ersten Wissenschaftler, der eine nachvollziehbare Deutung für die Bewegung der Gletscher vorlegte, indem er den Einfluß der Schwerkraft auf die Eisbewegung beschrieb.

Der geniale Universal-Naturwissenschaftler Friedrich Heinrich Alexander Freiherr von Humboldt (1769-1859) unternahm im Jahre 1802 einen Besteigungsversuch des 6310 m hohen Chimborazo in Ecuador. Obwohl sein Versuch scheiterte, gelangte Humboldt immerhin bis auf 5893 m. Damit stellte er einen lange geltenden Höhenrekord auf. Aber es ging Humboldt nicht nur um den alpinistischen Aspekt, sondern auch um vulkanologische Untersuchungen. Darüber hinaus stellte er vergleichende Untersuchungen im Hochgebirge über Gipfelhöhen, Paßhöhen, Hochflächen, Wasserfälle und die Grenzen des ewigen Schnees an. Als Begründer des Forschungsalpinismus gilt jedoch der Schweizer Naturforscher Horace Bénédict de Saussure (1740-1799), der als einer der ersten den Mont Blanc bestieg. Er war auch einer der ersten, der eine vernünftige Erklärung für die Bewegung der Gletscher fand, die man bis dahin auf geheimnisvolle Zauberkräfte zurückführte. De Saussure erkannte den Einfluß der Schwerkraft auf die Eisbewegung.

Eine Vielzahl von Wissenschaftlern, darunter der Schweizer Geologe Albert Heim (1849-1937) und die deutschen Geographen Eduard Brückner (1862-1927) und Albrecht Penck (1858-1945), brachten uns in den folgenden zwei Jahrhunderten weitere wesentliche Erkenntnisse über das Wesen, die Elemente und die Formen des Hochgebirges, die jahrhundertelang die Phantasie der Menschen beflügelten und ihre Ängste schürten. Dabei darf nicht unerwähnt bleiben, daß eine große Zahl an Landschaftsformen im Hochgebirge vom Menschen selbst geschaffen wurden. So sind z. B. künstlich angelegte Hangverflachungen, die zur Verringerung der Bodenerosion dienen, in vielen Hochgebirgen anzutreffen. In einigen Regionen des Himalaya oder in den West- und Südalpen sind solche Terrassen über weite Bereiche sogar landschaftsprägend (s. a. Kap. 12.1).

Bild 1.6. Kulturlandschaft (Mischabelgruppe, Walliser Alpen, Schweiz)

Lediglich die Bereiche der Gipfelregionen und des "ewigen Eises" sind innerhalb der Kulturlandschaft Alpen, aber auch zahlreicher anderer Hochgebirge, noch partiell Naturlandschaft. Und das auch nur bedingt, da die Beeinflussung der wenigen unberührten, also alpinistisch uninteressanten Flecken durch die Belastung mit Luftschadstoffen im Grunde genommen auch nicht mehr natürlich sind. Hinzu kommt der Düngeeffekt von seiten der steigenden Stickstoffbelastung der Luft, wodurch letztendlich auch die Artenzusammensetzung der Pflanzengesellschaften mehr oder weniger stark beeinflußt wurde und wird.

Durch die weitgehende Rodung des Waldes zur Gewinnung von Almflächen in der subalpinen Stufe (S. 22), wurde die Waldobergrenze in den Alpen nahezu überall um 200-400 m gesenkt. Die mannigfaltigen Erosionsformen, die dadurch in den Almregionen trotz Jahrhunderte langer intensiver Pflege von Wiesen und Weiden immer wieder auftraten, sind als *quasinatürlich* zu bezeichnen. Das bedeutet, daß die Erosion zwar vom Menschen durch die landwirtschaftliche Nutzung ehemals bewaldeter Bereiche ausgelöst wird, dann aber natürlichen Gesetzmäßigkeiten folgt. Selbst großflächige Bergsturzablagerungen, mit den dazugehörigen Landschaftsformen (Kap. 4.2.1), sind mitunter auf den menschlichen Einfluß zurückzuführen. Beispiele dafür gibt es in den Alpen genügend. Hierzu gehört der Bergsturz von Elm 1881 im Schweizer Kanton Glarus (s. a. Kap. 4.2.1) ebenso, wie die Felsgleitung in den italienischen Vaiont-Stausee im Jahre 1963, um nur zwei Ereignisse zu nennen. Im ersten Fall war der Abbau eines Schiefers die Ursache, im zweiten Fall hatten der Aufstau eines Sees und die hineingleitenden Gesteinsmassen verheerende Folgen im Talbereich (s. a. Kap. 12.2).

Auch in den Tallagen veränderte der Mensch viele Hochgebirgslandschaften massiv. Talauen wurden trockengelegt und in Kulturland umgewandelt, Flüsse begradigt oder aufgestaut und Wildbäche verbaut. Für den Abbau von Rohstoffen wurden mitunter ganze Bergmassive "abgenagt". Zurück blieben kahle Steinbrüche von teilweise meheren hundert Metern Höhe. Beim Wandern oder Bergsteigen in den vom Menschen erschlossenen Hochgebirgen wird wahrscheinlich nur wenigen bewußt, daß sie sich nicht mehr in unberührter Wildnis, sondern in einer Kulturlandschaft bewegen (Bild 1.6.). Ganz besonders trifft dieser Umstand auf die Alpen zu, dem infrastrukturell am besten erschlossenen Hochgebirge der Erde. Erst wenn wir uns durch die dicht besiedelten Täler über gut asphaltierte Straßen und gewagte Brückenkonstruktionen bewegen, wenn auf der vielbefahrenen Paßstraße oder an einem der vielen Grenzübergänge der Alpen nichts mehr geht, erfahren wir die "Kulturlandschaft" unmittelbar.

Wenngleich uns die meisten natürlichen Erscheinungen und Formen in der Hochgebirgslandschaft von der Wissenschaft erklärt wurden und wir heute viel tiefere Einblicke in Entstehungsprozesse und komplexe Zusammenhänge besitzen als unsere Vorfahren, so haben sie bis heute noch nichts von ihrer Faszination und Anziehungskraft verloren. Und es ist gerade die außerordentlich große landschaftliche Vielfalt der Hochgebirge mit einer Fülle an hochinteressanten und auffälligen Landschaftsformen auf engstem Raum, die alljährlich Millionen von Menschen in die Gebirge und Hochregionen der Erde zieht.

Daß der Tourismus jedoch vielerorts auch ökologische, ökonomische und letztendlich kulturelle Probleme mit sich bringt, dürfte mittlererweile jedem, der am Hochgebirge interessiert ist, hinlänglich bekannt sein (vgl. Kap. 12.3). Die Hochgebirgslandschaft hat im Bewußtsein des modernen Menschen, anders als es bei unseren Vorfahren über Jahrhunderte der Fall war, kaum noch überschaubare Stellenwerte, sei es als letzte Wildnis, als Erholungsraum, als Wirtschaftsfaktor, als Energie- und Rohstoffquelle, als staatliche Identität oder als Heimat, als Lebensraum. Und von einigen Zeitgenossen wird die Hochgebirgslandschaft, im krassen Gegensatz zum klassischen Alpinismus, gar zum Sportgerät, zum Spielraum für Freeclimbing, Mountainbiking, Paragliding oder Rafting degradiert (Bild 1.7.).

Bild 1.7. Landschaftsform als Sportgerät? (Mattstock, Walensee, Schweiz)

Reibungskletterei am Mattstock im VI. Schwierigkeitsgrad. Für den engagierten Sportkletterer von heute kaum noch eine Herausforderung. Er denkt vielmehr an den X. oder XI. Grad. Hierin liegt die Gefahr, daß die grandiose Hochgebirgslandschaft, ihre Wände, Grate und Felsplatten von immer mehr "Spezialisten" nur noch als "Sportgerät" wahrgenommen werden.

1.2
Landschaftsformen und Landschaftselemente?

Dieses Buch trägt den Titel: "Landschaftsformen und Landschaftselemente im Hochgebirge". Landschaftsformen und Landschaftselemente? Im Grunde genommen eine eindeutige Sache: Das Buch handelt von der Landschaft des Hochgebirges und seinen Formen. Doch bei näherer Überlegung wird man sich vielleicht fragen: Was ist eine Landschaftsform und was ein Landschaftselement? Und was eigentlich ist der Unterschied zwischen diesen Begriffen? Wie sind diese Begriffe definiert? Ist eine Landschaftsform nicht ein Berg oder ein Tal und sind diese nicht zugleich auch Landschaftselemente? Warum also zwei Begriffe? Nun, diese Fragen sind durchaus berechtigt und zu erwarten.

Ein Felsgrat ist eine Landschaftsform. Er ist aber auch im allgemeinen Wortverständnis ein Landschaftselement, ein Element einer Berggruppe oder ein Wesenszug eines Berges. In diesem Sinne ist auch ein Tal eine Form und ein Element der Hochgebirgslandschaft zugleich. Wir können dieses Spiel nun beliebig fortsetzen. Aber: Ist ein Gletscher eine Landschaftsform? Hier wird es etwas komplizierter. Denn ein Gletscher schafft ganz bestimmte Landschaftsformen, wie z. B. Kare (Kap. 9.1). Nur der Geologe würde spontan sagen: ja! Denn für ihn ist Eis ein Gestein und aus diesem besteht für ihn der Gletscher. Er ist demnach eine Form in der Landschaft wie ein Berggipfel aus Fels. Und er ist entsprechend den oben getroffenen Aussagen gleichzeitig ein Landschaftselement. Aber sind tektonische Prozesse, Gestein und Klima, die zusammen die wesentlichen Landschaftsformen hervorrufen, selbst Landschaftsformen? Sicherlich nicht.

Das Buch könnte demnach den Titel "Landschaftselemente im Hochgebirge" tragen, da alle Landschaftsformen den bisherigen Ausführungen zufolge auch Landschaftselemente sind. Das Wort "Element" stammt vom lateinischen *elementum*, was Grundstoff bedeutet. Man kann das Wort *elementum* im übertragenden Sinn mit Grundlage übersetzen. Ist nun ein bestimmter Felsgrat eine Grundlage der Landschaft? Bestimmt nicht. Denn irgendwann ist er erodiert, einfach verschwunden. Grundlagen der Landschaft sind u. a. klimatische, geologische oder hydrologische Prozesse, da sie ihr Aussehen bestimmen. In der Geographie findet man für diese Grundlagen den Begriff *Geofaktoren*. Sie umfassen definitionsgemäß auch Flora, Fauna und den Menschen.

Bei der Verwendung dieses feststehenden Begriffes in einem Buchtitel sollte man daher auch die Darstellung von Landschaftsformen erwarten können, die durch Tiere und Pflanzen hervorgerufen werden. Diese Faktoren wurden aber - abgesehen vom Menschen (auch der Mensch gehört zum Tierreich, vgl. Kap. 12.4) - in diesem Buch nicht berücksichtigt. Denn im Hinblick auf die Handlichkeit des Buches, setzt schon die fast unüberschaubare Fülle an Landschaftsformen im Hochgebirge, für die Tiere und Pflanzen nicht maßgebend sind, eine Beschränkung auf das Wesentliche voraus.

Für diejenigen Faktoren, welche die dargestellten Landschaftsformen im Hochgebirge hervorbringen, wurde daher der freiere Begriff "Landschaftselement" verwendet.

1.3
Definition von Hochgebirge

Das vorliegende Buch beschäftigt sich mit dem Hochgebirge, seinen Landschaftsformen und Landschaftselementen. Aber was eigentlich ist ein Hochgebirge? Die Frage mag im ersten Moment ein wenig banal erscheinen, ist aber durchaus berechtigt. Dem zentraltibetischen Hochland mit Höhen um 5000 m oder dem bis 4000 m hohen Altiplano in Südamerika fehlen eindeutige Aspekte, die auf einen Hochgebirgscharakter schließen lassen. Beide Regionen sind trotz ihrer großen Meereshöhe lediglich sehr hochgelegene Flachländer. Dagegen finden wir auf Spitzbergen oder den Lofoten schroffe, alpenähnliche Gipfel, die unmittelbar aus dem Meer ragen und deutlich weniger als 2000 m hoch sind. Sie sind von der Meereshöhe her gesehen damit eher mit dem 1493 m hohen Feldberg im Schwarzwald, einem Mittelgebirgsgipfel, zu vergleichen.

Auch eine hohe Reliefenergie mit steilen Wänden und Bergflanken ist alleine sicherlich kein Kriterium für Hochgebirge. Man findet hohe Steilwände auch entlang von tief eingeschnittenen Flußtälern wie dem Grand Canyon im US-Bundesstaat Arizona. Ähnliches gilt für die Vergletscherung. Zieht man sie als Kriterium für ein Hochgebirge heran, so wären die Vogesen und der Schwarzwald Hochgebirge, da diese Mittelgebirge während der Eiszeiten eine nachweisliche Vergletscherung mit charakteristischen Karformen (Kap. 9.1) aufwiesen. Hohen vergletscherten Vulkanbergen wie dem 5895 m hohen Kilimanjaro in Ostafrika weist man einen Hochgebirgscharakter zu. Der größte tätige Vulkan der Erde, der Mauna Loa auf Hawaii, ist nicht vergletschert und wäre demzufolge trotz einer Höhe von immerhin 4169 m über dem Meer kein Hochgebirge. Und dies, obwohl er eine für Hochgebirge typische Höhenzonierung erkennen läßt. Damit ist hier ein wesentlicher Punkt im Zusammenhang mit unserer Definition angesprochen: Allen Hochgebirgen ist eine deutlich vertikale Gliederung in Höhenstufen (Kap. 1.5) gemein. Das trifft auch für Gebirge auf Grönland oder in der Antarktis zu.

Es würde an dieser Stelle zu weit führen und den Rahmen des Buches sprengen, alle Hochgebirgsdefinitionen aufzuführen und zu diskutieren, die von Geographen und anderen Geowissenschaftlern oder Ökologen bislang mehr oder weniger ausführlich formuliert wurden. Der Aspekt der Höhenstufung ist jedoch bei der Mehrzahl dieser Definitionen ein wesentliches Kriterium. Junge Hebung, rascher Aufbau, starke tektonische Beanspruchung, hohe Reliefenergie und Hinausragen über die natürliche Waldgrenze treten als Kriterien meist und durchaus berechtigt hinzu. Damit sind nicht nur Gebirgsketten und Gebirgsgruppen, sondern auch hohe vulkanische Einzelberge wie der Mauna Loa oder der Kilimanjaro als Hochgebirge definiert. Wobei man wiederum einräumen muß, daß z. B. Spitzbergen mit seinem arktischen Hochgebirge keine Waldgrenze besitzt. Es läßt sich demnach folgende Aussage treffen: Hochgebirge ist ein Teil der Erdkruste, der sich in der Regel durch hohe Reliefenergie und insbesondere durch einen Wandel der ökologischen Bedingungen auf kurze Distanzen, also durch eine klare klimabedingte Höhenstufung oder Staffelung von Höhengrenzen auszeichnet.

1.4
Die Entstehung der Hochgebirge

Tektonisch und strukturell bedingte Landschaftsformen im Hochgebirge (Kap. 2 u. Kap. 5.1) stehen im unmittelbaren Zusammenhang mit der Gebirgsbildung. Daher trägt die Kenntnis von den Grundzügen der Gebirgsentstehung sicherlich dazu bei, eine Vielzahl dieser Formen besser zu verstehen. Zum Verständnis der Hochgebirgsentstehung muß man wissen, daß die Erde kein starrer Körper ist. Sie ist aus mehreren konzentrischen Schalen aufgebaut (Abb. 1.1.), die sich hinsichtlich Temperatur, Aggregatzustand, Chemismus, und Dichte deutlich voneinander unterscheiden. Grob werden *Erdkruste, Erdmantel* und *Erdkern* unterschieden. Man weiß dies durch die seismologische Auswertung von Erdbebenwellen (von griechisch *seismós* = Erschütterung), die den ganzen Erdball durchlaufen und an den verschieden aufgebauten Schalen unterschiedlich reflektiert oder abgelenkt werden.

Die Erdkruste besteht aus *kontinentaler* und *ozeanischer Kruste*. Die kontinentale Kruste ist 25-50 km mächtig und besteht neben einem relativ geringmächtigen Sedimentanteil vorwiegend aus leichteren, sauren Gesteinen wie Granit mit einem spezifischen Gewicht von rund 2,7 g/cm^3. Hauptbestandteile sind Silicium-Aluminium-Verbindungen. Daher wird sie auch als *Sial* bezeichnet. Die ozeanische Kruste schwankt in ihrer Mächtigkeit geringfügig zwischen 5 und 8 km. Sie ist im wesentlichen aus dichteren basaltischen Gesteinen mit einem spezifischen Gewicht von rund 3,0 g/cm^3 zusammengesetzt. Silicium- und Magnesium-Verbindungen herrschen hier neben mehr oder weniger geringmächtigen Sedimenten vor. Analog wird dieser Bereich der Erdkruste *Sima* genannt. Erdkruste und oberster Mantel bilden gemeinsam die *Lithosphäre* (von griechisch *lithos* = Stein und *sphaíra* = Kugel). Die Lithosphäre ist fest, da sie aufgrund ihrer Nähe zur Erdoberfläche vergleichsweise kühl ist. Sie ist die äußerste Schale der Erde und hat eine Mächtigkeit von 70-120 km. Darunter folgt die *Asthenosphäre* (von griechisch *asthenos* = weich). Hier liegen die Temperaturen bei etwa 1000°-1200° C. Die Wärme wird im wesentlichen durch radioaktiven Zerfall freigesetzt (s. a. Kap. 3.1). Der hohe Druck, der auf der Asthenosphäre lastet, verhindert eine Verflüssigung des Gesteins, wodurch sie eher wie ein plastischer Körper reagiert. Den unteren Teil des oberen Erdmantels bildet die *Mesosphäre* (von griechisch *mésos* = mitten). Sie liegt in einer Tiefe von etwa 350-700 km. Bis in eine Tiefe von rund 2900 km folgt der *untere Mantel* und schließlich der *äußere* und *innere Erdkern*. Der äußere Kern ist flüssig und reicht bis in eine Tiefe von 5000 km. Der innere Kern ist fest und besteht aus einer Legierung von Eisen und Nickel. Die Temperaturen liegen dort bei etwa 6000° C. Die Lithosphäre zerfällt in rund ein Dutzend verschieden große *Platten* (Abb. 1.2.). Dabei sind die Grenzen der Platten nicht immer mit den Grenzen der Kontinente identisch. Eine Platte kann teilweise kontinental, teils ozeanisch sein. Andere wiederum sind nur kontinental oder lediglich ozeanisch. Sie schwimmen wie Brotstücke in einem dicken Erbsenbrei auf der dichteren Asthenosphäre und sind mit Geschwindigkeiten von bis zu 10 cm/Jahr permanent in Bewegung. *Konvektionsströme* im Erdmantel werden als Motor der Plattenbewegungen angesehen.

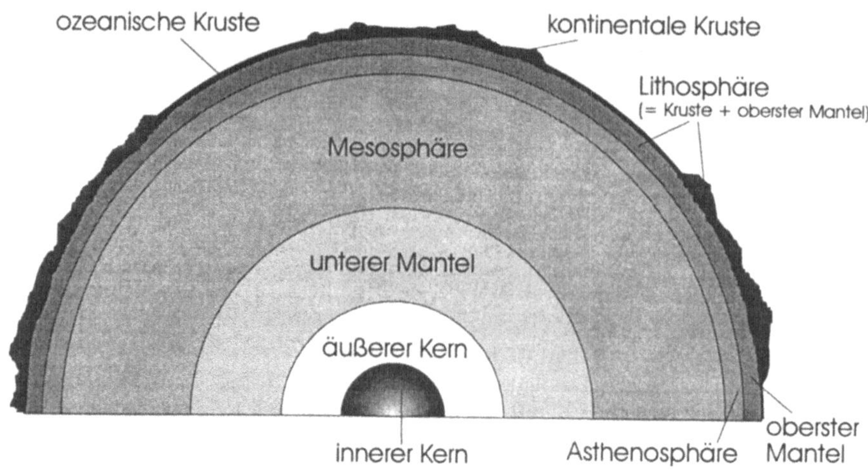

Abb. 1.1. Schalenbau der Erde (schematisch)

Die Bewegungen von Lithosphärenplatten sind möglich, weil der Erdmantel unter der Lithosphäre heiß und plastisch verformbar ist. In diesem weichen Material können Konvektionsbewegungen einsetzen. Dabei steigt heißeres und somit weniger dichtes Mantelmaterial aus größerer Tiefe nach oben. Das kühlere und daher dichtere Material unterhalb der Lithosphäre sinkt gleichzeitig nach unten ab. Dieser Kreislauf einer *Konvektionszelle* funktioniert ähnlich wie bei einer Heizung, über der warme Luft aufsteigt und danach wieder zum Fußboden herabsinkt, um schließlich zur Heizung zurückzuströmen. Die durch Temperaturunterschiede im Erdmantel hervorgerufenen Ausgleichsströmungen können die Lithosphärenplatten mitziehen und dadurch bewegen.

Da sich die Platten unabhängig voneinander bewegen, stoßen sie an ihren Grenzen zusammen oder driften auseinander. Bewegen sie sich voneinander weg, spricht man von *divergierenden Grenzen*. Entlang der entstehenden Lücke steigt heißes Mantelgestein im Zuge der auseinandertreibenden Konvektionsströmungen auf. Infolge der einsetzenden Druckentlastung im Bereich der Kluft beginnt es sich langsam zu verflüssigen (vgl. Kap. 3.1). Es entsteht eine *Magmakammer*, von wo aus das gegenüber der kalten Lithosphäre nun weniger dichte Magma nach oben dringt. Dieses Material wird zu neuer Lithosphäre, die den divergierenden Platten angefügt wird. Ein solcher Prozeß kann sich, je nachdem wo die Plattengrenzen verlaufen, am Meeresboden oder auf Kontinenten abspielen.

Am Meeresboden sind auseinanderdriftende Plattengrenzen durch *ozeanische Rücken* erkennbar. Dort entsteht permanent neuer Meeresboden, was man als *Seafloor-Spreading* bezeichnet. Durch die geringe Dichte des aufsteigenden Magmas erhebt sich der Meeresboden zu einem gewaltigen Rücken mit einem *Zentralgraben* oder *Rift-Valley*. Wenn sich das Material vom Rücken entfernt, kühlt es ab und wird dichter. Es zerbricht dabei staffelartig in Schollen und sinkt an beiden Seiten nach unten ab. Lokal sind die Rücken so hoch, daß sich Vulkaninseln aus dem Meer erheben. Island mit Europas größtem Gletscher, dem 8456 km^2 umfassenden Vatnajökull (Kap. 8.5), ist ein Teil des mittelatlantischen Rückens, der den Atlantik in seiner ganzen Länge durchzieht.

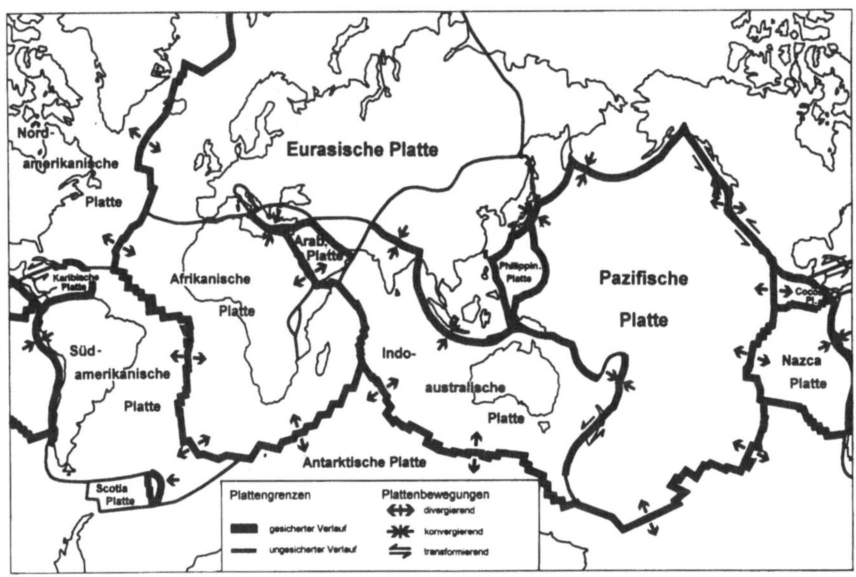

Abb. 1.2. Lithosphärenplatten. Aus Lamping u. Lamping (1995).

Plattentrennungen auf Kontinenten zeichnen sich ebenfalls durch lange Rift-Valleys mit Vulkanismus und Bruchtektonik aus. Entlang des ostafrikanischen Grabensystems finden wir daher eine große Anzahl hoher Vulkanberge mit Hochgebirgscharakter wie den Kilimanjaro (5895 m) oder den Mount Kenya (5199 m).

Der Trennung von Lithosphärenplatten steht die *Plattenkollision* gegenüber. Dabei muß zwischen dem Aufeinandertreffen von ozeanischen und kontinentalen Plattenrändern unterschieden werden. Die schwerere ozeanische Lithosphäre taucht stets unter den leichteren kontinentalen Platten ab. Man nennt diesen Prozeß *Subduktion* (von lateinisch *subducere* = unten wegziehen). Dabei entstehen *Tiefseegräben*, die Meerestiefen von mehreren Kilometern besitzen können. Beispiele sind der 8066 m tiefe Atacamagraben vor der südamerikanischen Westküste oder der 6662 m tiefe Mittelamerikanische Graben vor der Pazifikküste von Mexiko und Guatemala. Der Rand der Kontinentalplatte wird bei der Kollision gestaucht, gefaltet und hochgehoben. Die im Mantel abtauchende Platte wird in Tiefen von 100 km aufgeschmolzen. Magma steigt auf, und es bilden sich *Vulkanketten* entlang der Küsten (s. a. Kap. 3.3). Dies wird durch die starke Reibungshitze begünstigt, die beim Übereinanderschieben der Platten entsteht. Sie verleiht der Schmelze, ebenso wie die Gase der aufschmelzenden, wasserreichen Ozeanbodensedimente, zusätzlich Auftrieb. Die südamerikanischen Anden mit hohen Vulkanen wie dem Chimborazo (6310 m) oder dem Cotopaxi (6005 m) sind ein typisches Beispiel für solch ein Kettengebirge am Kontinentalrand.

Kollidieren zwei ozeanische Platten, muß eine untertauchen. Durch das Aufschmelzen der subduzierten Platte und den Aufstieg von Magma entsteht ein *vulkanischer Inselbogen*. Die philippinischen Inseln mit ihren hohen Vulkanen sind dafür ein Beispiel. Wenn aber zwei kontinentale Platten zusammentreffen, können sie aufgrund ihrer geringen Dichte nicht nach unten abtauchen. In diesem Fall überfährt die eine Platte die andere, was zur Vergrößerung der Krustenmächtigkeit, zu Faltungen und Überschiebungen der Gesteine führt. Es entstehen Gebirge vom Typ der Alpen. Man spricht daher auch von *alpidischer Gebirgsbildung* oder *alpinotypen Gebirgen*. Hierzu gehört auch der Himalaya, das mit dem 8848 m hohen Mount Everest höchste Gebirge der Welt. Es entstand durch die Kollision der indischen mit der eurasischen Platte. Die Entstehung von Hochgebirgen beruht also im wesentlichen auf dem Öffnen und Schließen von Ozeanen, der Bildung neuer ozeanischer Kruste an mittelozeanischen Rücken und der Subduktion von älterer ozeanischer Kruste im Bereich von Subduktionszonen. Eine Sonderstellung nehmen hohe Berge wie etwa der 4202 m hohe Mauna Kea auf Hawaii ein, die durch *Hot Spots* entstehen.

Hot Spots sind vulkanische Erscheinungsformen von sogenannten *Manteldiapiren* (von griechisch *diapeíro* = durchstoßen), die aus einem eng begrenzten Strahl von heißem Material bestehen, das durch seine geringere Dichte aus dem Innern des Erdmantels säulenartig aufsteigt. Das Magma schmilzt die ozeanische Platte an einem Punkt auf, bildet eine Magmablase und durchdringt letztendlich in Schloten die Lithosphäre, um am Meeresgrund auszufließen. Der Hot Spot ändert seine Lage nicht. Wenn sich eine Platte über einen Hot Spot hinwegbewegt, hinterläßt dieser eine Reihe zunehmend älterer und erloschener Vulkane, eine sogenannte Altersreihe. Die Inselkette des Hawaii-Archipels ist eine solche Altersreihe. Hawaii begann sich als jüngste Insel vor etwa 2 Millionen Jahren auf dem Meeresgrund zu bilden. Midway im Nordwesten ist rund 30 Millionen Jahre alt. Die vulkanischen Inseln des Hawaii-Archipels mit ihren über 4000 m hohen Gipfeln liegen im Zentrum der pazifischen Platte, eine Tatsache, die sich nur schwer in die *Theorie der Plattentektonik* einfügen ließ. Ein ortsfester Hot Spot schweißt jedoch keine regelrechte Naht in die darüber hinweggleitende Lithosphäre. Denn die austretende Lava kommt nicht als kontinuierlicher Strom aus der Tiefe, sondern in gewissen Abständen als *Mantel-Plume*, also portionsweise (von lateinisch *pluma* = Flaumfeder). Auch der Vulkanismus der Kapverdischen Inseln, der Galapagosinseln oder der Azoren wird auf Hot Spots zurückgeführt.

Man kann die Gebirgsbildung, mit Ausnahme der Hot Spots, zusammenfassend in sechs Entwicklungsphasen darstellen, die auch *Wilson-Zyklus* genannt werden:

1. Einer Gebirgsbildung oder Orogenese (von griechisch *óros* = Berg, Gebirge und *genés* = bürtig, stammend) geht ein *Embrionalstadium* voraus, in dem sich Platten durch das Aufdringen von Gesteinsschmelzen voneinander trennen. Durch die Dehnung der kontinentalen Kruste entsteht ein Grabenbruchsystem, entlang dessen Magma an die Oberfläche dringt. Es kommt zu vulkanischer Tätigkeit.

2. Im *Jugendstadium* dauert die Dehnungs- und Bruchtektonik an und es erfolgt eine vollständige Trennung beider Kontinentalschollen. Zwischen ihnen entsteht ein neuer Ozean mit einem mittelozeanischen Rücken, wo permanent neuer Meeresboden oder ozeanische Kruste gebildet wird. Das Rote Meer beispielsweise ist ein Ort solcher Prozesse.

3. Die beiden Kontinentalschollen driften immer weiter auseinander. Es entsteht in diesem *Reifestadium* ein breiter Ozean mit Vulkanismus im Bereich des mittelozeanischen Rückens. In entstehenden Senkungströgen werden marine und

küstennahe Sedimente abgelagert. Ein Beispiel für dieses Stadium ist der Atlantische Ozean, der vollständig vom mittelatlantischen Rücken durchzogen wird.

4. An den Rändern des entstandenen Ozeans kommt es durch Veränderung der Bewegungsrichtung der Lithosphärenplatten zu Subduktionsprozessen. Die neu gebildete ozeanische Kruste taucht nun wieder in den oberen Erdmantel ab, der Ozean wird verkleinert. Die Subduktion des ozeanischen Teils einer Lithosphärenplatte erfolgt unter Abscherung und Überschiebung von Sedimentpaketen auf den Kontinentalrand im Kollisionsbereich. An den konvergenten Plattenrändern oder Subduktionszonen bilden sich Tiefseegräben und Hochgebirge vom Typus der Anden oder vom Inselbogen-Typus. Das nun über dem Meersspiegel teilweise herausgehobene Gebirge unterliegt der Verwitterung und Abtragung. Der Pazifik, der auf allen Seiten von Subduktionszonen begrenzt ist, befindet sich heute in einem solchen *abklingenden Stadium.*

5. Im *Endstadium* wird der Ozean durch Subduktion immer kleiner und die zuvor getrennten Kontinentalplatten nähern sich immer mehr.

6. Schließlich erfolgt im Stadium einer *Geosutur* (von lateinisch *suere* = zusammennähen) die vollständige Subduktion der ozeanischen Kruste. Der Ozean verschwindet und es kommt zur Kontinent-Kontinent-Kollision. Bei der Kollision der Kontinente werden ozeanische Krustenfragmente sowie Sedimente des Kontinentalschelfs und kontinentale Gesteinsmassen infolge des seitlichen Druckes und der Raumverengung gefaltet und schließlich in zahlreiche Deckeneinheiten abgeschert und übereinandergestapelt. Ein großer Teil der von der Einengung betroffenen Gesteinsmassen weicht dabei in die Tiefe aus, Gesteine werden dadurch *metamorph* überprägt (Kap. 2.1). Der Großglockner, mit 3798 Metern Österreichs höchster Berg, besteht beispielsweise aus einem metamorph überprägten, submarin an einem mittelozeanischen Rücken abgesetzten basaltischen Gestein, dem Prasinit. Die Horizontalbewegungen der Gesteinsmassen in Kilometerdicke mit Faltenbildung, Bruchtektonik und Deckenüberschiebungen fanden während der alpinen Orogenese weitgehend submarin, also unter dem Meer statt (vgl. Kap. 2.1). Die beträchtlich verdickte Kruste erfährt im dichteren Material der Asthenosphäre schließlich einen so gewaltigen Auftrieb, daß Hebung einsetzt und das eigentliche Hochgebirge entsteht. Das ist ein sehr langsamer, phasenweiser Vorgang, und einige Gebirge wie die Alpen befinden sich immer noch nicht im sogenannten *isostatischen Gleichgewicht* (von griechisch *ísos* = gleich und *stásis* = Stand). Schließlich formen Verwitterung, Abtragung und glaziale Erosion das Gebirge (Kap. 4 und 9.1). Die Hochgebirge der Erde sind somit das Produkt eines Wechselspiels zwischen *endogenen* (von griechisch *éndon* = innen und *genés* = bürtig) Prozessen der Plattentektonik und *exogenen*, an der Erdoberfläche wirkenen Prozessen wie Verwitterung und Erosion.

1.5
Klima und Hochgebirge

Für die Formung des Hochgebirges ist das Klima neben den geologischen oder endogenen Faktoren das entscheidende Landschaftselement. Natürlich ist das Klima auch in allen anderen Landschaften unserer Erde eines der formenbestimmenden Elemente. Jedoch verursachen Klimaelemente wie Strahlung, Temperatur oder Niederschlag im Hochgebirge wesentlich intensivere Prozesse der Verwitterung und Abtragung als im Flachland oder in den Mittelgebirgen. Man denke nur an die großen Temperaturunterschiede zwischen Tag und Nacht, die oberhalb der Baumgrenze zu intensiver Frostsprengungsverwitterung (Kap. 4.1) und somit zu gewaltigen Schutt- oder Sturzhalden am Fuße großer Wände führen. Mit Starkregenfällen gehen in der Regel Murenabgänge oder Hangrutschungen einher, die nicht selten katastrophale Verhältnisse in den Tallagen verursachen.

Bei sehr hohen Gebirgen wie dem Himalaya oder dem Karakorum führt die extreme Vertikaldistanz im Relief und das Aufragen in überaus große Höhen zu einer noch stärkeren Wirkung der vorherrschenden Klimaelemente auf die Landschaft. Kerbtäler der Himalaya-Südabdachung sind über große Strecken als regelrechte Schluchten ausgebildet, was durch die Kombination von heftigen Monsunregen und große Reliefenergie bedingt ist. Die kinetische Energie von Wasser, aber auch von herabstürzenden Steinen und Lawinen und damit die Erosionsleistung ist dort infolge der längeren Transportwege bedeutend größer als in Gebirgen wie den Pyräneen oder den Rocky Mountains.

Klima und Hochgebirge, das setzt bei uns ganz bestimmte Assoziationen frei. Wir denken an *Reizklima*, an *Föhn*, an Neuschnee im Sommer vielleicht aber auch an "dünne Luft" oder den *Salzburger Schnürlregen*, der schon so manchen Bergurlaub sprichwörtlich ins Wasser hat fallen lassen. Und tatsächlich sind diese Phänomene typisch für das Hochgebirgsklima, denn Hochgebirge stellen sich der allgemeinen atmosphärischen Zirkulation als Hindernisse entgegen und ragen vielfach sehr weit in die Atmosphäre hinein. Direkte Sonneneinstrahlung mit hohem UV-Anteil, verminderter Luftdruck, extreme Wind- und Temperaturverhältnisse sind die Folgen, die auf den Organismus des Großstädters anregend und abhärtend wirken.

Hochgebirge beeinflussen auch das Klima im Gebirgsraum selbst und das Klima ihrer Vorländer, indem sie es gegenüber den Normalwerten der entsprechenden Breitenlage und Meereshöhe deutlich verändern. Besonders bemerkbar machen sich dabei *Luv-* und *Lee-Effekte*, die sich weit in die Vorländer auswirken. Ein besonderes Phänomen im Lee von Gebirgen ist der angesprochene Föhn.

Der Föhn gehört zu den Fallwinden. Der uns bekannteste ist sicherlich der Südföhn auf der Alpennordseite. Seine Entstehung setzt einen hohen Luftdruck südlich der Alpen und einen tiefen Luftdruck über Westeuropa voraus. Der von Süden strömende feuchtwarme Wind staut sich dann an den Alpen. Die an den Bergen zum Aufsteigen gezwungene Luft kühlt um 1° C je 100 m ab und es kommt zur Wolkenbildung. Der sogenannte Steigungsregen setzt ein. Dabei wird Kondensationswärme frei, so daß die weitere Abkühlung beim Aufstieg nur noch etwa 0,5°C je 100 m beträgt. Nach Überschreiten des Gebirgskammes erwärmt sich die niedersinkende Luft wieder um 1° C auf 100 m. Sie kommt also auf gleichem Höhenniveau im Lee deutlich wärmer und trockener an, als sie es am Ausgangspunkt südlich der Alpen war. Manchmal reichen die nicht ganz abgeregneten Wolken als *Föhnmauer* über das Gebirge hinweg. Diese wird von den Rändern her aufgelöst oder abgeschmolzen, wie es der Meteorologe formuliert. Im Winter ist der Föhn ein regelrechter Schneefresser, da die Temperaturen der Leeseite mitunter um 20° C ansteigen. Infolge der raschen Schneeschmelze treten vor allem oberhalb der Waldgrenze Gleitschneerutsche und Grundlawinen auf, die häufig zur intensiven Bodenabtragung und somit zu ausgedehnten und auffälligen Erosionsformen führen (Kap. 7). Der Föhn ist damit auch im Hinblick auf die Formung der Landschaft von nicht unerheblicher Bedeutung. Bei umgekehrter Windrichtung entsteht der Nordföhn auf der Alpensüdseite. Die dazugehörige Staulage an der Alpennordseite bringt dann zur Freude der Urlaubsgäste den langanhaltenden und kalten Schnürlregen.

Der Föhn zeigt bekanntlich nicht nur Wirkung auf den Naturraum, sondern auch auf die körperliche und psychische Verfassung der Menschen, indem er bei vielen von uns Kopfschmerzen, Schwindel oder erhöhte Nervosität hervorruft. Daß der Föhn Beeinträchtigungen des Wohlbefindens verursachen kann, aber auch zu vermehrten Verkehrsunfällen führt, ist statistisch gesichert. In diesem Zusammenhang ist auffällig, daß die meisten Beschwerden dann auftreten, wenn der warme Föhn in höheren Lagen schon da ist, am Talboden hingegen noch Kaltluft lagert. Dann kommt es an der Front zwischen Föhn und ruhender Kaltluft zu wellenförmigen Luftdruckschwankungen, die als mögliche Ursache der Beschwerden angesehen werden.

In wesentlich stärkerem Maße als in den Alpen wirkt sich der Föhn beispielsweise im Himalaya mit seinem monsunalen Hochgebirgsklima aus. Im Luv der Himalaya-Südseite liegt die Baumgrenze in einer Höhe von 3600-3800 m. Im Lee der Nordabdachung erreicht sie eine Höhe von 4400 m, was als thermische Konsequenz der absteigenden Warmluft durch den Föhn zu sehen ist. Hieraus resultiert ebenso die geringere Vergletscherung auf der Himalaya-Nordabdachung, da dort weniger Niederschläge und höhere Temperaturen zu verzeichnen sind. Dies beeinträchtigt natürlich auch das Ausmaß und die Intensität der gegenwärtigen Formung des Hochgebirgsreliefs durch Glazial- oder Wassererosion. Den Föhn gibt es in zahlreichen Regionen der Erde. In den Rocky Mountains heißt er *Chinook*, in Chile nennt man ihn *Puelche* und in Argentinien beispielsweise *Zonda*.

Neben den Luv-Lee-Effekten rufen Hochgebirge auch *lokale Windsysteme* hervor, die meist einem tageszeitlichen Rhythmus unterliegen. Dabei handelt es sich um *Berg-* und *Tal-* oder *Hangwinde*. Während der stärkeren Sonneneinstrahlung am Tage kommt es an den Hängen zu einer aufwärts gerichteten Luftströmung, bei Nacht strömt schwerere Kaltluft über die Hänge in die Täler. Voraussetzung für diese lokalen Windsysteme ist eine ruhige Schönwetterperiode, die nicht vom Druckgradienten einer Großwetterlage überdeckt wird. Besonders ausgeprägt treten Berg- und Talwinde beispielsweise auf der Alpensüdseite in Erscheinung. Am Morgen weht dort der Bergwind vom Gebirge in Richtung Po-Ebene, um am späten Vormittag in den Talwind umzuschlagen, der dann am frühen Nachmittag seine größte Intensität erreicht. Im Gebiet des Comer Sees nennt man diesen Talwind *Breva*, am Gardasee heißt er *Ora*. Außerordentlich stark ist der *Walliser Talwind*, der am Ostende des Genfer Sees infolge der gewaltigen Erhebungen der Walliser Alpen und der Berner Alpen angefacht wird und solche Stärken erreicht, daß die Bäume in seinem Wirkungsbereich ausgesprochene Winddeformationen aufweisen.

In den tropischen und subtropischen Hochgebirgen beeinflussen lokale Windsysteme die Bewölkung und Niederschlagsverteilung größerer Täler, etwa in den Anden oder im Himalaya, erheblich. Die durch Sonneneinstrahlung erwärmte Luft steigt in den Mittagsstunden auf und wird dabei kühler. Der Wasserdampf beginnt zu kondensieren wobei sich Wolken bilden, die noch weiter oben abregnen. Die abgekühlten Luftmassen fallen in das Tal zurück, wo sie dann ihre größte relative Trockenheit erreichen. Und diese bringt große Probleme für die Landwirtschaft.

Zu den lokalen Windsystemen zählen auch die kalten *Gletscherwinde*. Sie beruhen auf dem starken Energieverlust beim Schmelzen und Verdunsten von Schnee oder Firn im Nährgebiet (Kap. 8.2). Die Luft in diesem Gebiet wird unterkühlt und strömt infolge ihrer größeren Dichte über die Gletscheroberfläche weit in die Haupttäler herab. Der auch als *Schwerewind* bezeichnete Gletscherwind behindert die Landwirtschaft in den durchströmten Tallagen durch Temperaturminderung und Verkürzung der Vegetationsperiode erheblich.

Je höher man im Hochgebirge kommt, um so niedriger werden im allgemeinen die Durchschnittstemperaturen und desto kürzer wird die Vegetationsperiode. Zwar nehmen die Temperaturen mit der Höhe ab, sie liegen jedoch im Gebirge höher als im entsprechenden Niveau der freien Atmosphäre. Und im Innern der Gebirge wiederum höher als an seinen Rändern. Ursache dieser Erscheinung ist der Umstand, daß ein bedeutender Teil der Lufterwärmung durch Rückstrahlung von der Erdoberfläche erfolgt. Gebirge wirken somit als Wärmelieferanten bis in große Höhen, wo sie ihre höhere Temperatur an die Lufthülle abgeben. Einzelne Bergriesen wie Vulkane sind kühler als geschlossene Gebirgsgruppen, die wiederum an ihren Rändern deutlich kühler sind als im Gebirgsinnern. Der Grund für diese Phänomene liegt in der größeren Massenerhebung von geschlossenen Gebirgssystemen. So liegt die klimatische Schneegrenze (Kap. 6.2) am nördlichen Alpenrand bei rund 2500 m, in den Zentralalpen bei 3000-3200 m. In den Hochlagen der Zentralalpen ist es im Jahresmittel um etwa 5° C wärmer als in der gleichen Höhe der Atmosphäre im Vorland.

Vom allgemeinen Temperaturabfall mit zunehmender Höhe gibt es eine Ausnahme. Die Talböden der inneralpinen Becken und Längstäler, wie auch diejenigen anderer Hochgebirge, liegen vor allem bei tiefem Sonnenstand im Spätherbst und in den Wintermonaten zu einem großen Teil des Tages im Schatten hoher Berge. Somit wird die Luft des Talbodens nicht von der Sonne erreicht. Die Folge ist eine *Temperatur-Inversion* (Bild 1.8.). Im Tal bilden sich *Kaltluftseen*, während die Luft darüber bis in größere Höhen deutlich wärmer wird. Bei derartigen Wetterlagen bildet sich im Tal eine geschlossene Wolkendecke aus. Die Gipfel der Berge liegen hingegen unter blauem Himmel. Dabei kann es in den Tallagen zu Minustemperaturen kommen und an südexponierten Berghängen werden gleichzeitig fast Sommertemperaturen erreicht. Das sind in den Alpen ideale Voraussetzungen für letzte Bergtouren ohne Ski im Spätherbst.

In vielen Hochgebirgen, die unter dem klimatischen Einfluß der aus Westen kommenden *Zyklonen* liegen, steigen die Niederschläge mit zunehmender Höhe bis in die Gipfelregionen an. Hierzu gehören die Alpen ebenso wie das Karakorum. Anders verhält es sich bei Hochgebirgen, die im Einflußbereich tropischer Monsune liegen. Hier nehmen die Niederschläge oberhalb einer Maximalzone wieder ab. Im Süden der Himalaya-Hauptkette führen die sommerlichen Monsunregen in Höhenlagen zwischen 1500 und 3000 m zu jährlichen Niederschlagsmengen von 3000-6000 mm. In Höhen bis 4000 m werden Jahresniederschläge unter 1000 mm gemessen, die im Mount Everest-Gebiet oberhalb von 5000 Metern auf eine Menge von 300-500 mm abfallen. Der Grund für dieses Phänomen ist in der relativ flachen, nur etwa 2-3 km mächtigen Luftströmung des südasiatischen Sommermonsuns zu sehen. Sind die höchsten jährlichen Niederschlagsmengen auf der Südabdachung des Himalaya zu verzeichnen, so erhalten die inneren Ketten und vor allem deren Talbereiche wesentlich weniger Niederschlag. Zum Teil sind die Täler sogar semiarid (Bild 1.9.), also recht trocken (von lateinisch *semi* = halb und *aridus* = trocken, dürr).

Die Dichte der Atmosphäre nimmt mit zunehmender Höhe ab. Gleichzeitig sinkt der *Luftdruck*. Es gibt kaum einen Bergurlauber, der dies nicht kennt. Man schnauft beim Aufstieg in große Höhen und spricht von "dünner Luft". Die Auswirkung von vermindertem *Sauerstoffpartialdruck* in großer Höhe hat wohl schon jeder Höhenbergsteiger erlebt. Es besteht eine Diskrepanz zwischen Sauerstoffaufnahme und Sauerstoffbedarf. Mit zunehmender Höhe benötigt der Mensch ein Mehrfaches an Sauerstoff, um sich fortzubewegen, kann aber, bedingt durch die Luftdruckverminderung, immer weniger aufnehmen. Das Resultat: Die Geh- oder Kletterstrecken, die zwischen zwei Ruhepausen liegen, werden immer kürzer und die Regenerationsphasen immer länger.

In Höhen deutlich über 8000 m wird man kaum weiter als 10-15 Schritte ohne Rast steigen können. In 5500 m Höhe herrscht nur noch etwa die Hälfte, auf dem Gipfel des Mount Everest gar nur mehr ein Drittel des Luftdruckes in Meereshöhe. Bis zum Jahre 1978 war die vorherrschende Meinung der Höhenmediziner, daß der Mount Everest nur mit Hilfe von künstlichem Sauerstoff bestiegen werden könne. Im Mai 1978 traten die Tiroler Alpinisten Reinhold Messner und Peter Habeler erfolgreich den Gegenbeweis an. Ihnen wurde prophezeit, daß sie dort oben ganz einfach ersticken würden oder aber, falls ihnen der Aufstieg gelingen sollte, aufgrund geschädigter Hirnzellen, als geistig Behinderte zurückkommen würden. Richtig ist, daß sich ein permanenter Aufenthalt in Höhen über 5500 m nicht realisieren läßt. Ab 7500 m Höhe spricht man von der sogenannten "Todeszone", was bedeutet, daß der Organismus selbst in Ruhepausen rasch abbaut und eine dauerhafte Regeneration nicht möglich ist. Ein Aufstieg in noch größere Höhen kann daher nur zeitlich begrenzt erfolgen.

Das Klima im Hochgebirge ist abgesehen von den Bereichen der Mitternachtssonne in den arktischen bzw. polaren Gebieten, durch ausgeprägte *Expositionsunterschiede* charakterisiert. So weisen beispielsweise die nordexponierten Wände, Flanken und Hänge der zentralalpinen Gebirgsgruppen oberhalb der klimatischen Schneegrenze häufig eine ausgeprägte Vergletscherung auf. Selbst steilste Flanken sind vereist (Bild 1.10.). Hingegen ist die südexponierte Seite vergletscherter Berge oft bis zum Gipfel eisfrei oder in deutlich geringerem Umfang vergletschert (Bild 1.11.). Für die südliche Hemisphäre gelten entsprechend der Sonneneinstrahlung genau die umgekehrten Verhältnisse.

Und noch eines fällt in diesem Zusammenhang auf. Im Winter muten die vergletscherten Nordwände der Zentralalpen oft fast ausgeapert an (von lateinisch *apertus* = offen, entblößt). Im Gegensatz dazu erscheinen die Südseiten im weißen Schneegewand. Die Nordseiten hoher Alpenberge sind offensichtlich im Winter schneearm, im Sommer jedoch nicht selten von Neuschnee überzogen. Demgegenüber verschwindet die weiße Pracht der Südseiten mit steigenden Temperaturen im Sommer infolge intensiver Sonneneinstrahlung weitgehend. Der Grund für dieses Phänomen ist der Umstand, daß die Temperaturen der Nordwände auch im Sommer tief genug sind, daß dort Schnee fällt. Gleichzeitig sind die Temperaturen nicht zu tief. Sie liegen nur wenig unter dem Gefrierpunkt, so daß sich nasser, haftfähiger Schnee akkumulieren kann.

Anders im Winter. Der Schnee fällt dann in den gewaltigen Schatthängen der Nordwände meist als kalter, trockener Schnee (Kap. 6.1). Er haftet nicht und rutscht ab oder er wird von den kräftigen Winden sofort weggeblasen. Dies erklärt auch die Tatsache der weitgehend fehlenden Vergletscherung in den Gipfelregionen von hohen Himalayabergen wie dem Mount Everest. Abgesehen von jahreszeitlich bedingten, dünnen Schneeüberzügen ist es in diesen Höhenlagen zu kalt für die Bildung von haftfähigem Schnee. Ausnahmen finden sich z. B. im Falle des Nanga Parbat (8126 m) oder des Cho Oyu (8153 m), deren Vergletscherung bis in die Gipfelregionen offenbar von lokalklimatischen Besonderheiten ermöglicht wurde. Daß sich trotz des Gesagten in der Mount Everest-Nordwand ein kleinerer Hängegletscher gebildet hat, beruht auf dem Umstand, daß trockene Schneeansammlungen im sogenannten Norton-Couloir durch Winddruck gepreßt und dadurch allmählich zu Eis umgewandelt werden.

Die Abnahme der Temperatur mit zunehmender Höhe, die damit verbundene Verkürzung der Vegetationszeit, die Veränderung der Niederschlagshöhe, die Verlängerung der Schneebedeckung und die absolute Zunahme der direkten Strahlung mit der Höhe bewirken, um nur einige Faktoren zu nennen, die Ausbildung von *Höhengrenzen* und *Höhenstufen* (Bild 1.12.). Wie in Kapitel 1.3 dargelegt, ist eine klimatisch bedingte Höhenstufung oder vertikale Staffelung von unterschiedlichen ökologischen Bedingungen das wesentliche Kriterium dafür, daß man ein Gebirge als Hochgebirge bezeichnen kann. Aus der Ausbildung von Höhengrenzen resultieren ganz spezifische geomorphologische Prozesse und Lebensbedingungen für die Vegetation in bestimmten Höhenlagen. Man spricht daher auch von *geomorphologischen Höhenstufen* und von der bekannten Höhenstufung der Vegetation.

Aus den Alpen kennen wir die *nivale Stufe* oberhalb der klimatischen Schneegrenze. Pflanzen kommen hier nur sporadisch an besonders günstigen Standorten vor. Zwischen ihr und der *montanen Stufe* des Bergwaldes folgen die *subnivale Stufe* mit häufigem Frostwechsel, die *alpine* und die *subalpine Stufe*. Unterhalb der Bergwaldstufe schließt zuletzt die *colline Stufe* an, die sich in der Vegetation nicht wesentlich von den benachbarten Tiefländern unterscheidet. Auf Gebirge außerhalb von Mitteleuropa ist diese Höhenstufung vielfach nicht übertragbar, da sie auf der typischen Vegetationszusammensetzung der Alpen basiert. In anderen Klimagürteln unterscheidet sich die Vegetation in gleicher Höhe jedoch deutlich von derjenigen der Alpen. Zudem ist es verständlich, das Begriffe wie "alpin" und "subalpin" nicht überall auf der Welt - fern der Alpen - auf Gegenliebe stoßen. So nennen sich die Bergsteiger Lateinamerikas auch nicht Alpinisten sondern Andinisten.

In den südamerikanischen Gebirgen der Tropen verwendet man Bezeichnungen für die Höhengliederung, die praktisch auch auf andere Tropengebirge übertragbar sind. Die höchste Stufe oberhalb der klimatischen Schneegrenze ist dort die *tierra nevada* (= Schneeland). Darunter folgt die *tierra helada* (= eisiges Land) mit häufigen Frostwechseln, die in etwa der subnivalen Stufe entspricht. Die *tierra fría* (= kaltes Land) weist regelmäßige Nachtfröste auf und entspricht der Stufe des oberen Bergwaldes. Unterhalb der absoluten Frostgrenze folgt die *tierra templada* (= gemäßigtes Land). Sie ist mit der montanen und submontanen Stufe der Bergwälder zu vergleichen. Zuletzt schließt sich der Bereich der tropischen Tieflandvegetation, der Regenwälder und der Savannen an, der *tierra caliente* (= warmes Land) genannt wird.

Bei der weltweit übertragbaren und somit unproblematischeren geomorphologischen Höhenstufung können prinzipiell vier Einheiten unterschieden werden. Die unterste Stufe umfaßt denjenigen Bereich des Hochgebirges, in dem Formungsvorgänge vorherrschen, die in erster Linie auf fließendes Wasser zurückgehen. Diese Stufe reicht in etwa von den Tallagen bis hinauf zur Baumgrenze. Darüber folgt die *periglaziale Höhenstufe*, die durch häufige Frostwechsel charakterisiert ist. Frostsprengungsverwitterung oder Solifluktion (Kap. 4) sind hier formbestimmende Prozesse. So trifft man in dieser Höhenstufe u. a. häufig Solifluktions- oder Blockschuttloben an.

Nach oben wird diese Stufe von der *Gletscherhöhenstufe* begrenzt, die durch einen glazialen Formenschatz gekennzeichnet ist (Kap. 9). Die letzte geomorphologische Höhenstufe setzt über der Gletscherobergrenze an und ist nur in den Gipfelregionen der höchsten Berge der Welt und in der Antarktis in der Sentinel-Range mit dem 5140 m hohen Winson-Massiv, der höchsten Erhebung dieses Kontinents, realisiert. Dort erfolgt die Verwitterung der Gesteine fast ausnahmslos im negativen Temperaturbereich bei Tagesschwankungen zwischen -10° und -40° C. Das Gestein wird, wie bei der Insolationsverwitterung in Wüstengebirgen (Kap. 4.1) allein durch die unterschiedliche Ausdehnung seiner Minerale während der Temperaturschwankungen zerüttet und zerfällt zu grobem Schutt. Ebenso wie die Tatsache, daß die höchste geomorphologische Höhenstufe gegenwärtig nur in wenigen Hochgebirgsregionen anzutreffen ist, können auch die anderen Höhenstufen in vielen Hochgebirgen fehlen. So ist in Wüstengebirgen wie z. B. dem über 3400 m hohen Tibesti in der zentralen Sahara oder im Falle von hohen Vulkanbergen (z. B. Hawaii-Vulkane) keine Gletscherhöhenstufe ausgebildet.

Die Grenzen der geomorphologischen Höhenstufen sind ebenso wie diejenigen der Vegetation fließend. Prozesse der einen Stufe reichen meist mehr oder weniger weit in die andere hinein. Zum Inneren der Gebirge steigen die Höhenstufen gegenüber den Gebirgsrändern an. Dies ist umso ausgeprägter, je höher die Gebirge aufragen. Expositionsunterschiede können wiederum die Lage dieser Grenzen zueinander deutlich modifizieren. Höhengrenzen sind nicht konstant. Schon geringfügige Veränderungen des Klimas können erhebliche Verschiebungen dieser Grenzen verursachen. In den Zentralalpen beispielsweise können wir heute im Umfeld von aktiven Solifluktionsloben Bodenbildungen in der periglazialen Höhenstufe antreffen, die von Formungsruhe und wärmeren Klimabedingungen zeugen. An Hand reliktischer Böden läßt sich dort eine deutliche und mehrfache Verschiebung von Höhengrenzen um mehrere hundert Höhenmeter seit dem Ende der letzten Eiszeit belegen.

Bild 1.8. Inversion

Im Hochgebirge gibt es von der Regel des allgemeinen Temperaturabfalls mit zunehmender Höhe eine Ausnahme. Wenn die Talböden bei tiefem Sonnenstand im Spätherbst und in den Wintermonaten zu einem großen Teil des Tages im Schatten hoher Berge liegen, wird die Luft des Talbodens nicht mehr von der Sonne erreicht. Die Folge davon ist eine Temperatur-Inversion. Im Tal bilden sich sogenannte Kaltluftseen, während die Luft darüber bis in größere Höhenlagen deutlich wärmer wird. Über dem Tal bildet sich dann eine geschlossene Wolkendecke, während die Gipfel der Berge in den blauen Himmel ragen. In den Tallagen treten dann häufig Minustemperaturen auf. Gleichzeitig herrschen an südexponierten Berghängen sommerliche Temperaturen.

Bild 1.9. Zentrales Trockental

In den Alpen, dem Himalaya und anderen Hochgebirgen erhalten die Gebirgsränder deutlich mehr Niederschläge im Jahr als die inneren, zentralen Bereiche. Im Fall von Hochgebirgen, die sich im Einflußbereich des südasiatischen Sommermonsun befinden ist dies besonders auffällig. Diese relativ flache Luftströmung bewirkt in den südlichen Randketten des Himalaya in Höhen zwischen 1500 m und 3000 m jährliche Niederschlagsmengen von 3000-6000 mm. Darüber nehmen die Niederschläge deutlich ab. Im Mount Everest-Gebiet oberhalb von 5000 Metern fällt nur noch 300-500 mm Niederschlag im Jahr. Auch die zentralen Gebirgstäler sind deutlich trockener als der südliche Gebirgsrand. Zum Teil sind sie wie das abgebildete obere Kali Gandaki Tal nördlich der Himalaya-Hauptkette, als semiarid (von lateinisch *semi* = halb und *aridus* = trocken, dürr) also fast wüstenhaft zu charakterisieren.

Bild 1.8. Inversion (Mangfallgebirge, Bayerische Alpen, Deutschland)

Bild 1.9. Zentrales Trockental (Oberes Kali Gandaki Tal, Himalaya, Nepal)

Bild 1.10. Vergletscherte Nordwand

Das Klima im Hochgebirge ist durch starke Expositionsunterschiede charakterisiert. So treffen wir beispielsweise in den Alpen oft stark vergletscherte Nordwände an, während die Südexposition des selben Berges oder der selben Berggruppe völlig schnee- und eisfrei ist (s. zum Vergleich das untere Bild). Die Aufnahme zeigt im Mittelgrund die vergletscherte Nordwand des 4062 m hohen Obergabelhorns in den Walliser Alpen, links davon die 3911 m hohe Wellenkuppe. Darüber links das berühmte Matterhorn (4477 m) und rechts die 4171 m hohe Dent d`Hérens.

Bild 1.11. Gletscherfreie Südwand

Das Foto zeigt den Blick in die schnee- und eisfreie Südwand des nordseitig stark vergletscherten Obergabelhorns (s. oberes Bild) in den Walliser Alpen. Infolge der höheren Sonneneinstrahlung taut der Winterschnee bis zum Sommer weitgehend ab. Auf der Nordseite fällt hingegen auch häufig im Sommer feuchter Schnee, der leicht anhaftet und liegenbleibt. Folglich herrschen dort optimale Vorausetzungen für die Bildung einer Wandvergletscherung (Kap. 8.5).

Bild 1.10. Vergletscherte Nordwand (Obergabelhorn, Walliser Alpen, Schweiz)

Bild 1.11. Gletscherfreie Südwand (Obergabelhorn, Walliser Alpen, Schweiz)

Bild 1.12. Höhenstufen (Nilgirigruppe, Annapurna Himal, Nepal)

Die Ausbildung von Höhengrenzen und Höhenstufen im Hochgebirge wird bewirkt durch die Abnahme der Temperatur mit zunehmender Höhe und die hiermit zusammenhängende Verkürzung der Vegetationszeit und Änderung der Pflanzengesellschaften, die Veränderung der Niederschlagshöhe in der Vertikalen in Abhängigkeit von dem vorherrschenden Luftdruck- und Windgürtel, die Verlängerung der Schneebedeckung und die absolute Zunahme der Sonneneinstrahlung mit der Höhe. Eine klimatisch bedingte Höhenstufung oder vertikale Staffelung von unterschiedlichen ökologischen Bedingungen ist das wesentliche Kriterium dafür, daß ein Gebirge als Hochgebirge bezeichnet wird. Das Foto zeigt den Blick gegen die Nilgirigruppe im Annapurna Himal. Er reicht von der Talsohle mit landwirtschaftlicher Nutzung in etwa 2000 m Höhe über die Baumgrenze in Bildmitte bis hinauf zur Gletscherhöhenstufe und den Gipfeln in über 7000 m Höhe.

2 Tektonisch bedingter Formenschatz

Jeder, der schon einmal im Hochgebirge war, kennt die auffälligen Strukturen im Fels: Falten von unterschiedlicher Größe und Form. Mitunter sehen ganze Bergmassive wie ein zusammengeschobenes Tischtuch aus. Dieser Vergleich kommt der Ursache der Gesteinsfaltung sehr nahe. Denn Faltung entsteht, abgesehen von einigen Ausnahmen, durch Einengung der Erdkruste. Daher finden sich die großen, mehr oder weniger stark in Falten gelegten Hochgebirgszüge der Erde überall dort, wo Lithosphärenplatten kollidieren (Kap. 1.4). Man bezeichnet diese Gebirge auch als Kettengebirge. Hierzu gehören die Alpen ebenso wie der Himalaya, die Anden, die Rocky Mountains, der Kaukasus oder das Zentralgebirge auf Papua Neuguinea.

Neben Falten stoßen wir im Hochgebirge auch auf andere auffällige Strukturen, die mit der tektonisch beanspruchten Erdkruste in Verbindung stehen. Es sind Bruchstrukturen unterschiedlichster Ausprägung und Dimension bis hin zu ebenfalls gefalteten oder ungefalteten Überschiebungsdecken. Und noch eines ist in vielen Hochgebirgen auffällig. Die Gipfel benachbarter Berge weisen häufig die annähernd gleiche Höhe auf. Man spricht daher von der Gipfelflur. Weiter talwärts begegnen uns Verflachungen in Form von Hangleisten oder podestartigen Stufen, die den Rest alter Talböden markieren. All diese Phänomene in der Hochgebirgslandschaft sind das Ergebnis tektonischer Prozesse über Jahrmillionen.

2.1
Falten und Decken

Einleitend zu diesem Kapitel wurde die Einengung der Erdkruste als häufigste Ursache der *Faltenbildung* im Gestein genannt. Daraus ergibt sich eine Einschränkung. Es gibt auch Falten, die durch andere Prozesse bedingt sind. So können sedimentäre Deckschichten durch das mehr oder weniger vertikale Eindringen von fließfähigem Gesteinsmaterial von unten nach oben aufgewölbt werden. Man kennt dies vom Steinsalz, wodurch sich *Salzdome* oder sogenannte *Diapire* bilden (von griechisch *diapeíro* = durchstoßen). Neben Brüchen (Kap. 2.2) entstehen dabei auch Faltenstrukturen. Ebenso kann es beim Aufstieg von Magma zur Deformation und Faltung des Nebengesteins kommen. Die derart gefalteten Schichten liegen schließlich als *Beulen* oder *unechte Falten* vor. Letztendlich können sich Faltenstrukturen schon während der Ablagerung von Sedimenten als *synsedimentäre* Falten bilden (von griechisch *syn* = zusammen und von lateinisch *sedimentum* = Bodensatz). So z. B. submarin am Kontinentalhang. Erhebliche Mengen an marinen Sedimenten lagern sich auf dem Schelfbereich der Kontinente ab. Wenn sie den Kontinentalhang hinuntergleiten, kann eine Reihe verschiedenartiger Faltenstrukturen im noch unverfestigten Sediment entstehen. *Echte Falten* im Gestein

(Bild 2.1.) resultieren aus einer seitlichen Raumeinengung der Gesteinsschichten. Dabei wird eine ehemals horizontal gelagerte Sedimentschicht verbogen. Der Umfang, in dem dies geschieht, kann sehr unterschiedlich sein. Nimmt man ein Stück Fels in die Hand, lassen sich an ihm mitunter winzige Faltenstrukturen erkennen. In anderen Fällen erstrecken sich Falten über mehrere Meter (Bild 2.1.) oder noch größere Distanzen (Bild 2.2.). Viele Kilometer lange Faltenstrukturen sind keine Seltenheit. Auch das Ausmaß der Schichtbiegung ist sehr unterschiedlich. Es hängt ab von der Zeitdauer der Krafteinwirkung und vom unterschiedlichen Widerstand, den die einzelnen Gesteinsschichten der Deformation entgegensetzen.

Um Falten genau beschreiben zu können, wurden die unterschiedlichen Faltentypen und ihre wesentlichen Strukturbereiche von den Geologen mit Bezeichnungen versehen (Abb. 2.1.). Eine Aufwölbung einst flach gelagerter Sedimente wird als *Sattel* oder *Antiklinale* bezeichnet; eine Einwölbung heißt *Mulde* oder *Synklinale*. Für die Seiten einer Falte wird der Begriff *Flanke* oder *Schenkel* verwendet. Eine gedachte Fläche, welche die beiden Flanken einer Falte so symmetrisch wie möglich teilt, wird *Achsenfläche* genannt. Die Linie oder Achse, um die sich die Sedimentschichten biegen, ist die *Faltenachse*. Der höchste Punkt, an dem sich beide Schenkel treffen, ist der *Faltenscheitel*.

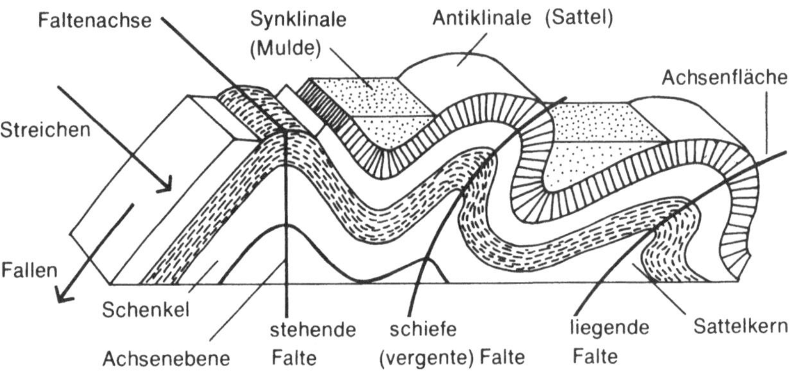

Abb. 2.1. Elemente einer Falte. Aus Labhart (1979).

Nicht alle Falten haben eine senkrechte Achsenfläche. Mit zunehmender horizontaler Krafteinwirkung können die Falten immer stärker verbogen werden. Dabei werden die Gesteinsschichten im Bereich der Faltenschenkel regelrecht überkippt. Hieraus resultiert schließlich eine umgekehrte Altersabfolge des ursprünglichen Schichtpaketes. Die im ehemaligen Ablagerungsraum zuletzt sedimentierte, also die oberste oder hangende Schicht wird nun zur untersten Schicht. Die primäre Altersabfolge der Ablagerungen wurde somit umgekehrt. Der Prozeß der Faltung kann so weit gehen, daß das Gestein nicht nur gefaltet, sondern am Faltenscheitel eines Sattels abreißt und abgeschoben wird. Es kommt zur *Faltenüberschiebung*. Die abgeschobenen *Faltendecken* können bei großer Druckeinwirkung über beträchtliche Entfernungen transportiert und unter Umständen dabei noch weiter gefaltet werden. Man spricht daher auch vom *Falten- und Deckenbau* der Alpen oder des Himalaya (Bild 2.4.). Im Bereich der nördlichen Schweiz hat man eine Raumeinengung durch Deckenbildung von 66 % ermittelt. Die Bewegung und Überschiebung von Gesteinspaketen oder Decken folgt jedoch nicht nur dem seitlichen Schub, sie kann sich entsprechend den Neigungsverhältnissen mitunter auch verselbständigen und unterliegt dann der Gravitation in Form einer *Schweregleitung*. Es gibt aus diesem Grund auch Decken, die ohne nennenswerte Faltung überschoben wurden. Beispiele hierfür finden sich in den nördlichen Kalkalpen und in den Dolomiten.

Es ist leicht vorstellbar, daß sich Falten nicht an der Erdoberfläche bilden können. Das spröde Gestein würde bei seitlichem Druck einfach zerbrechen. Erst unter allseitig hohem Druck läßt sich Gestein je nach Art und Zusammensetzung mehr oder weniger stark plastisch verformen. Solche Bedingungen herrschen nur in größeren Tiefen unter der Erdoberfläche. Begünstigend auf die plastische Deformation wirkt sich dort auch die relativ hohe Temperatur gegenüber der Oberfläche aus. So verhält sich beispielsweise Marmor an der Erdoberfläche oder in geringer Tiefe sehr spröde. In tieferen Bereichen der Erdkruste wird er infolge der allseitig hohen Drucke und Temperaturen plastisch verformbar.

Die intensive Faltung der Zentralalpen und anderer Hochgebirgsgruppen der Erde fand daher zum Teil in außerordentlich großen Tiefen von mehreren Tausend Metern als Folge von Plattenkollision und der damit verbundenen Krusteneinengung und Absenkung der Gesteine statt (Kap. 1.4). Gleichzeitig veränderten sich die Gesteine unter hohen Drucken und Temperaturen. Sie wurden *metamorph* (von griechisch *metamorphóo* = umgestalten). Ihr Mineralbestand paßte sich den neuen Bedingungen an, die sich völlig von denen ihrer Bildung unterschieden. Die Prozesse der Metamorphose setzen bei etwa 200° C ein. Dies entspricht einer Erdtiefe von rund 7 bis 10 km. Im Zuge der Faltung entstehen unter gerichtetem Druck neue Mineralien und eine Paralleltextur und somit gänzlich anders aussehende Gesteine. Ein Sediment wie beispielsweise Ton wird dabei zu Ton- oder Glimmerschiefer, Kalkstein wird Marmor und Magmatite wie Basalte werden zu Serpentinit oder Prasinit. Der höchste Berg Österreichs, der 3798 m hohe Großglockner, besteht z. B. aus Prasinit (Bild 2.5.). Bergsteiger kennen die unangenehmen Eigenschaften von metamorphen Gesteinen mit ausgeprägter *Schieferung* (Bild 2.3.). Griffe brechen leicht aus und Sicherungen wie Haken oder Klemmkeile sind oft nur schwer anzubringen.

Deckenüberschiebungen, wie im Fall der nördlichen Kalkalpen, deren Decken von Süden her über die Gesteine der Zentralalpen wanderten, erfolgten lediglich submarin, also am Meeresboden. Entsprechend der geringeren Temperaturen und Druckverhältnisse wurden die Kalke dieser Überschiebungsdecken keiner Metamorphose unterworfen. All diese Prozesse gingen lange vor dem eigentlichen Aufstieg der Alpen und anderer junger Kettengebirge zum Hochgebirge von statten. Die Bildung der für die Alpen charakteristischen Decken war vor rund 90 Millionen Jahren während der mittleren Kreide in den Grundzügen abgeschlossen. Die mehrphasige Heraushebung der Alpen bis hin zu ihrem heutigen Erscheinungsbild begann im wesentlichen erst vor rund 38 Millionen Jahren im Zeitalter des Tertiär (Oligozän).

Bild 2.1. Falten

Falten im Gestein sind, von einigen Ausnahmen abgesehen (S. 29), Ausdruck der Einengung der Erdkruste durch seitliche Kompression. Sie entstehen in großen Tiefen unter der Erdoberfläche, da sich die Gesteine dort infolge allseitig hohen Druckes und hoher Temperaturen plastisch verhalten. Die Intensität der Faltung und ihre räumliche Ausdehnung hängt von der Art der Gesteine und der Stärke der Kompression ab. Bei starker Einengung der Kruste verbiegen sich die Gesteinsschichten derart, daß überkippte Falten entstehen. Setzt sich der seitliche Druck fort, reißen die Gesteine am Faltenscheitel ab (S. 30) und werden als ganze Schichten oder Decken abgeschoben. Man spricht dann von Faltenüberschiebung oder Deckenbildung. Das Bild zeigt eine sehr schön zu erkennende, relativ kleinräumige Faltung mit einer Wellenlänge im Meterbereich, die den herabgestürzten Felsbrocken fast wie ein modernes Kunstwerk erscheinen läßt.

Bild 2.2. Weiträumige Faltenbildung

Falten im Gestein treten in den unterschiedlichsten Ausmaßen auf und gehören im Hochgebirge zu den auffälligsten und allgemein bekanntesten Strukturen in Felswänden. Selbst ein Handstück (Gesteinsprobe in Handgröße von etwa 10 cm), das wir am Wegesrand auflesen, kann eine intensive und interessante Kleinfaltung aufweisen. Das Bild zeigt einen etwa 1500 m hohen und rund 2,5 km breiten Ausschnitt der Westwand des Tukuche Peak (6920 m) im Himalaya. Die Zahlenangaben mögen verdeutlichen, in welcher Dimension sich die deutlich erkennbare Faltung des Gesteins vom unteren Bildrand zum 6690 m hohen Vorgipfel erstreckt.

Bild 2.1. Falten (Rofental, Ötztaler Alpen, Österreich)

Bild 2.2. Weiträumige Faltenbildung (Tukuche Peak, Dhaulagiri Himal, Nepal)

Bild 2.3. Schieferung

Mit der intensiven Faltung vieler Hochgebirgsbereiche geht eine Schieferung von Sedimentgesteinen einher. Im Gegensatz zur primären Gesteinsschichtung wie wir sie beispielsweise in den
nördlichen Kalkalpen oder Dolomiten finden, sind für die feinen und feinsten Plättchen im
planaren Parallelgefüge des Schiefergesteins tektonische Prozesse und Metamorphose (S. 31)
verantwortlich. Da die Schieferung ebenso wie die Gesteinsfaltung häufig auf der seitlichen
Beanspruchung von Sedimentgesteinen beruht, zeigen die geschieferten Gesteine oft eine parallel der Achsenflächen der Falten verlaufende Schieferung. Die gute Spaltbarkeit der Schiefer
in feinste Plättchen beruht auf einer Belegung der Schieferungsflächen mit Glimmerplättchen im
mikroskopischen Bereich. Dies macht von Schiefern aufgebaute Berge nicht gerade zu begehrten Kletterzielen. In den Hohen Tauern (Zentralalpen) sind die Berge aus Kalkglimmerschiefern
der oberen Schieferhülle bekannt für ihre glatten und oberflächlich morschen Wände. Man nennt
sie im Volksmund "Bratschen" oder "Bretter"(s. a. Kap. 5.2). Die Ausbildung und die Art der
Schieferung hängt von der Gesteinszusammensetzung, den tektonischen Spannungsverhältnis-
sen, der Temperatur und der Stärke der tektonischen Verformung ab.

Bild 2.4. Tektonische Decke

Tektonische Decken sind größere Gesteinsverbände, die durch seitliche Raumeinengung während der Gebirgsbildung über weite Distanzen von ihrem Ursprungsgebiet (Deckenwurzel)
bewegt und auf andere Gesteine überschoben werden. Decken können kaum oder sehr stark
gefaltet sein. Bei intensiver Faltung überkippen die Falten. Das Gestein reißt im Bereich des
Faltenscheitels ab und wird als Faltendecke weiter transportiert und überschoben. Bei entspre-
chendem Gefälle kann sich eine entstandene Decke auch ohne seitliche Kompression, allein
durch die Gravitation bewegen. Man nennt dies Schweregleitung. Auf diese Weise gelangten z.
B. die Decken der nördlichen Kalkalpen in ihre heutige Lage. Die Aufnahme zeigt den Blick
über den Berchtesgadener Talkessel. Die Gebirgszüge bestehen aus eingeglittenem Juvavikum,
auch Berchtesgadener Decke genannt. Diese großtektonische Einheit beherrscht zusammen mit
der tieferen Decke, dem Tirolikum, den tektonischen Bau des Berchtesgadener Landes. Die
heute schüsselförmig ineinander liegenden Decken stammen einst vom nördlichen Schelfrand
Afrikas, von wo aus sie über die Zentralalpen transportiert wurden. Aus den Dachsteinkalken
des Tirolikums bestehen bekannte Gipfel wie beispielsweise der Watzmann und der Hochkalter.

Bild 2.3. Schieferung (Thurntaler, Deferegger Alpen, Österreich)

Bild 2.4. Tektonische Decke (Lattengebirge, Berchtesgadener Alpen, Deutschland)

Bild 2.5. Metamorphe Ozeanbodenbasalte (Großglockner, Hohe Tauern, Österreich)

Der Gebirgsbildung geht eine Trennung von Lithosphärenplatten voraus. Durch das Aufdringen von Schmelzen wird kontinentale Kruste gedehnt und getrennt, es bildet sich ein Grabenbruchsystem. Dauert der Magmenaufstieg und folglich die Drift an, so entsteht zwischen den Platten schließlich ein Ozean mit einem ozeanischen Rücken, an dem ständig neuer Ozeanboden gebildet wird (Stadien 1-3 des Wilson-Zyklus, s. Kap. 1.4). Bei der anschließenden Kollision der Platten wird die Kruste eingeengt. Ein Ozean wird kleiner. Teile seines Bodens werden dadurch subduziert, andere in große Tiefen versenkt, gefaltet und ohne aufzuschmelzen oder chemisch modifiziert zu werden, mineralogisch und strukturell verändert. Mit der Heraushebung des Gebirges erscheinen die veränderten Magmatite und Ozeanbodensedimente als Metamorphite an der Oberfläche. So ragen heute mit dem Großglockner metamorphe Ozeanbodenbasalte als zumeist geschieferte Prasinite bis 3798 m in die Höhe. Im Bild erkennt man die berühmte "Pallavicinirinne", die zwischen Klein- und Großglockner unterhalb der Glocknerscharte 600 m heraufzieht, eine Paradeeistour der Glocknergruppe. Die Erstdurchsteigung im Jahre 1876 durch den Markgrafen Alfred Pallavicini mit dem Bergführer J. Tribuser und weiteren zwei Begleitern ging als besonderes Ereignis in die alpine Geschichte ein. Da es keine modernen Steigeisen mit Frontalzacken gab, mußte Tribuser über 2000 Stufen mit dem Pickel in das bis zu 55° geneigte Eis schlagen, um den Aufstieg für den Markgrafen und seine Gefährten zu ermöglichen.

2.2
Brüche und verwandte Strukturen

Falten weisen, von bestimmten Ausnahmen abgesehen, zumeist auf seitliche Kompressionskräfte hin. Im Gegensatz dazu können *Brüche* oder *Störungen* sowohl durch Kompression als auch durch Dehnung oder Scherung des Gesteins entstehen. Ebenso wie Falten treten Brüche in allen Größenordnungen auf. Brüche sind Trennungslinien im Gestein, an denen Verschiebungen stattfanden oder noch immer stattfinden. Man nennt sie auch *Verwerfungen*. Nicht oder wenig geöffnete Gesteinsfugen, an denen keine wesentliche Bewegung durch tektonische Zug- und Druckbeanspruchung stattgefunden hat, heißen *Klüfte* (s. Kap. 4.1).

Horizontale Gesteinsverschiebungen werden als *Horizontal-* oder *Blattverschiebung* bezeichnet. Sie erreichen an den Rändern der Lithosphärenplatten (Kap. 1.4) gewaltige Ausmaße, und werden dann *Transformstörungen* genannt Es sind daher auch Zonen mit erhöhter Erdbebentätigkeit. Ein berühmtes Beispiel ist die San Andreas-Verwerfung in Kalifornien, entlang derer sich die pazifische Platte an der amerikanischen Platte horizontal vorbei bewegt. Damit sind solch schwere Erdbeben wie das von San Francisco im Jahr 1906 verbunden.

Vertikale Verschiebungen nennt man je nach Bewegungsrichtung *Abschiebung* oder *Aufschiebung*. Erfolgen Brüche gleichzeitig vertikal und horizontal, wird dies *Schrägabschiebung* genannt. Eine treppenartige Abfolge von vertikalen Brüchen oder Abschiebungen bildet einen sogenannten *Staffelbruch* (Bild 2.6.). Er tritt in der Landschaft morphologisch als Sequenz von Gelände- oder *Bruchstufen* in Erscheinung. Das Ausmaß der vertikalen Verschiebung entlang eines Bruches bezeichnet man als *Sprunghöhe*. Abschiebungen bis hin zu Staffelbrüchen enstehen immer dort, wo es zu einer Dehnung der Erdkruste kommt oder kam. Entsteht bei einer gegenläufigen relativen Verschiebung zweier Gesteinsschollen keine nennenswerte Bruchfuge, sondern lediglich eine Verbiegung der Schichten, liegt eine *Flexur* vor (von lateinisch *flexura* = Krümmung).

Mit der Dehnung der Erdkruste ist natürlich auch die Bildung von *Gräben* (Bild 2.7.) unterschiedlichster Ausmaße verbunden. Sie variieren in Größenordnungen zwischen dem Zentimeter- und dem Kilometerbereich. Die tektonische Form des Grabens erscheint in der Landschaft als Senke, sofern seine Randschollen noch nicht durch Abtragung eingeebnet sind oder widerstandsfähigere Gesteine im Graben noch nicht durch eine Reliefumkehr als Vollform herausgearbeitet wurden. Großgräben der Erdkruste sind beispielsweise das Rote Meer oder die ostafrikanische Grabenzone (Rift valley).

Verschneidung (Bild 2.8.), *Kamin* oder *Riß* (Bild 2.9.) sind für jeden Bergsteiger bekannte alpine Fachbegriffe. Diese Strukturen, die viele klassische Kletterrouten in den Alpen und in anderen Hochgebirgen begleiten, sind in der Regel ebenfalls mit Störungen im Fels verknüpft. In größerem Umfang führte die Heraushebung junger Hochgebirge zu weiträumigen Bruchstrukturen und *Beckenbildungen*. Die Mur-Mürz-Furche als Fortsetzung des Wiener Beckens oder das Klagenfurter Becken, sind als Beispiele für tektonische Becken aus den Alpen zu nennen.

Bild 2.6. Staffelbruch

Brüche sind die Folge von Dehnungs-, Kompressions- oder Scherungkräften, die auf die Gesteine der Erdkruste wirken. Ursache dieser Krafteinwirkung ist die Kollision, die Trennung oder das aneinander Vorbeigleiten von Lithosphärenplatten (Kap. 1.4). Bei der beginnenden Trennung von zwei Platten kommt es an den Plattenrändern zur Grabenbildung, die von Brüchen in Form von vertikalen Abschiebungen begleitet wird. Die Abschiebung durch Krustendehnung erfolgt zumeist in Teilbrüchen, die treppenartig aufeinander folgen. Man bezeichnet dies als Staffelbruch. Die Aufnahme vom 2713 m hohen Gipfel des Watzmann zeigt den Westrand des Hagengebirges in den Berchtesgadener Alpen, der in einem Staffelbruch zum Becken des Königssees hin abbricht. Die Bruchzone, die bereits lange vor der Heraushebung der Alpen entstand, ist am stufigen Relief, den Bruchstufen erkennbar.

Bild 2.7. Graben

Ein tektonischer Graben ist ein eingesunkenes Krustenstück, das von ungefähr parallel zueinander verlaufenden Störungen oder Verwerfungen begrenzt wird. Die Ursache einer Grabenbildung liegt in der Krustendehnung als Folge plattentektonischer Prozesse (Kap. 1.4). Die Größenordnungen der Grabenbildung können sehr verschieden sein. Ein gewaltiger Graben in der Erdkruste ist neben dem Roten Meer z. B. auch der Oberrheingraben als Teilstück eines Grabensystems, das sich vom Mittelmeer bei Marseille bis zum Mjösa-See nahe Oslo erstreckt. Die Aufnahme zeigt den nördlichen Bereich des Landtalgrabens im Hagengebirge der Berchtesgadener Alpen. Er gehört zu einer Anzahl bedeutender Störungslinien im weiteren Umfeld des Königsseegebietes und wird in Form einer Tiefenlinie deutlich im Relief nachgezeichnet.

Bild 2.6. Staffelbruch (Hagengebirge, Berchtesgadener Alpen, Deutschland)

Bild 2.7. Graben (Landtalgraben, Berchtesgadener Alpen, Deutschland)

Bild 2.8. Verschneidung

Vertikal verlaufende Störungen, die hohe Felswände in unterschiedlicher Länge durchziehen, führen zu den sogenannten Verschneidungen. Der alpine Fachbegriff Verschneidung steht für einen Wandabschnitt, in dem rechtwinklig vorspringende Felspartien von diesem durch einen nahezu senkrecht verlaufenden, mehr oder weniger breiten Spalt getrennt werden. Verschneidungen, besonders dann wenn sie absolut senkrecht verlaufen, erfordern vom Kletterer neben einem enormen Kraftaufwand vor allem klettertechnisches Können. Viele Verschneidungen wurden daher zu alpinen Klassikern. Einer davon ist die abgebildete Ostverschneidung des Salzburger Hochthron in den Berchtesgadener Alpen.

Bild 2.9. Riß

Durch tektonische Druck- oder Zugbeanspruchung entstehen im Gestein Klüfte oder Risse (Kap. 4.1) Sie bewirken im Gegensatz zu Brüchen keine wesentliche Veränderung der ehemaligen Gesteinslagerung, bieten aber der Verwitterung (Kap. 4.1) gute Angriffspunkte. Risse sind in den Steilwänden der Hochgebirge häufig vorkommende Strukturen. Daher begleiten sie viele klassische Kletterrouten. Ähnlich wie das Klettern von Verschneidungen, verlangt Rißkletterei vom Bergsteiger ein hohes Maß an Können.

Bild 2.8. Verschneidung (Salzburger Hochthron, Salzburger Kalkalpen, Österreich)

Bild 2.9. Riß (Zinalrothorn, Walliser Alpen, Schweiz)

2.3
Stockwerkbau

Beim Rundblick von einem Alpengipfel fällt auf, daß viele benachbarte Berge oder Massive eine annähernd gleiche Höhe besitzen. Man gab diesem Phänomen die Bezeichnung *Gipfelflur* (Bild 2.10.). Die Gipfelflur ist das Ergebnis des *Stockwerkbaus* der Alpen (Bild 2.14.) aber auch vieler anderer Hochgebirge und stellt gleichzeitig das höchste Stockwerk in einer Abfolge von Verebnungsflächen in bestimmten Höhenniveaus dar. Talwärts folgen unter der Gipfelflur jüngere Flächenbildungen, die sich vor allem in den nördlichen Kalkalpen und den Dolomiten durch Gebirgsstöcke mit auffälligem Plateaucharakter auszeichnen. Besonders eindrucksvolle Beispiele für solch abgeflachte Gebirgsstöcke oder Altlandschaften (Bild 2.13.) finden sich in den nördlichen Kalkalpen. Dazu gehören das Steinerne Meer und das Hagengebirge in den Berchtesgadener Alpen oder die Raxalpe südwestlich von Wien. Nach ihr benannte man dieses Flachniveau als *Raxlandschaft*. Durch wechselnde Phasen von tektonischer Hebung und tektonischer Ruhe, wechselten im Laufe der Heraushebung der Alpen bis zum heutigen Hochgebirge auch intensive Zerschneidung und Flachreliefbildung über Millionen von Jahren einander ab und führten somit zum Stockwerkbau. Die Abfolge von Verebnungsflächen und Steilstufen, weist sehr deutlich auf eine phasenweise Hebung des Gebirges hin. Das Resultat erster Hebungen sind die Gipfelniveaus mit ihrer Gipfelflur. In dieses oberste Stockwerk wurde in einer weiteren Hebungsphase das Verflachungsniveau der Raxlandschaft eingearbeitet. Die Steilränder um dieses Sanftrelief deuten eine weitere energische Hebungsphase an.

In den Tälern blieb eine Folge von Terrassen und Hangverflachungen zurück, die dem Hochgebirgsrelief einen stufenartigen Charakter verleihen. Die Reste der ehemaligen Talböden ragen oft wie Podeste hoch über dem heutigen Talboden. Nicht selten tragen sie Siedlungen, die vor den Hochwassern der Gebirgsflüsse geschützt waren. Man nennt sie auch *alte Talböden* (Bild 2.11.). Auf einer Fahrt durch ein Alpental, wie z. B. durch das zentralalpine Ötztal, kann man sehr schön eine Reihe dieser alten Talböden an den Talseiten beobachten. Solche Talböden folgten demnach bereits dem Talverlauf, während die Plateaus von Rax oder Steinernem Meer über die heutigen Wasserscheiden, Störungen und andere Strukturen hinwegziehen. Daher ist das Niveau der Raxlandschaft als Vorläuferrelief für die heutigen Täler zu sehen.

Bis auf die jüngsten Taleinschnitte existierten alle Reliefgenerationen schon vor den pleistozänen Vereisungsphasen, die vor rund zwei Millionen Jahren begannen. Hochgelegene Hangleisten oder Verebnungsflächen bildeten als kümmerliche Reste der ehemaligen Landoberflächen während der Eiszeiten den Ausgangspunkt der Vergletscherung. Dort entstanden auch die auffälligen Kare (Kap. 9.1). Hangleisten oder alte Talböden im Bereich der Obergrenze der eiszeitlichen Vergletscherung wurden vom Eis zu Trogschultern (Kap. 9.1) abgeschliffen.

Vom zentralen Gebirgsbereich zu den Außenzonen der Alpen, des Himalaya oder anderer Hochgebirge läßt sich zudem eine treppenartige Abfolge von Niveaus gleich hoher Gipfel erkennen (Bild 2.12.), was auf eine frühzeitig und stärker einsetzende Hebung oder kuppelförmige Aufwölbung der inneren Gebirgsbereiche zurückzuführen ist. In dem mit Abstand bestuntersuchten Hochgebirge der Erde, den Alpen, wurde der Stockwerkbau schon um die Jahrhundertwende erkannt und ist seit dem immer wieder Gegenstand geomorphologischer Forschung (von griechisch *gé* = Erde, *morphé* = Gestalt und *lógos* = Wissenschaft, Lehre).

Besondere Aufmerksamkeit fiel dabei auf die *Augensteine*, haselnußgroße, glatte Flußgerölle aus recht verwitterungsresistenten Gesteinen. Sie sind auf den kalkalpinen Flachreliefs als Restvorkommen weit verbreitet. Diese ortsfremden Augensteine stammen aus den Zentralalpen und belegen sowohl eine Süd-Nord gerichtete Schüttung von Flußschottern, als auch die stärkere Heraushebung der Zentralalpen zu einer Zeit, in der die nördlichen Kalkalpen noch eine niedrige Bergkette mit einer nach Norden abfallenden Abtragungsfläche waren. Mit der verstärkt einsetzenden Hebung des kalkalpinen Bereiches wie auch der Zentralalpen im jüngeren Tertiär vor ca. 3 Millionen Jahren (spätes Pliozän) gelangten die Augensteine in die heutigen Höhenlagen.

Die Entwicklung des Stockwerkbaus vieler Hochgebirge läßt sich auch aus den ins Vorland transportierten Sedimenten ablesen. In Phasen mit tektonischer Ruhe, die zur Entstehung der Verebnungsflächen führten, wurden vor allem Feinsedimente wie Tone und Sande von den Flüssen in das Vorland transportiert. Die Schüttung von Grobkiesen und Schottern repräsentiert eine Phase tektonischer Hebung mit verstärkter Einschneidung und Abtragung.

Darüber hinaus liefert auch die *petrographische Zusammensetzung* (von griechisch *pétra* = Fels und *grápho* = schreiben) von Vorlandsedimenten wichtige Anhaltspunkte für die tektonische Entwicklung eines Gebirges. In Teilen der *Molasse* des nördlichen Alpenvorlandes fehlen die kalkalpinen Abtragungsprodukte. Daraus ergibt sich, daß zur Zeit der Ablagerung dieser Molassebereiche die Kalkalpen noch kein bedeutsames Hochgebirgsrelief hatten und dadurch als weitgehend niedrige Bergkette bestätigt sind. Die Schüttung erfolgte in erster Linie aus den kristallinen Zentralalpen. Dabei darf man das Relief der Zentralalpen zur damaligen Zeit nicht mit dem von heute vergleichen. Sie waren zwar schon höher herausgehoben als der Bereich der heutigen Kalkalpen, ähnelten aber eher einem Rumpfgebirge, das sich durch flächenhafte Abtragung und durch Herausragen einzelner Inselberge auszeichnete. Das Glocknermassiv in den Hohen Tauern (Bild 2.5.) wird z. B. als ehemaliger Inselberg gedeutet.

Die Schotter der *Augensteinlandschaft* - dieser Begriff steht häufig synonym für den Begriff der Raxlandschaft - wurden bis auf die heutigen Vorkommen durch Erosion und die pleistozäne Vergletscherung ausgeräumt. Daß die Plateaus von Steinernem Meer, Hagengebirge und anderer kalkalpinen Regionen, anders als die Verebnungsflächen der Zentralalpen, nach der Erosion der Deckschichten nicht stärker abgetragen wurden, ist in erster Linie auf die Verkarstung (Kap. 4.1) der Flächen zurückzuführen. Während außerhalb der Plateaus Flüsse für die Tiefenerosion sorgten, erfolgte die Entwässerung im Karst weitgehend unterirdisch. Mit der Tieferlegung der umgebenden Talbereiche durch verstärkte Erosion infolge tektonischer Hebung, war gleichzeitig eine Tieferlegung des Karstwasserspiegels verbunden. Es konnten sich zahlreiche Höhlensysteme entwickeln, die jeweils mit den einzelnen Flächenniveaus des Stockwerkbaus in Bezug zu setzen sind.

Bild 2.10. Gipfelflur

Es ist häufig zu beobachten, daß die Gipfel eines Hochgebirges wie diejenigen des Himalaya oder der Alpen über größere Strecken hin im gleichen Niveau liegen. Und zwar unabhängig vom Gebirgsbau und den unterschiedlichen Gesteinen, die das Gebirge aufbauen. Diese sogenannte Gipfelflur ist das Resultat von tektonischer Hebung eines ehemals flacheren, mittelgebirgsähnlichen Reliefs. Durch die phasenweise Hebung wechselten beispielsweise in den Alpen intensive Zerschneidung und Flachreliefbildung mehrfach einander ab. Das Ergebnis ist ein stockwerkartiger Aufbau der alpinen Landschaft. Die Gipfelflur stellt dabei das höchste Stockwerk dar. Tiefergelegene Stockwerke sind durch auffällige Hangleisten, Hangverflachungen oder hochgelegene Terrassen im Verlauf der heutigen Haupttäler gekennzeichnet. Das Foto entstand auf dem Gipfel des 6012 m hohen Dhampus Peak (Dhaulagiri Himal). Der Blick richtet sich in nordöstliche Richtung gegen die Ausläufer der Annapurnagruppe und zahlreiche Eisgipfel Tibets im Hintergrund, die alle eine annähernd gleiche Höhe zwischen 6500 und 7500 m aufweisen.

Bild 2.11. Alter Talboden

Die phasenweise Hebung der Alpen und anderer junger Hochgebirge führte dazu, daß Talböden während einer tektonischen Hebungsphase zerschnitten und weitgehend ausgeräumt wurden. Die Überreste der alten Talböden finden sich heute in Form von Hangleisten oder Terrassen hoch oberhalb des aktuellen Talbodens. Das Foto zeigt ein Musterbeispiel für einen solchen alten Talboden. Es ist die scharf herauspräparierte Felsterrasse von Burgstein oberhalb der Ortschaft Längenfeld im Tiroler Ötztal. Im Bildhintergrund mündet ein glaziales Hängetal (Kap. 9.1) in das Ötztal, weit oberhalb des Haupttalbodens.

Bild 2.10. Gipfelflur (Himalaya, Grenzgebiet Nepal/Tibet)

Bild 2.11. Alter Talboden (Burgstein, Ötztaler Alpen, Österreich)

Bild 2.12. Gipfelniveaus

Blick vom 4023 m hohen Weißmiesgipfel in den Walliser Alpen gegen Südosten in Richtung Lago Maggiore. Die Gipfel im Vordergrund erreichen Höhen von über 3000 Metern. Die Höhe der Bergkämme in der Bildmitte liegt zwischen etwa 2000 m und 2300 m. Die Bergketten am Horizont haben eine ungefähre Höhe von 1500 Metern. Dadurch wird eine absteigende Höhe von Gipfelniveaus vom zentralen Alpenbereich zu seinen Rändern hin, als Folge seiner stärkeren Heraushebung während der Gebirgsentstehung, deutlich. Auffällig ist die annähernd gleiche Höhe benachbarter Gipfel in den einzelnen Kämmen, die sogenannte Gipfelflur. Unterhalb der Gipfelflur folgt talwärts, im Bild leider nicht erkennbar, eine Reihe von Verebnungsflächen und Hangterrassen, die von steileren Reliefbereichen unterbrochen sind. Dieser ''Stockwerkbau'' belegt, daß die Alpen nicht kontinuierlich, sondern phasenweise im Wechsel von tektonischer Ruhe und tektonischer Hebung aufgestiegen sind (vgl. Kap. 1.4 u. 11.2).

Bild 2.13. Altlandschaft

Das Steinerne Meer ist ein Musterbeispiel für eine Altlandschaft, die im Zuge des Stockwerkbaus der Alpen entstand. Im Zeitalter des Tertiär war das Plateau dieser Gebirgsgruppe noch Bestandteil eines flacheren, hügeligen Reliefs. Aus dem Gebiet der bereits stärker herausgehobenen Zentralalpen transportierten die nach Norden entwässernden Flußsysteme ihre Schotterfracht über das Plateau und lagerten sie ab. Im Verlauf der späteren Heraushebung blieb das Sanftrelief des Steinernen Meeres weitgehend erhalten. Schützten vorerst die kristallinen Schotter vor Erosion, so begünstigte nach deren Abtragung die Verkarstung des Gebirgsstockes die Plateauerhaltung. Während sich in Phasen der Gebirgshebung die umliegenden Flußsysteme immer tiefer einschnitten, verlief die Entwässerung des Plateaus, wie auch heute noch, unterirdisch. Von den Schotterdecken finden sich nur noch vereinzelte, mehrfach umgelagerte Reste, die als sogenannte ''Augensteine'' von der tektonischen und geomorphologischen Geschichte dieses Gebirges erzählen.

Bild 2.12. Gipfelniveaus (Weißmies, Walliser Alpen, Schweiz)

Bild 2.13. Altlandschaft (Steinernes Meer, Salzburger Kalkalpen, Österreich)

Bild 2.14. Stockwerkbau (Mattertal, Walliser Alpen, Schweiz)

Der Wechsel von Phasen mit tektonischer Hebung und tektonischer Ruhe führte im Zuge der Heraushebung der Alpen bis zum heutigen Hochgebirge zum auffälligen Stockwerkbau. Intensive Zerschneidung und Flachreliefbildung wechselten über Millionen von Jahren einander ab und hinterließen eine Abfolge von größeren und kleineren Verebnungsflächen und Steilstufen. Das Bild zeigt größere Verebnungsflächen oder alte Landoberflächen am Fuße von Matterhorn und Breithorn, zwei berühmten Viertausendern hoch über dem Mattertal.

3 Vulkane

In Hochgebirgen wie dem nordamerikanischen Kaskadengebirge oder den Anden finden sich zahlreiche hohe Gipfel vulkanischen Ursprungs. Geschmolzenes Gestein steigt aus dem Erdinnern nach oben, da es weniger dicht ist als das umgebende Gestein. Es bildet in der Lithosphäre (Kap. 1.4) Magmakammern und gelangt von dort an die Oberfläche. Diesen Prozeß bezeichnet man als Vulkanismus. Hierzu zählt auch der Austritt fester und gasförmiger Stoffe an der Erdoberfläche, die größtenteils aus vulkanischen Gesteinen besteht. Ein Vulkan ist prinzipiell der Ort, an dem diese Stoffe an die Oberfläche gelangen. Das kann ein mittelozeanischer Rücken (Kap. 1.4) oder ein Maar sein. Die bekannteste Erscheinungsform des Vulkanismus sind jedoch die kegel- oder schildförmigen Vulkanberge. Sie können Höhen von mehreren Tausend Metern erreichen und weisen nicht selten eine ausgeprägte Vergletscherung auf. Für das Wort ''Vulkan'' stand die im Norden von Sizilien gelegene Insel *Vulcano* Pate. Wegen der häufigen Eruptionen auf der Insel wurde sie von den Römern für die Schmiede des Feuergottes ''Vulkanus'' gehalten.

3.1
Die Entstehung von Vulkanbergen

Vulkanberge entstehen durch die Förderung von *Magma*. Magma ist aufgeschmolzenes Gestein im Erdinnern. Wenn es durch einen Vulkan an der Erdoberfläche austritt, wird es als *Lava* bezeichnet. Wie sich an frisch ausgetretener Lava ermitteln läßt, besitzen die Schmelzen Temperaturen von ca. 1000° C. Je nach der chemischen Zusammensetzung von Lava variieren die Temperaturbereiche zwischen 800° C und 1200° C. Solch hohe Temperaturen, die zur Gesteinsverflüssigung führen, treten teilweise schon in Tiefen von 30-40 Kilometern, also in der Lithosphäre auf. Meist werden sie aber erst in 75-250 km Tiefe in der Asthenosphäre (Kap. 1.4) erreicht.

Durch den enormen Druck, der auf der Asthenosphäre lastet, ist sie trotz großer Hitze nicht flüssig, sondern plastisch. Sie ist somit eher als relativ fest anzusehen. Der Druck wirkt der Verflüssigung entgegen. Zur Aufschmelzung und Bildung von Magma kommt es in der Regel nur bei Störungen der vorherrschenden Druck- und Temperaturverhältnisse, also dort, wo die Temperaturen im Verhältnis zum Druck sehr hoch sind oder, wo der Druck auf die heißen Gesteinsmassen nachläßt. Diese Störungen finden wir dort, wo sich Lithosphärenplatten trennen, also divergieren, und dort, wo eine Platte unter die andere abtaucht (vgl. Kap. 1.4). Durch Konvektionsströmungen steigt plastisches Mantelmaterial entlang der Naht von zwei divergierenden Platten nach oben. Die Druckentlastung entlang dieser Trennungslinie führt zum Schmelzen des plastischen Materials.

Wo eine Platte unter der anderen abtaucht, wird das Gleichgewicht in der Asthenosphäre dadurch gestört, daß Reibungshitze entsteht und die Temperatur im Verhältnis zum Druck sehr hoch wird. Zudem werden wasserreiche Sedimente des Ozeanbodens bei der Kollision einer ozeanischen Platte mit einer kontinentalen Platte in die Tiefe gezogen, wodurch die Schmelztemperatur des Gesteins herabgesetzt wird. Aus diesen Gründen treten Vulkane in ganz bestimmten Zonen und Gürteln der Erde auf, den Grenzen der Lithosphärenplatten.

Einige Mineralien im Mantel schmelzen bei niedrigen Temperaturen eher als andere. Das entstehende Magma ist daher eine zähe Flüssigkeit, die zwischen heißen, aber immer noch festen Kristallen entsteht. Der Geologe bezeichnet diesen Bereich als *partiell geschmolzene Zone*. Die Magmabildung ist also mit einer Mineraltrennung nach Chemismus, Schmelzpunkt und Dichte verbunden. Jeder Temperaturbereich bildet daher eine bestimmte *partielle Schmelze*.

Nach heutigem Kenntnisstand ist die Erdwärme auf drei Ursachen zurückzuführen: Ein Teil der Erdwärme ist ein Überbleibsel aus der Frühzeit unserer Erde. Beim Aufprall kosmischen Materials wurde ein Großteil seiner Bewegungsenergie in Wärme umgewandelt. Mit zunehmender Ansammlung von neuer Materie vergrößerte sich die Masse der Erde und somit der gravitationsbedingte Druck im Innern des Planeten, was ebenfalls einen Temperaturanstieg bewirkte. Der dritte und wahrscheinlich wichtigste Prozeß, der zur Erdwärme und ständigen Energieabgabe führt, beruht auf dem Zerfall radioaktiver Elemente wie Uran oder Thorium. Bei ihnen zerfallen die Atome spontan durch die Aussendung eines Elektrons oder Alphateilchens. Die freigesetzten Teilchen werden vom umgebenden Material absorbiert. Dabei wird Bewegungsenergie in Wärme umgewandelt, die ausreicht, um seit Milliarden von Jahren die Gesteine teilweise zum Schmelzen zu bringen.

Den Temperaturanstieg mit zunehmender Erdtiefe nennt man *geothermischen Gradienten*. Im Durchschnitt nimmt die Temperatur auf 100 m Tiefe um 3° C zu. Von diesem Mittelwert treten jedoch Abweichungen auf. Sie stehen in Abhängigkeit vom lokalen geologischen Bau der Lithosphäre, von der Temperaturleitfähigkeit der Gesteine, der Gesteinslagerung, der Morphologie der Erdoberfläche und dem Auftreten von besonderen Wärmequellen magmatischer Art. An einigen Stellen der Erde erreicht die Temperatur in 30-40 km Tiefe 1000° C, an anderen liegt sie in der gleichen Tiefe erst bei 500° C. Da radioaktive Elemente verstärkt in den ersten Kilometern unter der Erdoberfläche vorkommen, nimmt die Temperatur mit zunehmender Tiefe langsamer zu. Der geothermische Gradient wird geringer. Von der Obergrenze des Erdmantels bis zu seiner Untergrenze in 2900 m Tiefe reichen die Temperaturen von etwa 1000°-2500° C (s. a. Kap. 1.4).

Durch diesen sehr komplexen Prozeß der *magmatischen Differentiation*, können sich bei unterschiedlichen Temperaturen verschiedene Magmen bilden. Das meiste Magma ist von seiner Zusammensetzung her basaltisch. Flüssiges Gestein besitzt eine geringere Dichte als festes Gestein und steigt somit wie Öl in Wasser in Richtung Erdoberfläche. Durch Poren und Klüfte im überlagernden Festgestein steigt es langsam auf und bildet größere *Magmanester*. Schließlich wird das umgebende Gestein aufgeschmolzen oder beiseite gedrängt, und es entstehen umfangreiche *Magmakammern*, die in unterschiedlichen Tiefen der Lithosphäre vorkommen können. Ihr Umfang kann Dimensionen von mehreren Kilometern erreichen. Von dort aus steigt das Magma infolge des sich aufbauenden Druckes durch Spalten oder *Vulkanschlote* hinauf an die Erdoberfläche und wird bei einer *Vulkaneruption* zu Lava. In mehr oder weniger großer Geschwindigkeit bilden sich daraus Vulkanberge, die enorme Höhen erreichen können. Einer davon erhebt sich 4202 m über den Meeresspiegel, der Mauna Kea auf Hawaii. Mit einer Gesamthöhe vom Grund des Ozeans bis zum Gipfel von 10203 m, ist er unbestritten der absolut höchste Berg der Welt. Hinsichtlich seiner Entstehung nimmt der Mauna Kea, wie auch die anderen Hawaii-Vulkane, jedoch eine Sonderstellung ein, da er auf einen Hot Spot zurückzuführen ist und inmitten einer Lithosphärenplatte liegt (s. S. 16).

3.2
Arten von Lava

Magma gelangt durch Auftrieb an die Erdoberfläche. Es kann dort als Lava ruhig ausfließen oder explosionsartig als *Schlacke* (Bild 3.1.) entweichen. Lava kann dünnflüssig strömen oder sich wie eine zähe Masse verhalten. Diese unterschiedlichen Eigenschaften der Laven beruhen auf der verschiedenartigen mineralischen Zusammensetzung von Magma, variierenden Wassergehalten, verschiedenen Temperaturen und Gasgehalten.

Wegen der hohen Temperatur von 1000°-1200° C und dem relativ geringen Kieselsäureanteil ist basische *Basaltlava* dünnflüssig. Auf Hawaii fließt sie daher nicht selten mit Geschwindigkeiten von bis zu 400 m pro Minute in Richtung Meer (Bild 3.8.). *Rhyolithische Lava* ist wegen ihres hohen Kieselsäureanteils extrem sauer und schmilzt schon bei Temperaturen von 800° C bis 1000° C. Dadurch ist sie relativ zähflüssig und stapelt sich eher in Lagen übereinander als großräumig auszufließen. Beim Aufsteigen kann Basaltmagma das umgebende Gestein mit niedrigerem Schmelzpunkt aufschmelzen. Da solche Gesteine vor allem unter den Kontinenten mehr Kieselsäure enthalten, führt dies zu einer Veränderung der aufsteigenden Schmelze. Es entsteht ein *intermediäres Magma* (von lateinisch *inter* = zwischen und *medius* = in der Mitte befindlich), das mit seinen Eigenschaften zwischen denen von Basalt und Rhyolith steht. Man nennt diese Schmelze *andesitische Lava*. Sie tritt im Bereich der Vulkanketten aus, die sich entlang von Kontinentalrändern aufreihen, unter denen eine ozeanische Platte in die Tiefe abtaucht. Da mit dem Abtauchen einer ozeanischen unter eine kontinentale Platte wasserreiche Sedimente aufgeschmolzen werden, ist der Wassergehalt von andesitischer Lava deutlich höher als der von basaltischer Lava. Wasserarme bis -freie Schmelzen werden mit sinkendem Druck flüssiger, während bei wasserreichen, sauren Gesteinsschmelzen die Zähigkeit mit abnehmendem Druck rasch ansteigt. Daher wird eine andesitische Schmelze beim Aufstieg an die Erdoberfläche noch zäher, und der Druck der eingeschlossenen Gase entläd sich explosionsartig. Der 6005 m hohe Cotopaxi (Bild 3.3.) in Ecuador ist z. B. ein solch explosiver, saurer Vulkan.

Basaltische Lavaergüsse werden in *Pahoehoe-* und *Aa-Lava* differenziert. Bei Pahoehoe-Lava (Bild 3.2.) bildet sich an der Oberfläche eine Haut, wenn sich die Schmelze abkühlt. Darunter fließ der Lavastrom weiter und verschiebt die Haut zu strickartigen Fließwülsten. Daher der polynesische Name, der strick- oder seilartig bedeutet. Aa-Lava sieht aus wie ein gepflügter Ackerboden. Diese Lava hat ihren Gasgehalt weitgehend verloren, wodurch sie zäher wird. Beim Abkühlen bildet sich eine dicke Kruste, die bei weiterer Bewegung in rauhe, sehr scharfkantige Brocken und Schollen zerbricht. Der polynesische Name ist sehr aufschlußreich. Aa ist das Wort, das man von sich gibt, wenn man diese Lava barfuß betritt. Nahezu 99 % von Hawaii bestehen aus Aa- und Pahoehoeströmen.

Bild 3.1. Schlackenauswurf

Wenn Magma mit hohem Gasgehalt im Schlot eines Vulkanberges emporsteigt, schäumt es infolge der Druckentlastung auf und zerfällt in blasige Fetzen, die schließlich herausgeschleudert werden. Die groben Fetzen werden als Schlacken bezeichnet. Der Begriff "Schlacke" ist etwas verwirrend, da es sich bei den Förderprodukten eines Vulkans nicht um Verbrennungsrückstände handelt. Fördert ein Vulkan ausschließlich Schlacke, spricht man von einer Schlackeneruption. Während des Fluges kühlt das Material ab und es entstehen sogenannte Pyroklastika (von griechisch *pyr* = feuer und *klásis* = zerbrechen), zu denen sich auch feinere Partikel wie Staub und Asche gesellen. Auch Gesteinstrümmer, die von der Schlotwandung während der Eruption abgerissen wurden, zählen zu den Pyroklastika. Wenn ausgeworfene Lavafetzen bei ihrer Landung noch geschmolzen sind, nennt man sie "Schweißschlacken". Viele Vulkane fördern ausschließlich Aschen und Schlacken und tragen daher die Bezeichnung Schlackenkegel oder Lockervulkan. Ein bekanntes Beispiel für einen solchen Lockervulkan ist der westlich von Tokio gelegene 3776 m hohe Fudschijama, Japans heiliger und höchster Berg.

Bild 3.2. Pahoehoe-Lava

Kühlt ein basaltischer Lavaerguß langsam ab, bildet sich an der Oberfläche eine Haut. Unter dieser Haut fließt der dünnflüssige Lavastrom weiter und verschiebt diese zu strickartigen Fließwülsten. Der polynesische Name Pahoehoe bedeutet strick- oder seilartig. Diese Art von Lava ist typisch für die Hawaii-Vulkane. Infolge der Dünnflüssigkeit der Lava kann sie sich über weite Strecken verbreiten und es bilden sich gewaltige Vulkanberge mit nur flachen Hängen. Ein bekanntes Beispiel für solche Schildvulkane ist der Mauna Loa (Bild **3.5.**) auf Big Island, wie die Einwohner Hawaii bezeichnen.

Bild 3.1. Schlackenauswurf (Mauna Loa, Hawaii, USA)

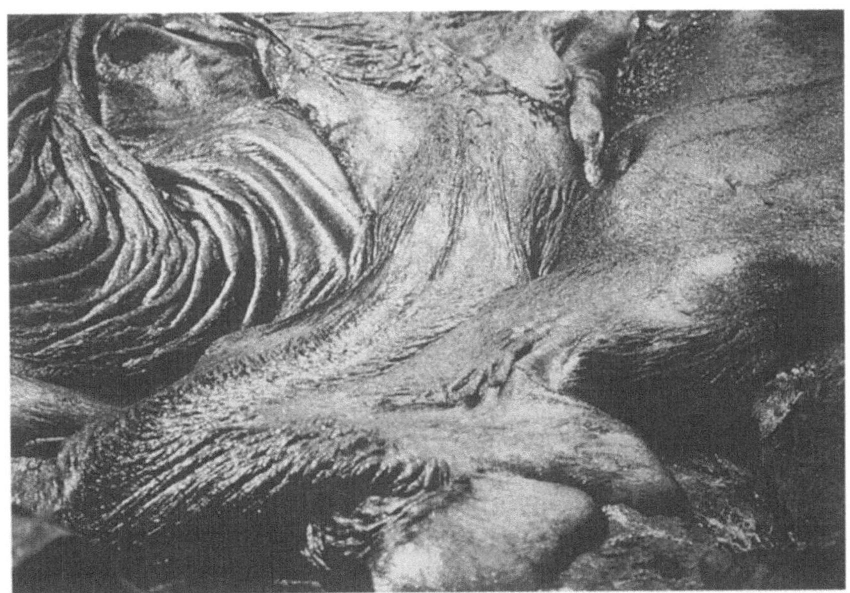

Bild 3.2. Pahoehoe-Lava (Mauna Loa, Hawaii, USA)

3.3
Die Verbreitung von Vulkanbergen

Die meisten Vulkanberge treten in auffälligen Gürteln, Ketten oder schmalen Linien auf. Sie markieren die Grenzen von Lithosphärenplatten, die gleichzeitig auch Bereiche erhöhter Erdbebentätigkeit sind.

An Stellen der Erde, an welchen sich tektonische Platten voneinander wegbewegen, füllen Vulkane die Trennungsnarben der auseinanderdriftenden Platten mit basaltischen Lavaströmen aus, so daß sich mittelozeanische Rücken und neuer Meeresboden bilden. Diese Form des Vulkanismus wird als *Riftvulkanismus* bezeichnet. Durch diese Art von Vulkanismus entsteht permanent neues Plattenmaterial, während älterer Meeresboden an den Subduktionszonen verschluckt wird. Obwohl es bereits seit Jahrmilliarden Ozeane gibt, ist der Meeresboden aufgrund dieses Prozesses weltweit nicht älter als 200 Millionen Jahre.

Die gefährlichsten Vulkane stehen dort, wo eine Lithosphärenplatte unter einer anderen in die Asthenosphäre abtaucht. Sie befinden sich einige Dekakilometer vom Plattenrand entfernt auf der überlagernden Platte und entstehen durch partielles Aufschmelzen der Gesteine im oberen Teil der abtauchenden Platte. Ihre Gefährlichkeit liegt in ihrem explosiven Charakter. Da beim Abtauchen einer ozeanischen Platte wasserreiche Sedimente des Meeresbodens mitgezogen werden, kann in der Subduktionszone Wasser verdampfen und durch seine Überhitzung eine explosive Tätigkeit der Vulkane fördern. Zudem wird der Schmelzpunkt des abtauchenden Gesteins durch das Wasser herabgesetzt. Es kann früher aufschmelzen und wegen seiner geringeren Dichte gegenüber kaltem Gestein nach oben steigen und parallel zum Plattenrand Vulkanreihen bilden. Ein wesentlicher Unterschied zum Vulkanismus an mittelozeanischen Rücken besteht darin, daß verschiedene Arten von vulkanischem Gestein gefördert werden. Aus der Asthenosphäre über der abtauchenden Platte stammt dünnflüssiger Basalt. An der abtauchenden Platte werden partiell basaltische Kruste und Ozeanbodensedimente aufgeschmolzen, wodurch andesitisches Magma entsteht, das wegen seiner hohen Zähflüssigkeit zu explosiven Ausbrüchen führt.

Wo eine ozeanische Platte unter einer anderen ozeanischen Platte abtaucht, bilden sich durch den Vulkanismus Inselbögen, wie im Fall der Philippinen. Wird eine ozeanische Platte unter eine kontinentale Platte gezogen, bilden sich vulkanische Bergketten wie die Anden. Wenn sich ein Kontinent spaltet, entsteht kontinentaler Riftvulkanismus. Charakteristisch dabei ist die Entstehung eines Rift-Valleys, das durch basaltischen Vulkanismus wie im Falle des ostafrikanischen Rift-Valleys charakterisiert ist. Die Grabenbildung steht dort offensichtlich für das Anfangsstadium eines neuen Ozeans (vgl. Kap. 1.4).

Einige Vulkane und Erscheinungen des Vulkanismus finden sich weit entfernt von ihren klassischen Verbreitungsgebieten, den Rändern der Lithosphärenplatten. Beispiele sind die hawaiianische Vulkankette und die großen Basaltdecken im Hochland von Dekan in Vorderindien. Die Entstehung des *Intraplattenvulkanismus* oder der Vulkanketten innerhalb von Platten wird durch Hot Spots erklärt (S. 16). Die großen Basaltdecken entstehen durch Spalteneruptionen von sehr flüssigem Basalt.

3.4
Vulkantypen

Seit langem versuchen Geowissenschaftler, und hier speziell die Vulkanologen, die unterschiedlichen Vulkane und ihre Ausbruchsmechanismen zu klassifizieren. Vulkanische Eruptionen werden durch zahlreiche Faktoren beeinflußt, und die Form eines Vulkanberges kann das Resultat von unterschiedlichen Eruptionen sein. Daher ist eine Typisierung von Vulkanen immer ein wenig willkürlich. Vulkanologen klassifizieren die Vulkane nach der Art der Eruptionen mit ihren charakteristischen Eigenschaften:

Die *hawaiianische Ausbruchstätigkeit* ist durch relativ "gutmütige" Eruptionen von dünnflüssigen basaltischen Laven charakterisiert. Durch diese Lavaergüsse bilden sich leicht abfallende kuppelförmige Berge, die sogenannten *Schildvulkane* (Bild 3.5.). Ein klassisches Beispiel für einen Schildvulkan ist der 4169 m hohe Mauna Loa auf Hawaii, einer der mächtigsten und aktivsten Vulkane der Erde. Die Masse dieses gewaltigen Berges aus zu Basalt erstarrter Lava ist so groß, daß man damit das Gebiet von Deutschland 160 m hoch bedecken könnte. Mit dem Begriff "Schildvulkan" wurden diese flachansteigenden Vulkanberge versehen, weil sie an die "Buckelschilde" römischer Legionäre erinnern. *Spaltenausbrüche* unterscheiden sich von hawaiianischen Eruptionen dadurch, daß sich große Mengen an dünnflüssiger Lava aus Spalten ergießen, die viele Kilometer lang sein können. Bei dieser Art der Ausbruchstätigkeit fehlt ein zentraler Schlot, der für die klassischen Vulkanberge typisch ist. Die Lava breitet sich über weite Flächen aus, und es bilden sich große Lavaplateaus wie sie beispielhaft in Indien anzutreffen sind.

Strombolianische Ausbrüche wurden durch die Tätigkeit des Vulkans Stromboli in Italien definiert. Ihnen gemeinsam sind der Ausstoß von *pyroklastischem Material* (Staub, Asche, Schlacken) und Lavaergüsse. Diese vulkanische Aktivitätsform zeigt somit über einen längeren Zeitraum wechselnde Phasen von *effusiven* (von lateinisch *effundere* = ausgießen) und explosiven Ausbruchsmechanismen. Es bilden sich *Stratovulkane* (von lateinisch *stratum* = Decke, Polster), wie beispielsweise der abgebildete 2518 m hohe Mount Egmont oder Taranaki auf Neuseeland (Bild 3.4.). Andere bekannte Stratovulkane sind z. B. der 6310 m hohe Chimborazo in Ecuador oder der 3718 m hohe Pico del Teide auf Teneriffa. Neben *Schlackenkegeln*, die durch den ausschließlichen Ausstoß von pyroklatischem Material gekennzeichnet sind, ist dies die häufigste Form der großen Vulkanberge. Durch Erosion werden mitunter die einzelnen Schichten eines Stratovulkans angeschnitten und freigelegt (Bild 3.6.).

Vulkanianische Tätigkeit ist durch starke explosive Ausbrüche gekennzeichnet, die blumenkohlartig aussehende Aschewolken bilden, welche sich aus Wasserdampf, vulkanischen Gasen und festen Gesteinsfragmenten zusammensetzen. Nach der anfänglichen explosiven Phase produzieren vulkanianische Eruptionen träge zähflüssige Lavaströme. Durch den Wechsel von Asche- und Lavaschichten bilden sich wiederum Schicht- oder Stratovulkane mit steilen Flanken.

Peléanische Eruptionen haben ihren Namen vom Mont Pelée auf der Karibikinsel Martinique, der im Jahr 1902 ausbrach, wobei 29.000 Einwohner der Hafenstadt St. Pierre den Tod fanden. Eruptionen dieses Typs sind sehr zerstörerisch, denn sie erzeugen heiße *Aschelawinen*. Die *Glutwolken* oder *Nuées ardentes* strömen mit Geschwindigkeiten von mehr als 100 km/h die Flanken eines ausbrechenden Vulkans hinunter. Der untere, dichtere Bereich einer Glutwolke wird als *pyroklastischer Strom* oder *Aschestrom* bezeichnet. Aschelawinen bilden häufig weite Sedimentfächer um den Stratovulkan, dem sie entstammen. Die Kombination von zwei geomorphologischen Strukturen verdeutlicht, daß bei einem derartigen Vulkan mehrere Ausbruchsmechanismen im Wechsel stattfinden. Die sauren Laven sind bei peléanischer Tätigkeit sehr zähflüssig und bilden oft *Staukuppen* beim Verlassen des Förderschlotes. Staukuppen sind rundliche, steilwandige Gesteinsdome aus zähflüssiger Lava, die sich nur geringfügig ausbreitet und unmittelbar über dem Vulkanschlot auftürmt. Dieses Material plombiert nicht selten die Schlote und schließt auch Gase ein. Ihr Druck steigt immer mehr an, bis sie die Staukuppe explosionsartig zerstören.

Vulkanismus des *plinianischen Typs* kennzeichnet überaus explosive Eruptionen, die dem bekannten Ausbruch des Vesuvs im Jahre 79 n. Chr. entsprechen. Plinianisch nannte man diese Ausbruchstätigkeit zu Ehren von Plinius dem Jüngeren, der den verheerenden Ausbruch des Vesuvs beschrieben hat. Grundlegendes Merkmal ist ein langanhaltender Ascheausstoß. Mächtige Decken aus Bims und Asche fallen zu Boden. Aschen und vulkanische Gase gelangen hinauf bis in die Stratosphäre und können dort Wetter und Klima beeinflussen. Zudem werden auch bei plinianischen Eruptionen pyroklastische Ströme erzeugt. Der Gasschub ist oft so gewaltig, daß größere Bereiche des Gipfelkraters weggerissen werden. Gewaltige Vulkaneruptionen können gelegentlich auch so große Mengen an Magma aus dem Berg fördern, daß es in der Gipfelregion zu gewaltigen Einbrüchen, zu *Calderen* kommt.

Rein *explosive Eruptionen* sind durch sehr große Gasmengen und einen hohen Druck während der Kraterbildung charakterisiert. Diese Ausbruchstätigkeit kommt sehr plötzlich und erschöpft sich oft in einer Explosion, welche die Gesteinsmassen über dem Herd durchschlägt. Dadurch werden Aschen und Blöcke unterschiedlichster Größe weit in die Luft geschleudert. Um den Explosionstrichter kann sich ein Wall aus pyroklastischen Produkten bilden. Auch im Anschluß an eine explosive Vulkaneruption kann es zum Zusammenbruch des Vulkans mit der Bildung eines beckenförmigen Einbruchbereiches, einer Caldera kommen. Calderen haben oft gewaltige Ausmaße und entstehen bei vielen Vulkanen, wenn sich die Magmakammer rasch entleert. Das darüber befindliche Vulkangebäude stürzt dann ein.

Nach dem Erlöschen der Vulkantätigkeit schreitet die Zerstörung, die dem Aufbau von Vulkanen von Beginn an entgegenarbeitet, schnell voran. Die Erosion legt immer tiefere Einschnitte in das Gebäude des Vulkans. Bevorzugt werden die vulkanischen Lockermassen der Schlackenkegel oder Stratovulkane abgetragen (Bild 3.7.). Auf diese Weise kann es im Laufe der Zeit zur sogenannten Reliefumkehr kommen: Mulden, Täler und andere Hohlformen, die von erkalteten, schwerer erodierbaren Lavaströmen ausgefüllt sind, werden allmählich als Vollformen freigelegt. Ähnliches gilt für widerstandsfähige Schlotfüllungen. An Stelle des ehemaligen Kraters erhebt sich nach weitgehender Abtragung des Vulkangebäudes nun eine kegelförmige Kuppe. Ein absterbender Vulkan wird aber nicht nur von außen her, sondern auch von innen heraus durch das Zusammenbrechen des Vulkangebäudes und die Bildung von Calderen zerstört.

Bild 3.3. Explosiver Vulkan (Cotopaxi, Cordillera Real, Ecuador)

Der Cotopaxi, ein typischer Schicht- oder Stratovulkan, ist mit einer Höhe von 6005 m der höchste tätige Vulkan der Erde. Charakteristisch für die hohen Andenvulkane ist die dem Relief übergeordnete Vergletscherung in Form einer Eiskappe (Kap. 8.5). Der letzte verheerende Ausbruch des Cotopaxi ereignete sich am 26. Juni 1877. Die Schäden dieses Ereignisses sind teilweise noch heute im Umfeld des Vulkans erkennbar. Die Quelle des Vulkanismus in der Cordillera Real und anderen Teilen der Anden ist auf die Aufschmelzung der unter den südamerikanischen Kontinent abtauchenden ozeanischen Nazca-Platte zurückzuführen (vgl. Kap. 1.4).

Bild 3.4. Stratovulkan

Vulkane, die sowohl aus vulkanischem Lockermaterial (Aschen, Schlacken) als auch aus Laven aufgebaut sind, nennt man Stratovulkane (von lateinisch *stratum* = Decke, Polster). Andere bezeichnungen für diesen Vulkantyp sind Schichtvulkan oder gemischter Vulkan. Die Aufnahme zeigt den 2518 m hohen Mount Egmont oder Taranaki an der Westküste der neuseeländischen Nordinsel. Er ist mit einem Alter von rund 10.000 Jahren das jüngste Glied in der vulkanischen Kette Neuseelands. Dieser charakteristische Stratovulkan mit seiner ausgeprägten Kegelgestalt wird von den zahlreichen japanischen Touristen oft als "Fudschijama Neuseelands" bezeichnet.

Bild 3.5. Schildvulkan

Schildvulkane entstehen durch die Übereinanderlagerung zahlreicher basaltischer Lavaströme. Diese sind sehr dünnflüssig, so daß sie sich über große Flächen ausbreiten können. Entsprechend flach sind die Flanken von Schildvulkanen. Ihre Neigungen liegen unter 10°. Der abgebildete Mauna Loa ist 4169 m hoch und hat einen Basisdurchmesser von rund 200 km. Nach dem 4202 m hohen Mauna Kea bildet er den zweithöchsten Punkt des Hawaii-Archipels. Nirgendwo auf der Erde gibt es mächtigere Vulkanberge als auf Hawaii. Weil die Lava auf Hawaii zumeist in dünnflüssigen Lavaströmen austritt, gelten die Hawaii-Vulkane - z. B. gegenüber den oft explosiven Andenvulkanen - als sanftmütig. Sie bieten den Menschen eher gewaltige Naturschauspiele als katastrophale Eruptionen.

Bild 3.4. Stratovulkan (Mount Egmont, Nordinsel, Neuseeland)

Bild 3.5. Schildvulkan (Mauna Loa, Hawaii, USA)

Bild 3.6. Schichten eines Stratovulkans

Durch fortschreitende Erosion werden die Schichten nicht mehr aktiver Stratovulkane allmählich angeschnitten und freigelegt. Auf dem Bild ist ein Teil der Schichten zu erkennen, die den gewaltigen, 6310 m hohen Chimborazo in der ecuadorianischen Westkordillere aufbauen. Der Chimborazo wurde lange Zeit als höchster Berg der Welt angesehen, bis die Bergriesen Asiens entdeckt wurden. Mißt man allerdings die Höhe der Berge nicht vom Meeresspiegel, sondern vom Erdmittelpunkt aus, so ist der Chimborazo tatsächlich der höchste Berg der Erde, da diese ein Rotationsellipsoid darstellt. Berühmt wurde der Vulkan vor allem durch den Besteigungsversuch von Alexander von Humboldt (1769-1859) im Jahre 1802. Obwohl der Versuch scheiterte, gelangte Humboldt immerhin bis in eine Höhe von 5893 m. Die Erstbesteigung erfolgte erst im Jahre 1880 durch den berühmten englischen Alpinisten Edward Whymper und seine italienischen Bergführer Jean-Antoine und Louis Carrel.

Bild 3.7. Abtragung von Vulkangebäuden

Der Blick richtet sich gegen den 4788 m hohen El Corazón in der Westkordillere Ecuadors. Zahlreiche Erosionsrinnen und regelrechte Erosionsschluchten durchziehen das vulkanische Lockermaterial dieses Stratovulkans (S. 55). Vor allem die lockeren Aschen- und Schlackenschichten eines solchen Vulkantyps unterliegen nach Einstellen der Aktivität vergleichsweise rasch der Erosion. Aber schon mit ihrem Entstehen, also von Beginn an, sind die Bauten der hohen Vulkanberge der Abtragung ausgesetzt. So mehren sich kurioserweise auch die Sorgen der Japaner um ihren heiligen Berg, den Fudschijama. Seit seinem letzten Ausbruch im Jahr 1707 bedrohen zusehends Erosion und Erdbeben die Abtragung des ebenmäßig geformten, mehr als 3000 m hohen Aschenkegels. Tiefe Erosionsrinnen erweitern sich in bedrohendem Tempo in seinen Aschenflanken. Seit vielen Jahren wird überlegt, wie man diesen Prozessen wirksam mit technischen Mitteln entgegenwirken kann.

Bild 3.6. Schichten eines Stratovulkans (Chimborazo, Anden, Ecuador)

Bild 3.7. Abtragung von Vulkangebäuden (El Corazón, Anden, Ecuador)

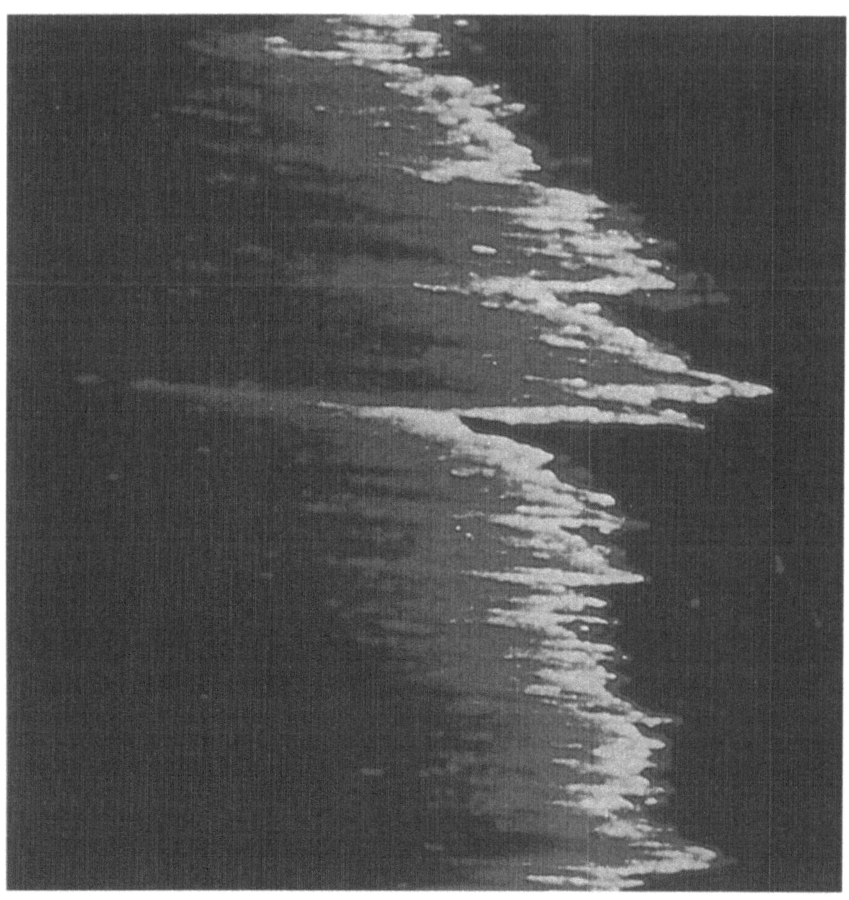

Bild 3.8. Feuer und Wasser (Mauna Loa, Hawaii, USA)

Dünnflüssige Basaltlava aus langanhaltenden Eruptionen gelangt auf Hawaii oft bis zum Meer und fügt der immer noch wachsenden Insel neues Land hinzu. Der Kampf zwischen dem Wasser und der glühend heißen Lava führt zu einem der faszinierensten Naturschauspiele der Erde. Auf dem Bild wirkt das nächtliche Zusammentreffen von Lava und Wasser wie ein abstraktes Gemälde.

4 Verwitterung und Abtragung formen das Hochgebirge

Die klimabedingte Verwitterung und die Abtragung sind neben tektonischen und vulkanischen Vorgängen die wesentlichen Prozesse, die zum heutigen Erscheinungsbild der Hochgebirge führten und die Hochgebirgslandschaft auch weiterhin permanent verändern.

Viele Bergwanderer und Alpinisten haben sicherlich schon einmal Verwitterung und Abtragung "hautnah" zu spüren bekommen. Man denke nur an den Steinschlag, den Gemsen, Steinböcke, Auftauprozesse aber auch vorausgehende Mitglieder einer Seilschaft oder einer Gruppe am Klettersteig auslösen können. Und welcher Kletterer hat noch nicht herzhaft geflucht, wenn er sich im Karwendelgebirge oder in den Dolomiten erst über schier endlose Schutthalden aufwärts quälen mußte, um den festen Einstiegsfels der begehrten Route zu erreichen? Gelegentlich wundert man sich über große Felsbrocken am Wegesrand, die aussehen, als habe man sie mit einem Keil gespalten. Der "Keil" ist aber nichts anderes als der starke Temperaturunterschied zwischen Tag und Nacht, der den Felsbrocken mechanisch verwittern läßt. Und häufig erreichen uns Meldungen und Fernsehbilder über zerstörerische Muren, Schuttströme und Hangrutschungen aus den Alpen und anderen Hochgebirgen der Welt. Eines ist all den geschilderten Phänomenen im Gebirge gemeinsam: Sie sind das Ergebnis von Hebung, Verwitterung und Abtragung.

4.1 Verwitterung

Unter dem Begriff "Verwitterung" sind alle physikalischen, chemischen und biologischen Prozesse zusammengefaßt, die zur Lockerung, Aufbereitung und Zerstörung der Gesteine führen. Durch Verwitterungsprozesse wird das feste Gestein prinzipiell zu drei Materialarten hin verändert:

a) Zu festen Verwitterungsprodukten in Form von mechanisch zerlegten Gesteinsbruchstücken unterschiedlicher Größe wie Felsbrocken, Schutt oder Sand, die keine chemische Veränderung erfahren haben.
b) Zu gelösten Stoffen durch chemische oder biologische Verwitterung, die als Ionen oder komplexe Verbindungen vom Wasser weggeführt werden.
c) Zu Stoff-Neubildungen wie Tonminerale und Oxide, die beispielsweise die Farbe und chemischen Eigenschaften der Böden bestimmen.

Die Vorgänge der Verwitterung werden vor allem klimatisch durch Temperatur und Niederschlag gesteuert. Weniger bedeutend sind mechanisch-biogene Faktoren wie der Wurzeldruck von Pflanzen oder chemisch-biogene Prozesse durch Ausscheidungen von Organismen. Das wichtigste Agens der Verwitterung ist das Wasser. Jedoch spielen auch die chemische Zusammensetzung der Gesteine, das

Mineralgefüge, ihre Wasserdurchlässigkeit sowie Klüftung, Schichtung, Bankung oder Schieferung (Kap. 2.1) eine wesentliche Rolle. Denn die chemischen und strukturellen Gesteinseigenschaften bestimmen, ob ein Gestein eine geringe oder große Widerstandsfähigkeit gegenüber den Verwitterungsprozessen aufweist.

Im Hochgebirge dominiert für gewöhnlich die *physikalische* oder *mechanische Verwitterung*. Sie zerlegt das anstehende Gestein ohne chemische Veränderungen in Felsblöcke, Schutt, Sand oder Staub.

Das Festgestein wird durch mechanische Verwitterung in die unterschiedlichsten Korngrößen zerteilt, die man in Abhängigkeit von ihrem Äquivalentdurchmesser verschiedenen Kornfraktionen zuordnet. Zwischen 0,002 und 0,063 mm liegt die Fraktion des *Schluffs* (Staub). *Sand* umfaßt die Korngrößen von 0,063-2,0 mm. Korngrößen zwischen 2,0 und 63 mm bezeichnet man je nachdem, ob es sich um kantiges oder gerundetes Material handelt als *Grus* oder *Kies*. Noch größere Fraktionen sind *Steine* und *Blöcke*. All diese Fraktionen können noch weiter differenziert werden, z. B. in Feinschluff, Mittelschluff und Grobschluff. Bei Mitwirkung der chemischen Verwitterung entstehen noch kleinere Teilchen mit Größen unter 0,002 mm. Sie werden als *Ton* bezeichnet. Ein Gemisch aus Ton, Schluff und Sand heißt *Lehm*, der je nach Anteil der einzelnen Kornfraktionen beispielsweise als sandig-toniger Lehm, schluffiger Lehm oder schwach sandiger Lehm in Erscheinung treten kann. Das mechanisch zerlegte Verwitterungsmaterial wird nach Ablagerung zum Lockersediment und bildet Deckschichten auf dem anstehenden Gestein. Es ist das Ausgangssubstrat der Bodenbildung. Daher wird die Korngrößenzusammensetzung eines Lockermaterials oder des darin entwickelten Bodens auch als *Bodenart* bezeichnet.

Die physikalische Verwitterung greift an natürlichen Schwächezonen im Gestein an, die in Form von *Klüften* und *Spalten* angelegt sind (Bild 4.1.). Als Kluft wird ein feiner, noch nicht oder kaum geöffneter Riß bezeichnet. Bei einer Spalte sind die gegenüberliegenden Gesteinspartien bereits auseinandergewichen. Klüfte und Spalten entstehen durch Kompression, Dehnung oder Scherung des Gesteins bei tektonischer Beanspruchung (vgl. Kap. 2.2). Magmatische Gesteine weisen teilweise sehr regelmäßige Kluftsysteme durch die Abkühlung der Schmelze auf. Typisch ist z. B. die Säulenbildung der Basalte. Klüfte entstehen auch beim langsamen Abkühlen von Tiefengesteinen wie Granit und der damit verbundenen Volumenabnahme. Klüfte können aber auch dann entstehen, wenn die Deckschichten des Gebirges abgetragen werden und Entlastung eintritt. Man spricht daher auch von *Entlastungsklüften*.

Eine Form der physikalischen Verwitterung ist die *Temperatur-* oder *Insolationsverwitterung*. Sie beruht darauf, daß alle Materialien ihr Volumen mit der Temperatur verändern. Durch den täglichen Wechsel von Sonneneinstrahlung und nächtlicher Abkühlung kommt es zur Expansion und Kontraktion des Gesteins, wodurch es allmählich in seinem Mineralgefüge zerrüttet wird. Dieser Prozeß wird durch die unterschiedliche Wärmeausdehnung der Minerale begünstigt, welche die Gesteine aufbauen. Im Extremfall ereignet sich ein *Kernsprung*, der größere Gesteinsblöcke regelrecht "zerplatzen" läßt. Insolationsverwitterung findet insbesondere in Wüstengebirgen mit extremen Temperaturschwankungen statt.

In der Regel herrscht in den meisten Hochgebirgen die *Frostverwitterung* vor (Bild 4.2.). Gefriert Wasser, das in Klüfte und Spalten eingedrungen ist, zu Eis, dehnt es sich um 9 % seines Volumens aus. Dadurch entwickelt es eine enorme Sprengkraft. Sie erreicht bei -22° C mit 2100 kg/cm^2 ihre größte Wirkung. Der Wechsel von Gefrieren und Wiederauftauen lockert allmählich das Gesteinsgefüge. Klüfte und Spalten weiten sich nach und nach aus. Schließlich kommt es zum

Zerfall des Gesteins in Trümmer oder *Frostschutt* (Bild **4.3.**) der verschiedensten Korngrößen. Je vollständiger alle Poren, Risse und Klüfte mit Wasser gefüllt und je größer diese sind, desto intensiver wirkt diese Form der physikalischen Verwitterung.

Die *Salzverwitterung* ist ein ganz ähnlicher Vorgang. In den Gebirgen der Wüsten werden gelöste Stoffe mit dem sporadisch anfallenden Wasser kapillar in feinste Klüfte gesaugt. In diesen Haarspalten scheiden sich Salze ab, wenn das Wasser verdunstet. Infolge des Kristallisationsdruckes der in den Spalten zurückbleibenden Salze wird das Gestein mechanisch beansprucht. Es können dabei Spannungen von mehreren 100 kg/cm^2 auftreten, die beim Wechsel von Austrocknung und Durchfeuchtung das Gestein lockern. Das Gestein verwittert dann durch Absprengen von einzelnen Körnern, feinen Gesteinsschuppen oder ganzen Gesteinsschalen.

Ebenso führt der Wachstumsdruck von Pflanzenwurzeln, die sich in Gesteinsspalten zwängen, zur Lockerung und Absprengung von Gesteinsbruchstücken oder ganzen Gesteinspartien und somit zur *physikalisch-biologischen Verwitterung*. Zu dieser Form der Verwitterung zählt auch die Lockerung von Gesteinen durch die Arbeit von grabenden Tieren.

Je kleiner die Teile sind, in die das Gestein durch physikalische Verwitterung zerbricht, um so leichter können diese abtransportiert werden. Daher steht die Größe des verwitterten Materials in enger Beziehung zu den Abtragungsprozessen durch Gravitation oder einem Medium wie Wasser. Beide Prozesse, Verwitterung und Abtragung, sind somit eng miteinander verbunden und unterstützen sich gegenseitig.

Im Gegensatz zur physikalischen Verwitterung kommt es bei der chemischen Verwitterung zu Umsetzungen zwischen Gestein und Wasser und folglich zu chemischen Veränderungen. Bei dieser Art der Verwitterung wird das Gestein vom Wasser selbst oder von im Wasser gelösten Stoffen angegriffen. Die einfache Lösung von Steinsalz oder Gips in Wasser nennt man *Lösungsverwitterung*. Dabei umgeben sich positiv oder negativ geladene Bestandteile von Mineralen eines Gesteins mit Wassermolekülen und gehen in das umgebende Wasser über, ohne daß unbedingt chemische Reaktionen ablaufen müssen. Wassermoleküle können sehr leicht in die Kristallgitter von Mineralen eindringen, da sie recht klein sind.

Der für viele Hochgebirgsgruppen aus Kalkgestein bedeutende Verwitterungsprozeß ist die Kohlensäureverwitterung. Durch das Kohlendioxid in der Luft wird Regenwasser zur Säure, zur Kohlensäure:

$$H_2O + CO_2 \rightleftharpoons H_2CO_3 \rightleftharpoons H^+ + HCO_3^- \text{ (Bildung der Säure)}$$

Während reines Wasser nur unbedeutende Mengen an Kalk bzw. des ihn aufbauenden Minerals Calcit ($CaCO_3$) zu lösen vermag, erfolgt bei Anwesenheit von CO_2 die Lösung des Gesteins:

$$CaCO_3 + H^+ + HCO_3^- \rightleftharpoons Ca^{2+} + 2HCO_3^- \text{ (Kalklösung)}$$

Daher ätzt CO_2-haltiges Wasser die Kalkgesteine an und verwittert sie. Dieser Prozeß ist um so intensiver, je reiner ein Kalkgestein ist. Begünstigend wirkt sich auch ein hoher CO_2-Partialdruck im Boden über Kalkgestein aus, für den zahlreiche Pflanzen und Mikroorganismen verantwortlich sind. Mannigfache Landschaftsformen wie etwa *Poljen* (Bild 4.6.), *Karren* (Bild 4.5.), die selbst in steilsten Wänden ausgebildet sein können, *Karsttische* (Bild 4.8.) oder *Karsthöhlen* (Bild 4.9.) sind das Ergebnis der Kalksteinlösung. Den gesamten Formenschatz, der durch den chemischen Angriff auf Karbonate, d. h. durch die sogenannte *Korrosion* (von lateinisch *corrodere* = zerfressen) bedingt ist, nennt man *Karst.* Der Name "Karst" wurde vom gleichnamigen und mehr als 1000 m hohen slowenischen Kalkgebirge abgeleitet, das sich zwischen Triest und Ljubljana erstreckt. Den Prozeß, der in einem Gebiet zu den verschiedenen Karstfomen und zur *Karstlandschaft* (Bild 4.7.) führt, bezeichnet man als *Verkarstung.*

Das Calcium-Magnesium-Karbonat Dolomit [$CaMg(CO_3)_2$] - wir kennen es z. B. aus den Dolomiten, wo es gewaltige Gipfel aufbaut - ist ebenso wie Kalk als Bikarbonat löslich, nur wesentlich schwerer. Kaltes Wasser ist für Kohlendioxid sehr aufnahmefähig, so daß auch in arktischen Regionen Kohlensäureverwitterung stattfinden kann.

Der gesamte Vorgang der Kalklösung kann auch genau umgekehrt ablaufen. Gelöster Kalk fällt dann aus $Ca(HCO_3)_2$-haltigen Wässern aus, CO_2 wird an die umgebende Luft abgegeben. Das Ergebnis sind u. a. bekannte *Sinterbildungen* wie *Tropfsteine*, die unter den Namen *Stalaktiten* und *Stalagmiten* bekannt sind und in Karsthöhlen für faszinierende Formen sorgen.

Eisenhaltige Minerale sind in den Gesteinen weit verbreitet und in der Regel dunkel gefärbt. Durch die Einwirkung des im Wasser gelösten Sauerstoffs oxidiert das Eisen. Zweiwertiges Eisen wird dabei durch die Abgabe eines Elektrons zu dreiwertigem Eisen. Das Gestein erhält dadurch eine bräunliche bis rötliche oder gelbliche Farbe, es "rostet" und die ursprüngliche Mineralstruktur wird durch die *Oxidationsverwitterung* zerstört. Wir kennen das gut von rostendem metallischem Eisen, das durch Kontakt mit der Atmosphäre oxidiert, wodurch sich etwa am Auto die unerwünschten Oxide des dreiwertigen Eisens bilden. Der Farbumschlag an frischen Gesteinsoberflächen, die beispielsweise nach einem Felssturz oder im Steinbruch auftreten, deutet die beginnende chemische Verwitterung durch Oxidation an. Dabei ist die Intensität der Färbung ein grobes Richtmaß für den Verwitterungsgrad.

Beim Prozeß der *Hydrolyse* oder *Silikatverwitterung* (von griechisch *hýdor* = Wasser und *lýsis* = Lösung) werden Silikatminerale (von lateinisch *silex* = Kiesel), d. h. die kieselsauren Salze des Aluminiums mit Gemengteilen von Kalium, Natrium, Calcium, Magnesium, Eisen und Mangan von Ionen des Wassers (H^+ und OH^-) angegriffen. Zu den Silikatmineralen, die rund 60 % aller Minerale der Erdkruste ausmachen, gehören u. a. Feldspat und Glimmer als Bestandteile des Granits neben dem Quarz. Die Hydrolyse bewirkt an der Mineraloberfläche den Austausch von Ionen des Mineralkristalls und somit starke stoffliche Veränderungen bis zum völligen Zerfall des Gesteins. Begünstigt wird dieser Prozeß bei vorausgegangener *Hydratationsverwitterung*, die auf der Anlagerung von Wassermolekülen an Mineralgittergrenzflächen beruht und zur Auflockerung des Kristallgitters führt, um schließlich eine Gesteinszerlegung zu bewirken.

Zu den Endprodukten der Silikatverwitterung gehören auch Mineralneubildungen, wie die Tonminerale. Sie spielen im Boden eine wichtige Rolle als Austauscher für Ionen und somit für die Nährstoffversorgung der Pflanzen. Ein bekanntes Tonmineral, das aus der Silikatverwitterung des Feldspats (Orthoklas) entsteht, ist der Kaolinit (nach dem Berg Kaoling in Südwestchina), der einen

weißen bis cremefarbenen Ton bildet und begehrter Rohstoff für die Porzellan-
industrie ist:

$$\text{Feldspat} \quad \text{Wasser} \quad \text{Kaolinit}$$
$$\text{KAlSi}_3\text{O}_8 + \text{H}_2\text{O} \rightarrow \quad \text{Al}_2\text{Si}_2\text{O}_5(\text{OH})_4$$

Die Gesteine können auch durch chemisch-biologische Vorgänge zersetzt werden. Höhere Pflanzen, aber auch Algen, Flechten und Moose, die direkt auf dem
Fels sitzen, scheiden H^+-Ionen ab, welche die Minerale der Gesteine angreifen und
allmählich zerstören.

Bild 4.1. Klüftung des Gesteins (Cassianer Dolomit, Sextener Dolomiten, Südtirol/Italien)

Die Verwitterung, insbesondere in Form von Frostsprengung (Bild 4.2.), greift an Schwächezo-
nen im Gestein an, die als Klüfte und Spalten angelegt sind. Eine Kluft ist ein feiner, nicht oder
kaum geöffneter Riß im Fels. Demgegenüber sind bei einer Spalte die gegenüberliegenden
Gesteinspartien bereits auseinandergewichen. Klüfte und Spalten entstehen durch tektonische
Beanspruchung des Gesteins (vgl. Kap. 2.2), aber auch bei der Abkühlung von magmatischen
Gesteinen oder Tiefengesteinen wie Granit und der damit verbundenen Volumenabnahme.
Klüfte können aber auch als Folge von Entlastung entstehen, wenn die Deckschichten des Gebirges abgetragen werden. Die räumliche Anordnung von Klüften bezeichnet man als Kluftnetz,
ungefähr in gleicher Richtung parallel verlaufende Klüfte als Kluftschar. Die Aufnahme zeigt
eine ausgeprägte Klüftung im Dolomit, die auf tektonische Beanspruchung im Zuge der Gebirgsbildung zurückzuführen ist.

Bild 4.2. Frostverwitterung

In den Hochgebirgen dominiert unter den verschiedenen Arten der Verwitterung die physikalische Verwitterung. Der vorherrschende Prozeß der physikalischen Verwitterung im Gebirge ist die Frostverwitterung. Sie beruht auf häufigen Frostwechseln und dem Umstand, daß Wasser beim Gefrieren eine Volumenszunahme von ca. 9 % erfährt. Wasser dringt in Klüfte und Spalten des Gesteins ein, und entwickelt beim Gefrieren eine enorme Sprengkraft. Diese erreicht bei -22° C mit 2100 kg/cm^2 ihre größte Wirkung. Infolge des Wechsels von Gefrieren und Wiederauftauen lockert sich allmählich das Gesteinsgefüge. Klüfte und Spalten weiten sich aus bis der feste Fels schließlich in einzelne Fraktionen bis hin zur Sand- und Staubkorngröße (S. 64) zerlegt wird. Bei dem abgebildeten Gesteinsblock hat die Frostverwitterung die Ausweitung einer Kluft zur Spalte bewirkt. Der nächste Schritt ist die Absprengung der abgespalteten Partie.

Bild 4.3. Frostschutt

Durch mechanische oder physikalische Verwitterung infolge des Wechsels von Gefrieren und Auftauen von Wasser in Gesteinsklüften, bildet sich Frostschutt in den unterschiedlichsten Größen. Je nachdem, um welches Gestein es sich handelt, sind die gröberen Bestandteile des Frostschuttes eher plattig, blockig, rundlich oder polygonal grusig. Die Aufnahme zeigt einen plattigen Frostschutt aus Gneisen an der südseitigen Aufstiegsroute zum 3510 m hohen Gipfel des Hochfeilers, dem höchsten Berg der Zillertaler Alpen.

Bild 4.2. Frostverwitterung (Vernagttal, Ötztaler Alpen, Österreich)

Bild 4.3. Frostschutt (Hochfeiler, Zillertaler Alpen, Südtirol/Italien)

Bild 4.4. Kohlensäureverwitterung

Die Luft um uns herum enthält normalerweise nur 0,03 % Kohlendioxid. Das reicht jedoch aus, um aus dem Regenwasser eine schwache Säure, eine Kohlensäure zu machen. Reines Wasser kann nur unbedeutende Mengen an Kalk ($CaCO_3$) lösen. Bei Anwesenheit von CO_2 im Regenwasser hingegen ätzt das CO_2-haltige Wasser die Kalksteine an und löst sie. Je reiner ein Kalkgestein ist, desto intensiver erfolgt dieser Prozeß. Fördernd für die Kohlensäureverwitterung ist auch ein hoher CO_2-Partialdruck im Boden über Kalkgestein, der von Pflanzenwurzeln und Mikroorganismen verursacht wird. Für die Gebirge der kühlgemäßigten Klimazone hat man je nach Niederschlagshöhe und Reinheit des Kalkes Lösungsraten von 1-4 cm pro 1000 Jahre ermittelt. Eine Folge der Kohlensäureverwitterung ist, wie auf dem Bild ersichtlich, die Ausbildung von Lösungsfurchen, den sogenannten Karren (s. a. unteres Bild).

Bild 4.5. Karren

Regenwasser stellt durch seinen Kohlendioxidgehalt eine schwache Säure dar (S. 65). Die Entstehung von Karren (Schratten) beruht daher auf der Lösungswirkung von abfließendem Regenwasser auf einer mehr oder weniger stark geneigten Kalksteinoberfläche. Rinnenkarren stellen langgestreckte Hohlformen dar, die durch scharfe Grate voneinander getrennt sind. Im Extremfall bilden sich sogenannte Firstkarren aus, die dicht aneinandergereiht den gröberen Rinnenkarren aufsitzen, wie auf dem Foto erkennbar ist. Folgt die Kalksteinlösung den Klüften im Fels, entstehen Kluftkarren, die mitunter sogar quer zum Gefälle verlaufen. Langsam abtauender Schnee bewirkt eine Ansammlung von kleinen Hohlformen auf dem Kalk, die Nischenkarren. Erstrecken sich Karren über weite Bereiche einer Kalksteinoberfläche bezeichnet man dies als Karrenfeld.

Bild 4.4. Kohlensäureverwitterung (Toggenburg, Appenzeller Alpen, Schweiz)

Bild 4.5. Karren (Hagengebirge, Berchtesgadener Alpen, Deutschland)

Bild 4.6. Polje

Poljen (serbokroatisch = Feld) sind die größten geschlossenen Hohlformen in Karstgebieten (s. unteres Bild). Ihr Umfang erreicht Größenordnungen von mehreren Kilometern. Sie entstehen durch chemische und mechanische Ausweitung von tektonischen Schwächezonen im Karbonatgestein oder durch das Zusammenwachsen von kleineren Lösungsformen wie Dolinen oder Uvalas. Poljen, die sich ohne einen Struktureinfluß in Form von tektonischen Störungen lediglich als Lösungs- oder Einsturzformen entwickelt haben, nennt man Korrosionspoljen. Poljen haben eine unterirdische Entwässerung. Sie können permanent trocken sein oder auch eine periodische oder stetige Wasserbedeckung aufweisen, vor allem dann, wenn ihre Oberfläche von feinkörnigen Sedimenten abgedichtet wird. Die Aufnahme zeigt ein 1100 m hoch gelegenes Großpolje in den Lefká-Ori auf Kreta, die Omalós-Hochebene.

Bild 4.7. Karstlandschaft

Durch den chemischen Angriff des CO_2-haltigen Niederschlagwassers auf Karbonate, die sogenannte Kalklösung oder Korrosion (von lateinisch *corrodere* = zerfressen), entsteht ein reicher Formenschatz, der als Karst bezeichnet wird. Dieser Name wurde vom gleichnamigen slowenischen Kalkgebirge abgeleitet, das sich zwischen Triest und Ljubljana erstreckt. Den Prozeß, der in einem Gebiet zu Karstfomen wie Karren (Bild 4.5.) oder Poljen (s. oberes Bild) und somit letztendlich zur Karstlandschaft führt, nennt man Verkarstung.

Bild 4.6. Polje (Omalós-Hochebene, Kreta, Griechenland)

Bild 4.7. Karstlandschaft (Puig de Massanella, Mallorca, Spanien)

Bild 4.8. Karsttisch

Eine auffällige Erscheinung in Karstgebieten sind die Karsttische. Sie zählen zu den Kleinformen des Karstes. Ähnlich wie bei den Gletschertischen (Kap. 8.3) und den Erdpyramiden (Bild 4.32.), wird die Unterlage der "Tischplatte" vorübergehend vor stärkerer Abtragung geschützt. Im Falle der Karsttische vor Kalklösung (S. 65). Die Aufnahme zeigt zwei typische Karsttische im Steinernen Meer der Salzburger Kalkalpen. Aus der Höhe der Karsttische kann man die Lösungsrate des Kalkes seit der letzten Eiszeit ermitteln. Für den Bereich des Steinernen Meeres hat man eine Kalkabtragung von einem Zentimeter pro 1000 Jahren berechnet.

Bild 4.9. Karsthöhle

Die eindrucksvollsten und immer noch geheimnisvollsten Ergebnisse der Kalksteinlösung (S. 65) sind die Karsthöhlen. Regenwasser gelangt in vorhandene Risse und Spalten des Gesteins. Bei Tieferlegung des Vorfluters entsteht ein Druckgefälle, das Wasser bewegt sich in den Spalten und weitet diese allmählich durch Kalklösung aus. Es entsteht ein unterirdisches Netzwerk von Hohlräumen und Gängen. Da die Fugen und Hohlräume anfänglich weitgehend mit Wasser gefüllt sind, findet die Lösung an ihrer gesamten Oberfläche statt. Also sowohl am Boden und an den Wänden als auch an den Hohlraum- oder Gangdecken. Der Höhlenforscher oder Speläologe (von griechisch *spélaion* = Höhle) bezeichnet dies als phreatische Hohlraumentstehung (von griechisch *phréar* = Brunnen). Erst durch die Absenkung des Grund- oder Karstwasserspiegels, etwa durch tektonische Hebung des Gebietes, gelangen die Höhlen in den ungesättigten Bereich. Zur Korrosion (von lateinisch *corrodere* = zerfressen) tritt nun im Zufluß- oder vadosen Bereich (von lateinisch *vadosus* = seicht) die Erosion hinzu (von lateinisch *erodere* = abnagen). Die Hohlräume entwickeln sich allmählich zu Höhlengröße. Erfolgt keine Tieferlegung des Karstwasserspiegels mehr, erreicht die unterirdische Verkarstung ihren Höhepunkt. Die erneute Tieferlegung des Vorfluters führt zur Reaktivierung der Vorgänge der Verkarstung. Daher sind unterschiedliche Höhlenniveaus mit tektonischen Hebungsphasen und der Landschaftsentwicklung in Einklang zu bringen (vgl. Kap. 2.3). Wenngleich das in den Kalkstein eindringende Wasser durch bereits erfolgte Kalklösung seine Aggressivität verliert, findet sowohl im vadosen als auch im phreatischen Bereich Korrosion statt. Dies ist möglich, da sich die unterirdischen Wässer mit unterschiedlichen Temperaturen und CO_2-Gehalten mischen. Die Folge davon ist eine erneute Lösungsfähigkeit, die man Mischungskorrosion nennt. Das Foto zeigt den "Brillengang" der Salzgrabenhöhle in den Berchtesgadener Alpen.

Bild 4.8. Karsttisch (Steinernes Meer, Salzburger Kalkalpen, Österreich)

Bild 4.9. Karsthöhle (Salzgrabenhöhle, Berchtesgadener Alpen, Deutschland)

4.2
Abtragung

Hochgebirge ist im Gegensatz zu Beckenlandschaften stets ein Ort vorwiegender Abtragung. Und je größer die Reliefenergie ist, desto intensiver ist die Abtragung in all ihren Formen wirksam. Es ist leicht verständlich, daß Sturzmassen, sei es in Form von Steinschlag, Lawinen oder Bergstürzen, um so abtragswirksamer sind, je höher und steiler eine Wand hinaufragt. Daher finden Abtragungsprozesse in extremen Hochgebirgen wie dem Himalaya oder dem Karakorum in sehr viel stärkerem Ausmaß und mit deutlich größerer Wirkung statt, als etwa auf Spitzbergen oder in den skandinavischen Hochgebirgen. In den großen, mehrere 1000 m hohen Wänden des Himalaya können riesige Eislawinen gewaltige Distanzen zurücklegen und durch ihre hohe kinetische Energie den Fels besonders intensiv beanspruchen. Das Ergebnis der Abtragung sind regelrechte Wandschluchten. In den Alpen finden wir annähernd vergleichbare Wandhöhen lediglich am Monte Rosa-Massiv, dessen Ostwand mit 2400 m Höhe die höchste Wand der Alpen darstellt.

Auch die klimatischen Verhältnisse einer Hochgebirgsregion sind entscheidend für die Abtragung. So bewirken die heftigen Monsunniederschläge an der Himalaya-Südabdachung gemeinsam mit der hohen Reliefenergie eine intensive, fast schluchtartige Kerbtalbildung.

Die Abtragung des Hochgebirges kann auf sehr unterschiedliche Art und Weise erfolgen. Wir kennen die Verkehrszeichen, die uns auf Gebirgsstraßen vor Steinschlag warnen. In den Medien wird häufig über katastrophale Muren und Hangrutschungen nach heftigen Regenfällen oder über das Problem der zunehmenden Bodenerosion durch den Menschen berichtet (Bild 4.38.). Und viele Hochgebirgslandschaften haben ihr heutiges Erscheinungsbild der Abtragung durch Gletscher zu verdanken. Dabei wird deutlich, daß Abtragung allein durch die Wirkung der Gravitation oder durch ein Medium wie Wasser, Wind, Schnee oder Eis erfolgen kann. Die Gesamtheit aller Prozesse, die zur Abtragung der Gesteine führen, werden als *Massenverlagerung* bezeichnet. Rein gravitativ bedingte Verlagerungen von Gestein und Boden bezeichnet man als *Massenbewegungen* oder *Massenselbstbewegungen*. Hierzu gehören alle Arten von Sturzvorgängen, Rutschprozessen und Fließbewegungen. Massenverlagerungen, die durch ein Medium, gleich ob Gletscher oder fließendes Wasser, erfolgen, heißen *Massentransport* und die Abtragung durch ein Medium ist der *Massenschurf*.

Bei der mehr flächenhaften Abtragung durch Massenbewegungen wie Stürze, Rutschungen oder Fließbewegungen sowie bei der Abtragung durch den Massenschurf der Gletscher, des Schnees und der Lawinen, spricht man auch von *Denudation* (von lateinisch *denudare* = entblößen). Demgegenüber stehen die linear ablaufenden Prozesse, unter denen die *Erosion* (von lateinisch *erodere* = abnagen) durch fließendes Wasser im Hochgebirge eine herausragende Stellung einnimmt. Im Folgenden werden die Massenbewegungen und die Folgen des Massenschurfs durch Wassererosion, Mensch und Weidetiere näher betrachtet. Der Massenschurf durch Schnee, Lawinen und Gletscher wird in gesonderten Kapiteln behandelt (Kap. 7 und 9.1).

4.2.1
Stürze

Hochgebirge entstehen mit Ausnahme hoher vulkanischer Inseln durch die Kollision von Lithosphärenplatten (Kap. 1.4). Und während sie noch im Wachstum sind, beginnen sie bereits wieder zu zerfallen. Verwitterung greift die Gesteine an, lockert sie auf und stellt sie der Abtragung durch Wasser, Eis, Wind und Schwerkraft zur Verfügung. Beim Aufstieg der unterschiedlichen Gesteinsschichten entstehen mehr oder weniger starke Spannungen. Klüfte und Fugen reißen im Fels auf. Was nicht fest genug ist, wird abgetragen und gelangt wieder zu Tale. Die Materialloslösung führt zur Denudation, die in geringstem Umfang durch *Absanden*, *Abgrusen* oder *Abbröckeln* erfolgt.

Das Herabstürzen einzelner größerer Gesteinsbruchstücke, die in exponierten Steilwänden nicht liegenbleiben, nennt man *Steinschlag*. Meist setzt Steinschlag mit der beginnenden Erwärmung am Tage ein, da Klufteis zwischen den gelockerten Felsen, das sie vorher vorübergehend zusammenhielt, langsam auftaut. Daher ist Steinschlag gerade in stärker durchfeuchteten Wandpartien sehr häufig. Ebenso können kräftige Regenfälle den Steinschlag forcieren, da das Wasser die Reibung zwischen den Gesteinsfragmenten herabsetzt und somit ihren Absturz bewirkt. Der losgelöste Schutt stürzt zum Fuß der Felswand und bildet im Laufe der Zeit eine *Schutthalde* (Bild 4.10.). Sie besteht aus den verschiedensten Korngrößen, angefangen von groben Blöcken und Steinen bis hin zu Sand und feinstem Gesteinsmehl. Dabei gelangen die groben Bestandteile beim Sturz am weitesten abwärts, da sie eine größere Masse und folglich eine größere kinetische Energie besitzen (Bild 4.11.). Demgegenüber sammeln sich die feinen Komponenten entsprechend im oberen Bereich der Schutthalde an.

Eine Schutthalde hat einen maximalen Böschungswinkel, der von der inneren Reibung der Schutthaldenbestandteile bestimmt wird. Diese Reibung ist abhängig von der Form und der Größe der Bestandteile und von der Intensität der Durchfeuchtung. Wird dieser Böschungswinkel überschritten, kommt die Schutthalde in Bewegung, bis sich in flacherem Gelände eine neue Schutthalde mit geringerem Neigungswinkel aufbaut. Von der Beschaffenheit der Gesteinstrümmer ist auch die Entwicklung und Form einer Schutthalde insgesamt abhängig. Granite oder Gneise bilden steile Blockhalden wohingegen im Schiefer meist kleinere, plattige Gesteinsbruchstücke vorherrschen. Im Kalk und insbesondere im Dolomit ist das Material der Schutthalden meist feinkörnig, grusig und reicht weit in die Wände hinauf.

Die Schuttlieferung bzw. der Steinschlag erfolgt nicht gleichmäßig über die ganze Breite einer Felswand. Das Material stürzt zumeist in bestimmten *Steinschlag*- oder *Schuttrinnen* (Bild 4.12.) zu Tale, die häufig besonders stark tektonisch beanspruchte Bereiche markieren. Daher bilden sich am Wandfuß regelrechte *Schuttkegel* (Bild 4.13.), die bei langsamem Wachstum teilweise oder ganz mit Vegetation bedeckt sein können (Bild 4.14.). Wachsen benachbarte Schuttkegel zusammen, entsteht ein sogenannter *Schuttsaum*. In vielen Hochgebirgen sind die Schutthalden oder -kegel mit Lawinenbahnen, mitunter auch mit Wildbachfurchen vergesellschaftet, die zusätzlich zur verstärkten Abtragung führen und Übergänge zu Schwemmkegeln bilden (Kap. 11). Auch Murschübe, Rutschungen und Sackungen finden in Schutthalden statt. Sie bilden einen kaum überschaubaren Formenschatz aus, da zwischen den einzelnen Bewegungsformen und ihren morphologischen Folgen zahlreiche fließende Übergänge bestehen.

Die Schutthalden am Wandfuß sind von großer Bedeutung für die weitere Entwicklung der Wand. Mit beginnender Schuttanhäufung wird der unterste Teil einer Wand vor Verwitterungs- und Abtragungsprozessen, die in der freien Wand vorherrschen, geschützt. Mit der fortgesetzten Rückverlegung der Felswand bei ständig einwirkender Verwitterung und Abtragung, erhöht sich dann die Ansatzstelle der Schutthalde in der Wand. Bei raschem Verwittern der Wand reicht schließlich die Schutthalde bis hinauf zum höchstmöglichen Punkt, und es bildet sich eine schräge Felsfläche als Schutthaldenunterlage. Bei starker Durchfeuchtung der Halde wird auch der schuttbedeckte Fels langsam verwittert und versteilt. Vor allem dann, wenn gleichzeitig hohe Wärme, wie in den tropischen Gebirgen, auftritt. In den Wüstengebirgen hingegen haben Schutthalden wenig Einfluß auf den darunterlagernden Felsen.

Geht der innere Zusammenhalt größerer Gesteinspartien verloren, kann es zum *Felssturz* kommen. Das ist vom Vorgang her prinzipiell nichts anderes als ein gewaltiger Steinschlag, jedoch mit deutlich mächtigeren Trümmern (Bild 4.15.). Felsstürze sind sicherlich keine alltäglichen Vorgänge in den Hochgebirgen, aber häufiger als vermutet. Bei manch einer Wanderung durch die Alpen kann man am Wegesrand die mitunter haushohen Trümmer von mehr oder weniger großen Felsstürzen beobachten. Die Felssturztrümmer gelangen gelegentlich auf die Oberfläche von Gletschern und bilden dann eine grobblockige Obermoräne (Kap. 9.2). Sie werden vom Gletscher von ihrem Ursprungsort verfrachtet und weit entfernt von ihm wieder abgelagert. Das Ergebnis ist eine Felssturzmoräne. Manchmal jedoch gelangt das Gestein als außerordentlich großes Stück vom Berg, als *Bergsturz* (Bild 4.16.). Durch ein solches Ereignis kann eine malerische Berglandschaft in wenigen Minuten völlig umgestaltet und in eine Gesteinswüste verwandelt werden (Bild 4.17.).

Der Begriff "Bergsturz" ist nicht ganz korrekt und etwas irreführend, da bislang noch kein ganzer Berg herabgestürzt ist. Nur Teile der Felsmassen, die ein Massiv aufbauen, vollziehen einen Sturz von ihm. Und in vielen Fällen stürzen die Gesteine nicht, sondern gleiten auf mehr oder weniger steil geneigten Bahnen zu Tal. Man unterscheidet daher prinzipiell zwischen einem *Fallsturz* und dem viel häufigeren *Schlipfsturz* (Bild 4.16.). Der Begriff des Bergsturzes hat sich jedoch in der Wissenschaft etabliert.

Der Geograph Gerhard Abele hat diese Massenbewegung in einem Standardwerk zum Thema "Bergstürze in den Alpen" folgendermaßen definiert: Bergstürze sind Fels- und Schuttbewegungen, die mit hoher Geschwindigkeit (in Sekunden oder wenigen Minuten) aus Bergflanken niedergehen und im Ablagerungsgebiet ein Volumen von über einer Million Kubikmeter besitzen oder eine Fläche von über 0,1 Quadratkilometer bedecken. Kleinere Ereignisse bezeichnet man als Felsstürze.

Bei einem Fallsturz setzen sich die Gesteinsmassen sofort mit Fallgeschwindigkeit in Bewegung. Der Schlipfsturz beginnt mit einer gleitenden Bewegung auf einer vorgezeichneten Bahn. Die Bergsturzscholle kann auf ihrer Talfahrt im Verband bleiben oder völlig zu Schutt zerfallen (Bild 4.17.). Bei weniger steil geneigten Gleitbahnen bleiben häufig größere Gesteinspakete zusammen. Die beim Sturz eingeschlossene Luft kann die innere Reibung der Gesteinsmassen derart herabsetzen, daß sie auch ohne viel Wasser anfangen, trocken zu fließen.

Im Jahr 1868 war in der Gemeinde Elm im Schweizer Kanton Glarus mit dem Abbau eines wertvollen Schiefers am Tschingelberg begonnen worden, der sich besonders gut für die Herstellung von Schreibtafeln eignete. Der Abbau löste am 11. September 1881 einen katastrophalen Bergsturz aus. 115 Menschen wurden dabei erschlagen oder verschüttet. Die Felsmassen stürzten aber nicht nur, sie machten einen Luftsprung, und im Tal angekommen, fingen sie an, völlig trocken zu fließen. Um an den Schiefer zu gelangen, wurde der Abbau immer tiefer in den Berg getrieben. Gegen Ende waren es 20 m auf 180 m Breite. Der Berg wurde unterhöhlt und begann mit einer Kippbewegung langsam aufzureißen. Auf der 300 m höher gelegenen Tschingelalp traten Risse im Boden und kleinere Felsstürze auf. Man sah sich gezwungen, den Abbau einzustellen. Nach einem kleineren Felssturz erfolgte der Hauptsturz. Die Felsmassen, die durch die vorausgegangenen Stürze weiter unterhöhlt waren, lösten sich. 10 Millionen m^3 Fels stürzten im freien Fall. Die Masse schlug im Bereich des Steinbruches auf und führte von dort einen Luftsprung in Richtung Tal aus. Dort brandeten die Felsmassen teilweise den Gegenhang hinauf. Ein Teil der Sturzmassen wurde abgelenkt und floß wie ein Schlammstrom mit 180 km/h 1500 m weit in fast ebenem Gelände durch das Tal. Über den Mechanismus, der die trockenen Trümmermassen zum Fließen brachte, wurden bis heute zahlreiche Überlegungen angestellt. In allen Theorien spielte die zwischen den Schuttmassen eingeschlossene Luft, sei es als Luftkissen oder als Dispersionsmittel, eine entscheidende Rolle. Derartige Sturzströme wurden aber auch auf dem Mond beobachtet, wo keine Luft vorhanden ist. Daher kamen auch akustische Druckwellen als Ursache der trockenen Fließbewegungen zur Diskussion.

Häufig bilden sich beiderseits der Bewegungsbahn von Bergsturzmassen moränenartige *Randwälle*, die *Sturzbahn* selbst ist eine Hohlform. Die Verlagerung der Bergsturzmassen reicht um so weiter, je länger und steiler die Bahn und je größer die Masse der stürzenden Gesteine ist. Bei sehr großen Bergstürzen können zertrümmerte Gesteinsmassen, wie oben geschildert, auch auf ebenem Talboden weiter vorankommen. So mancher Bergsturz geht auf das Abschmelzen der eiszeitlichen Gletscher zurück. Denn während sie die Täler durchströmten, wurden die Talböden von ihnen übertieft und die Talflanken übersteilt (Kap. 9.1). Als das Eis verschwand, verloren die Wände ihr kaltes Widerlager, wurden lokal instabil und Bergstürze gingen nieder. Das *Ablagerungsgebiet* eines Bergsturzes besteht oft aus einer kleinhügeligen Landschaft mit unterschiedlich großen Trümmern, die mitunter gewaltig sein können. Häufig werden durch die Bergsturzmassen *Seen* aufgestaut (Bild 4.18.). Ihr oft wildromantisches Antlitz verbirgt heute die verheerenden Ereignisse, die zu ihrer Entstehung beigetragen haben.

Flutwellen sind eine häufige Begleiterscheinung von Bergstürzen, gleiten die Trümmermassen in größere Gewässer. Mehrfach stürzten Gesteinsmassen in den Vierwaldstätter See und verursachten dadurch im 18. und 19. Jahrhundert große Schäden. Ein bekanntes Beispiel ist die Felsgleitung in den italienischen Vaiont-Stausee im Jahre 1963. 300 Millionen m^3 Fels stürzten in den See, der daraufhin über die unversehrte Staumauer schwappte. Die Flutwelle zerstörte die Ortschaft Longarone und andere Dörfer wobei 3000 Einwohner ums Leben kamen (s. a. Kap. 12.2). Noch stärker ist Norwegen mit seinen zahlreichen steilwandigen Fjorden von derartigen Katastrophen betroffen. 1936 stürzten beispielsweise eine Million m^3 Gestein vom Ramnefjell in den westnorwegischen Lovatn. Der Bergsturz erzeugte eine rund 70 m hohe Flutwelle, die mehrere Siedlungen und Höfe zerstörte und 74 Menschenleben kostete. Ein gewaltiger, verheerender Bergsturz neuerer Zeit ereignete sich im August 1987 am 3066 m hohen Pizzo Coppetto in den italienischen Alpen, der weite Bereiche des Veltlintals verwüstete (Bild 4.17.).

Bild 4.10. Schutthalde

An exponierten Wänden können die durch physikalische Verwitterung (S. 63) gelösten Gesteinsfragmente nicht liegenbleiben. Sie stürzen als Steinschlag herab und bilden am Wandfuß mehr oder weniger große Schutthalden. In Abhängigkeit von der Gesteinsbeschaffenheit, d. h. der Rauhig- und Kantigkeit, kann die Oberfläche eines Schuttkegels Neigungen zwischen 25° und 40° aufweisen. Wachsen mehrere benachbarte Schutthalden am Wandfuß zusammen, bildet sich ein sogenannter Schuttsaum. Die Aufnahme zeigt einen solchen Schuttsaum in der linken Bildhälfte unter den Laliderer Wänden im Karwendelgebirge, der den Namen "Laliderer Reisen" trägt. In der rechten Bildhälfte erkennt man hinter der Falkenhütte zwei Schuttkegel (Bild 4.13.), die aus Steinschlagrinnen mit Material beliefert werden (Ladizer Reisen). Für den Kletterer ist es oft mühsam und entnervend, sich über eine Schutthalde zum Einstieg in die Wand zu begeben. Vor allem dann, wenn der Schutt insgesamt recht feinkörnig ist, und jeder Tritt nachgibt. Umgekehrt kann es sehr zeitsparend und amüsant sein, beim Abstieg über eine Schutthalde "abzufahren", sofern man dies seinen Knien und seinem Schuhwerk zumuten möchte.

Bild 4.11. Materialsortierung

Durch die Verwitterung losgelöste Gesteinsfragmente stürzen zum Fuß einer Felswand und bilden im Laufe der Zeit eine Schutthalde (s. oberes Bild). Diese besteht aus den unterschiedlichsten Korngrößen (S. 64), die von groben Blöcken und Steinen bis hin zu Sand und feinstem Gesteinsmehl reichen. Dabei gelangen die groben Bestandteile beim Sturz am weitesten abwärts, denn sie besitzen eine größere Masse und folglich eine größere kinetische Energie. Die feinen Komponenten sammeln sich hingegen im oberen Bereich der Schutthalde an.

Bild 4.10. Schutthalde (Laliderer Wand, Karwendelgebirge, Österreich)

Bild 4.11. Materialsortierung (Kleiner Lagazuoi, Fanesgruppe, Italien)

Bild 4.12. Steinschlagrinne

Häufig erfolgt der Steinschlag in sogenannten Schutt- oder Steinschlagrinnen, so daß sich unterhalb dieser Rinnen regelrechte Schuttkegel bilden (s. unteres Bild). Steinschlagrinnen sind oft an tektonische Störungen wie z. B. Verwerfungen, Brüche oder Gräben gebunden (Kap. 2.2). So auch die abgebildete Steinschlagrinne am Hochseeleinkopf im Hagengebirge der Berchtesgadener Alpen. Solch steinschlaggefährdete Rinnen sollte der Kletter meiden und steinschlagsichere Aufstiegsrouten oder, falls dies nicht möglich ist, die beste Tageszeit für den Aufstieg wählen. Der Nachtfrost führt zur Frostsprengung des Gesteins (S. 64). Solange er jedoch anhält, wird das losgesprengte Gestein noch vom Eis zusammengehalten. Mit Beginn der Sonnenbestrahlung und der einsetzenden Tageswärme schmilzt der "Eiskitt". Ost- und Südwände sind daher in den Morgenstunden besonders steinschlaggefährdet. Regen, Sturm und Blitzschlag können die Steinschlaggefahr im Bereich von Steinschlagrinnen zusätzlich verstärken.

Bild 4.13. Schuttkegel

Die Schuttlieferung aus einer Wand oder von einem Felsgrat erfolgt in den meisten Fällen nicht gleichmäßig über ihre ganze Breite. Das gelöste Gesteinsmaterial stürzt oft in Steinschlagrinnen zu Tale, wie sie in der Bildmitte erkennbar sind (s. a. oberes Bild). Am Wandfuß bilden sich dadurch regelrechte Schuttkegel, die bei langsamem Wachstum teilweise oder völlig mit Vegetation bedeckt sein können. Wachsen benachbarte Schuttkegel zusammen, entsteht ein Schuttsaum. In einigen Fällen sind Schuttkegel mit Lawinenbahnen oder mit Wildbachfurchen vergesellschaftet. Die dadurch verstärkte Abtragung durch Wasser bildet dann Übergänge von Schutthalden zu Schwemmkegeln (Kap. 11.2).

Bild 4.12. Steinschlagrinne (Hochseeleinkopf, Hagengebirge, Grenzgebiet Deutschland)

Bild 4.13. Schuttkegel (Geisleitensteig, Dolomiten, Südtirol/Italien)

Bild 4.14. Überwachsener Schuttsaum

Bei relativ langsamem Wachstum von Schutthalden oder Schuttkegeln (Bild 4.13.) kann die Vegetation mehr oder weniger intensiv Fuß fassen, obwohl bewegliche Karbonatgrobschutthalden im Grunde genommen äußerst lebensfeindlich sind. Nur ganz wenige, spezialisierte Pflanzen vermögen sich auf den Schutthalden, die beim Zusammenwachsen als Schuttsaum bezeichnet werden, anzusiedeln. Diese Pflanzen werden nach ihren Wuchsformen in Schuttwanderer, Schuttüberkriecher, Schuttstrecker, Schuttdecker und Schuttstauer untergliedert. Sie alle zeichnen sich durch eine hohe Regenerationsfähigkeit aus. Schuttwanderer wie das rundblättrige Täschelkraut (*Thlaspi rotundifolium*) können auch bei sehr wenig Feinerde in der Schutthalde keimen und durchziehen sie mit langen Kriechtrieben, die sich wieder bewurzeln können. Zu den Schuttkriechern gehört u. a. die Alpen-Gänsekresse (*Arabis alpina*), die sich mit schlaffen beblätterten Trieben auf den Schutt legen. Schuttstrecker wie das endivienartige Habichtskraut (*Hieracium intybaceum*) wachsen durch die Verlängerung aufrechter Triebe durch den Grobschutt einer Halde nach oben. Schuttdecker bilden wurzelnde Decken über dem Schutt. Zu ihnen gehört beispielsweise die achtblumenblättrige Silberwurz (*Dryas octopetala*) oder der rote Steinbrech (*Saxifraga oppositifolia*). Schuttstauer schließlich, bilden mit ihren kräftigen Triebbündeln und Pfahlwurzeln Hindernisse für den beweglichen Schutt und bringen ihn lokal zum Stillstand. Vertreter der Schuttstauer sind der Alpen-Löwenzahn (*Leontodon montanus*) und der Gletscher-Hahnenfuß (*Raununculus glacialis*), der bis in die Gletscherhöhenstufe vordringt und am Schweizer Finsteraarhorn in Höhen von über 4000 m anzutreffen ist.

Bild 4.15. Felssturztrümmer

Beim Aufstieg unterschiedlicher Gesteinsschichten im Zuge der Gebirgsbildung entstehen unterschiedlich starke Spannungen in den Schichten. Klüfte und Fugen reißen im Gestein auf und bieten der Verwitterung Angriffsflächen. Geht der innere Zusammenhalt des Gesteinsverbandes verloren, kann sich ein Felssturz ereignen. Gelegentlich trifft man im Hochgebirge am Wegesrand haushohe Gesteinstrümmer von mehr oder weniger großen Felsstürzen an. Die Abgrenzung vom Felssturz zum viel größeren Bergsturz (Bild 4.16.) wurde von dem Geographen Gerhard Abele in einem Standartwerk über Bergstürze durch die Größe der stürzenden Massen und des Ablagerungsgebietes definiert. Bei stürzenden Gesteinsmassen, die Größenordnungen von über einer Million Kubikmeter erreichen und eine Fläche von mehr als 0,1 Quadratkilometer bedecken, spricht man demnach von Bergstürzen. Ereignisse, die diese Zahlenwerte unterschreiten, bezeichnet man definitionsgemäß als Felsstürze. Diese künstlich festgelegten Zahlen können sicherlich kritisch betrachtet werden, da es zwischen Fels- und Bergstürzen in der Natur keine Grenzen gibt. So schlägt der Geograph Frank Ahnert in seinem Lehrbuch der Geomorphologie folgendes zur Definition von Bergstürzen vor: ”Die von der Bewegung erfaßte Hangfläche und die bewegte Gesteinsmasse bzw. das bewegte Volumen müssen groß genug sein, um der Bezeichnung Bergsturz in der Auffassung der umwohnenden Bevölkerung und der das Ereignis untersuchenden Geomorphologen gerecht zu werden”.

Bild 4.14. Überwachsener Schuttsaum (Fanesgruppe, Dolomiten, Italien)

Bild 4.15. Felssturztrümmer (Zillertal, Zillertaler Alpen, Österreich)

Bild 4.16. Bergsturz

Im August 1987 sorgte ein Bergsturz im italienischen Veltlintal für Aufsehen in den Medien. 50 Millionen m^3 Gestein stürzten vom 3066 m hohen Pizzo Coppetto zu Tal und begruben mehrere Dörfer. Die Gesteinsmassen hatten sich am 28. Juli in einer Höhe von rund 2400 m vom Berg gelöst. Sie brandeten am Gegenhang noch 300 m nach oben und bedeckten schließlich auf 3,5 km Länge das Tal. Zum Teil waren die Felstrümmer mehr als 100 m mächtig. Die Abrißnische reicht hinab bis 1100 m. 28 Menschen kamen bei dem Bergsturz ums Leben. Die meisten Einwohner konnten sich retten, da das Gebiet nach Warnungen von Geologen noch rechtzeitig evakuiert worden war. Ursache des gewaltigen Schlipfsturzes (synonym auch Bergrutsch oder Felsgleitung) am Pizzo Coppetto war die Übersteilung der Bergflanke. Ausgelöst wurde die Katastrophe offenbar durch die Niederschläge des regenreichen Sommers 1987. Über viele Jahre sackte der Fels bereits zentimeterweise ab. Die lange Vorbereitung des Sturzes belegt eine Felsspalte, die schon vor über 20 Jahren im Rahmen einer geologischen Dissertation kartiert wurde. Kein Experte konnte allerdings sagen, wann etwas passieren würde. Erst als Geologen, durch kleinere Felsstürze aufmerksam geworden, 4 Tage vor dem eigentlichen Bergsturz eine auffällige Sackung der Felsmassen um 1,50 m innerhalb weniger Stunden feststellten, schlug man Alarm.

Bild 4.17. Ablagerungsgebiet

Die Aufnahme zeigt das Ablagerungsgebiet des Bergsturzes am Pizzo Coppetto im Veltlintal (s. oberes Bild). Vom ursprünglichen "grünen" Talboden ist nichts mehr zu erkennen. Die Trümmer des Bergsturzes haben sich beim Abgleiten zu Schutt aufgelöst, der das Tal auf 3,5 km Länge bedeckt. Zum Teil lag die Mächtigkeit der Felstrümmer bei mehr als 100 m. Die Schuttmassen im Tal bedeuteten eine zusätzliche Gefahr, denn sie stauten das Wasser des Flusses Adda auf. Über 20.000 Einwohner der Orte aus dem unteren Veltlintal wurden evakuiert, da sie vom Bruch des Trümmerdammes bedroht waren. Der Wasserspiegel des entstandenen Stausees wuchs infolge heftiger Regenfälle schneller an als erwartet. Durch eine spektakuläre Aktion konnte die drohende Katastrophe jedoch noch verhindert werden. Mit einer gesteuerten Überflutung bahnte man den Wassermassen einen Weg durch die Dammkrone. Bagger gruben eine Schneise in die Bergsturzmassen, bevor der See randvoll war. Der See konnte nun überlaufen und im Flußbett der Adda schadlos abfließen.

Bild 4.16. Bergsturz (Pizzo Coppetto, Veltlintal, Italien)

Bild 4.17. Ablagerungsgebiet (Pizzo Coppetto, Veltlintal, Italien)

Bild 4.18. Bergsturzsee (Pragser Wildsee, Dolomiten, Südtirol/Italien)

In 1496 m Meereshöhe liegt in den Südtiroler Dolomiten der "Pragser Wildsee". Ebenso wie bei vielen anderen romantischen Hochgebirgsseen muß man bei diesem See genauer hinsehen, um die Katastrophe zu erkennen, die zu seiner Entstehung führte. Ein Bergsturz staute den See auf, dessen Trümmer an seinem nördlichen Ende noch zu erkennen sind. Bergsturzstauseen zählen zu den häufigsten Folgeerscheinungen von Bergstürzen. Auch der bekannte Eibsee an der Zugspitze ist ein Beispiel für einen Bergsturzstausee. Die Aufnahme zeigt den Pragser Wildsee vom Gipfel des 2810 m hohen Seekofels, ein lohnender Wandergipfel und Aussichtspunkt ersten Ranges in den Pragser Dolomiten.

4.2.2
Rutschungen

Rutschungen sind eine häufige Form der Massenabtragung im Hochgebirge. Größere Rutschungen führen zu auffälligen, oft muschelförmigen Anbruchformen, die in mächtigen Hangschuttkörpern mehrere Meter Tiefe erreichen können. Man nennt solche Rutschungen auch *Erdrutsche*. Denn Rutschvorgänge können sich auch im Fels abspielen, wenn zwischen festen Gesteinsbänken beispielsweise tonige Zwischenlagen auftreten, die als Gleitfläche fungieren. Rutschungen zählen ebenso wie die Stürze zu den Massenselbstbewegungen. Es handelt sich demnach um allein durch die Schwerkraft bedingte Verlagerungen labiler Gesteins- oder Bodenmassen am Hang ohne die Beteiligung eines Transportmediums. Wenngleich fließendes Wasser nach dieser Definition aus dem Rutschprozeß ausgeschlossen ist, spielt es dabei dennoch eine entscheidende Rolle. Denn es setzt die *Reibung* zwischen den Gesteins- oder Bodenteilchen herab, mindert die gegenseitige Anhaftung feiner Teilchen, die sogenannte *Kohäsion*, erhöht das Gewicht von Schutt- oder Bodenmassen und übt einen *Strömungsdruck* auf die einzelnen Komponenten eines Lockermaterials am Hang aus.

Die auslösenden Faktoren von Rutschungen sind in der Regel Änderungen des Hanggleichgewichtes. Diese Änderungen können langfristig durch chemische und physikalische Prozesse der Verwitterung, die Übersteilung von Hängen oder kurzfristig durch Niederschläge, Erdbeben und menschlichen Einfluß, etwa durch Straßenbau, hervorgerufen werden. Nicht selten ist für die Auslösung von Rutschungen das Zusammenspiel von mehreren Faktoren ausschlaggebend. Solange die einer Rutschung entgegenwirkenden Kräfte größer sind als die treibenden Kräfte, bleibt ein Hang stabil. Sind beide Kräfte gleich groß, herrscht labiles Gleichgewicht. Werden die treibenden Kräfte größer, erfolgt eine Rutschung. In diesem Augenblick kommt es zum Bruch zwischen zwei Gesteins- oder Bodenschichten, und eine Scholle gleitet mehr oder weniger schnell zu Tal. Sie kann dabei völlig zerfallen und in eine fließende Bewegung übergehen.

Im wesentlichen sind es zwei Kräfte, die einem Rutschvorgang entgegenwirken: *Kohäsion* und die *innere Reibung*. Beide verhindern ein Abrutschen oder Abscheren von Gesteins- oder Bodenmaterial und sind daher verantwortlich für die *Scherfestigkeit*, also den Widerstand des Materials gegen Verschiebung. Die Kohäsion ist auf zwei Ursachen zurückzuführen. Zum einen auf die elektrostatische Anziehung zwischen den feinsten Teilchen eines Lockermaterials, den Tonmineralen. Zum anderen sind es *Wassermenisken* zwischen den feinen Teilchen bis zur Sandkorngröße, die man auch als *scheinbare Kohäsion* bezeichnet. Man kennt diese zusammenhaltende Kraft aus dem Badeurlaub, und zwar vom Sandburgenbau. Ist der Sand völlig trocken, so zerrieselt er. Ist er hingegen naß, zerfließt er. Nur wenn er eine ganz bestimmte Feuchte hat, kann man ihn modellieren und zum Burgenbau verwenden. Dann hängt zwischen den einzelnen Körnchen Wasser, das sie durch seine Oberflächenspannung zusammenzieht. Man spricht daher bei der scheinbaren Kohäsion auch vom *Sandburgeneffekt*. Auch an den Händen "klebt" aus den genannten Gründen nur feuchter Sand.

Die Reibung wird von der Form der Gesteins- und Bodenfraktionen und ihrer jeweiligen Größe beeinflußt. Je mehr grobe und kantige Komponenten (Sand, Kies, Schutt) vorhanden sind, desto größer ist die innere Reibung eines Lockermaterials am Hang. Besteht ein Hang nur aus grobem Schutt, wirkt ausschließlich die Reibung einer Bewegung entgegen. Denn im Verhältnis zur großen Masse der Schuttkomponenten sind die Kohäsionskräfte zu klein, um sie zusammenzuhalten. Neben Kohäsion und Reibung gibt es noch weitere Faktoren, welche die Scherfestigkeit eines Lockermaterials am Hang erhöhen: Baumwurzeln klammern Boden oder Schuttmassen zusätzlich zusammen. Humuspartikel und zuvor im Bodenwasser gelöste und beim Austrocknen des Lockermaterials ausgefällte Minerale können feinere Gesteins- oder Bodenkörnchen regelrecht miteinander verkleben. All diese Faktoren bilden gemeinsam die Summe der einer Rutschung entgegenwirkenden Kräfte.

Das Gewicht des Materials und die Stärke der Hangneigung fördern einen Rutschvorgang. Wenn es stark regnet, dringt Wasser in die Lockermassen eines Hanges und verändert das Gleichgewicht der Kräfte. Je nachdem, aus welchem Lockermaterial sich ein Hang zusammensetzt und wieviel Wasser in ihn eindringen kann, verringert sich die Scherfestigkeit. Bei großen Wassermengen verschwindet die scheinbare Kohäsion und die elektrostatische Anziehung zwischen den Tonteilchen wird gering. Im Hang abwärts strömendes Wasser übt zugleich einen Druck auf die einzelnen Materialkomponenten im Hang aus. Durch die kinetische Energie des abströmenden Wassers erfahren die Komponenten eine hangabwärtige Beschleunigung, da das Wasser an ihnen gebremst wird. Dieser sogenannte Strömungsdruck bewirkt also gemeinsam mit dem Gewicht der Lockermassen und der Neigung des Hanges eine abschiebende Kraft. Werden diese abschiebenden Kräfte größer als die zurückhaltenden der Scherfestigkeit, rutscht der Hang.

Auch Erschütterungen infolge von Erdbeben, Vulkanausbrüchen oder Baumaßnahmen können das Kräftegleichgewicht in einem Hang entscheidend verschieben und Hangrutschungen auslösen. Durch heftige Erschütterungen kann die Struktur von Lockermassen schlagartig verändert werden. Bei einigen Tonen kann sie völlig zusammenbrechen und das Material gerät dann regelrecht ins Fließen.

Prinzipiell lassen sich zwei Typen von Rutschungen unterscheiden. Zum einen sind dies Rutschungen auf einer vorgegebenen Gleitfläche (Bild 4.21.) in Fest- und Lockergesteinen und zum anderen Rutschungen in relativ mächtigen homogenen Lockermaterialien wie Ton, Lehm oder Gesteinsschutt. Beide Rutschungstypen unterscheiden sich vor allem in ihrer Rutschmechanik. Rutschungen des ersten Typs bezeichnet man als *Translationsrutschungen* (Bild 4.19.). Dabei rutscht eine Schicht über einer anderen ab. Die Gleitfläche ist bei Translationsrutschungen daher bereits vorgeformt. Das kann z. B. die Grenzschicht zwischen wasserdurchlässigen Kiesen und einer aufgeweichten Tonschicht sein. Hangschutt kann auf einer festen Felsoberfläche abrutschen. Das kommt häufig in Hochgebirgen vor, wo die Gletscher der Eiszeit den Fels unter dem später sedimentierten Hangschutt poliert haben (s. Kap. 9.1). Auch zwischen verschieden stark verwitterten Hangschuttdecken mit unterschiedlichen Korngrößen können sich vorgeformte Gleitflächen bilden. Mitunter enden die Wurzeln von Waldbeständen in Monokultur in nahezu gleicher Bodentiefe, so daß die Untergrenze der intensiveren Durchwurzelung einen vorgeformten Gleithorizont bildet. Die Gleitflächen von Translationsrutschungen verlaufen in der Regel annähernd parallel zur Oberfläche des betreffenden Hanges.

Anders verhält es sich bei Rutschungen in homogenem Material. Die Gleitflächen verlaufen hier mehr oder weniger kreisförmig. Diesen Rutschungstyp bezeichnet man als *Rotationsrutschung* (Bild 4.20.). Die Gleitflächen von Rotationsrutschungen entstehen erst im Augenblick des Rutschens, weil mechanisch wirksame, vorgeformte Schichtgrenzen im Lockergestein fehlen (Bild 4.22.). Dabei erfährt die Rutschmasse eine Rotation um eine hangparallele Achse, die sich in einer Verkippung des Materials entlang einer konkaven Linie äußert. Beim Rutschen kann die Gleitmasse in viele einzelne Schollen zerfallen. Häufig schreitet die Rutschung hangaufwärts als *retrogressive Rutschung* fort (von lateinisch *retro* = nach hinten, rückwärts und *gressus* = Schreiten). Neben charakteristischen Translations- und Rotationsrutschungen gibt es naturgemäß eine Vielzahl an Übergangsformen mit unterschiedlichem Gleitflächenverlauf.

In vielen Regionen der Erde mit ausgeprägten Hochgebirgslandschaften sind Hangbewegungen in Form von Rutschungen eine gefürchtete Naturgewalt. Um der schädlichen Wirkung der Schwerkraft zu begegnen, hat der Mensch Maßnahmen und Methoden ersonnen, gefährdete Hänge stabil zu halten. Sie reichen vom pfleglichen Umgang mit dem Schutzwald über das Anbohren von Hängen zur Wasserableitung bis hin zur ingenieurbiologischen Verbauung rutschungsgefährdeter Zonen. Eine Besiedlung und die wirtschaftliche und verkehrstechnische Erschließung wäre in vielen Hochgebirgen ohne den schützenden Bergwald nicht möglich gewesen. Die Schutzfunktion des Waldes ist sehr vielfältig: Eine intensive und tiefe Durchwurzelung festigt Boden und Schuttdecken, so daß Rutschvorgänge weitgehend ausbleiben. Die Wurzeln halten einen Hang wie Klammern fest und schützen ihn gleichzeitig auch vor Schneerutschen, Lawinen und Bodenerosion.

Neben der rein mechanischen Festigung entzieht der Wald dem Boden Wasser und beugt somit Hangbewegungen zweifach vor. Aber nur dann, wenn er naturnah mit hoher Artenvielfalt und verschieden alten Bäumen aufgebaut ist, was eine tiefe und gestufte Durchwurzelung gewährleistet. Folglich kommt dem naturnahen Bergwald eine primäre Stellung im Kampf gegen Hangrutschungen und andere Massenverlagerungen zu (vgl. Kap. 12.1).

Erschlossene Hochgebirge wie die Alpen sind aber auch Kulturland mit Wiesen, Äckern und anderen Anbauflächen. Und dort wußte der Mensch schon lange, daß zuviel Wasser im Hang äußerst gefährlich ist. Aus diesem Grund trieben früher die Bergbauern in den Zentralalpen lange Holzpflöcke in mächtige Hangschuttdecken unter Wiesen und Weiden, um sie bei Starkregen vorsorglich zu entwässern.

Auch für die moderne Ingenieurgeologie ist die Entwässerung von Rutschhängen durch Drainagen in Form von Sickerschlitzen, Drainagelanzen oder Gräben eine wesentliche Methode zu ihrer Stabilisierung. Stützmauern, die Verankerung von rutschanfälligen Lockermassen im festen Felsuntergrund und Lebendverbau mit unterschiedlichen, rasch und tief wurzelnden Pflanzen sind weitere Sicherungmöglichkeiten. Eine der führenden Nationen auf dem Gebiet der technischen Hangsicherung ist sicherlich Japan. Mit seinen gebirgigen Inseln, vulkanischen Lockersedimenten und Erdbeben wird das Land oft von katastrophalen Hangrutschungen heimgesucht.

Bild 4.19. Translationsrutschung

Translationsrutschungen sind Massenbewegungen auf einer vorgeformten Gleitfläche. Die Gleitfläche kann die Grenze zwischen einer Deckschicht aus Lockermaterial und dem anstehenden Fels, die gemeinsame Untergrenze von Pflanzenwurzeln oder der Übergang zwischen zwei Schuttdecken mit unterschiedlicher Korngrößenverteilung (S. 64) sein. Auch die Grenze zwischen wasserdurchlässigeren und dicht gelagerten Schichten kann als potentielle Gleitfläche von Translationsrutschungen auftreten. Diese Form von Rutschungen ist auch in Festgesteinen möglich, wenn zwischen zwei Gesteinsschichten z. B. eine tonige Zwischenschicht lagert. Nach erfolgtem Rutsch im Lockersediment bleibt ein vegetationsloser Anbruch zurück, der mehrere Meter tief sein kann. Das Foto zeigt eine kleinere, sehr flachgründige Translationsrutschung in tiefgründigem Hangschutt. Lediglich der von der Wiesenvegetation intensiv durchwurzelte Abschnitt des Bodens wurde abgetragen. Dabei fungierte die Untergrenze der Durchwurzelung als vorgeformte Gleitfläche im relativ grobkörnigen Boden mit höheren Sand- und Grusanteilen, wie sie für kristalline Verwitterungsprodukte der Zentralalpen typisch sind. Die Rutschung entstand während eines Starkregenereignisses. Als Ursache ist die Zufuhr von zusätzlichem Wasser aus dem oberhalb befindlichen Weg in den Hang anzunehmen. Den hohen Wassergehalt der Rutschmassen dokumentiert ihre weite Verspülung über den Hang. Derart flachgründige Translationsrutschungen, die lediglich den Bereich der Bodenbildung innerhalb mächtiger Hangschuttkörper erfassen, werden auch als Translationsbodenrutschungen bezeichnet.

Bild 4.20. Rotationsrutschung

Die Gleitflächen von Rotationsrutschungen verlaufen im Gegensatz zu denjenigen von Translationsrutschungen annähernd kreisförmig. Sie entstehen erst im Augenblick des Rutschens, da mechanisch wirksame Schichtgrenzen im Lockergestein fehlen. Die Rutschmasse erfährt eine Rotation um eine hangparallele Achse, die zur Verkippung des Materials entlang einer konkaven Linie führt. Während des Rutsches kann die Gleitmasse in zahlreiche Schollen zerfallen. Häufig schreitet die Rutschung hangaufwärts fort. Man nennt sie dann retrogressive Rutschung (von lateinisch *retro* = nach hinten, rückwärts und *gressus* = Schreiten). Auf dem Foto ist der muschelförmige Anbruchbereich und ein Teil des Ablagerungsbereiches einer Rotationsrutschung zu sehen.

Bild 4.19. Translationsrutschung (Marterlochtal, Sarntaler Alpen, Südtirol/Italien)

Bild 4.20. Rotationsrutschung (Pustertal, Deferegger Alpen, Österreich)

Bild 4.21. Potentielle Gleitfläche

Der scharfe Wechsel von feinerdereicherem, locker gelagertem Hangschutt zu grobkörnigerem, dicht gelagertem Material stellt eine potentielle Gleitfläche für Translationsrutschungen (S. 90, Bild 4.19.) dar. Im Falle eines Anstiegs des Hangwasserspiegels bei Starkregen kann es entlang dieses Grenzbereiches zum Abrutschen des locker gelagerten und zusätzlich stark durchwurzelten Materials kommen. Generell ist zu beobachten, daß die verankernde, zusammenklammernde Wirkung von Pflanzenwurzeln oft eine bodenmechanisch wirksame Inhomogenität und somit eine vorgeformte Gleitfläche für Translations- bzw. Translationsbodenrutschungen bewirkt.

Bild 4.22. Anbruch in homogenem Material

Bogen- oder muschelförmige Anbrüche sind charakteristisch für Rotationsrutschungen (S. 91, Bild 4.20.). Voraussetzung für Rotationsrutschungen ist ein tiefgründiges Lockermaterial ohne vorgeformte Gleitflächen. Diese entstehen beim Rotationsrutsch erst im Augenblick der Bewegung bzw. des Bruches. Die Aufnahme zeigt einen kleineren, muschelförmigen Anbruch in einer Schuttdecke, die sich aus unsortiertem Moränenmaterial (Kap. 9.2) und Hangschutt zusammensetzt.

Bild 4.21. Potentielle Gleitfläche (Pustertal, Deferegger Alpen, Österreich)

Bild 4.22. Anbruch in homogenem Material (Saastal, Walliser Alpen, Schweiz)

4.2.3
Fließbewegungen

In der Natur ist die Abgrenzung der verschiedenen Hangbewegungen häufig sehr schwierig, da mannigfache Übergänge zwischen den einzelnen Bewegungsformen existieren. So können Rutschungen (S. 89) in Fließbewegungen übergehen und aus Kriechbewegungen des Bodens können Rutschungen entstehen. Geowissenschaftler, Forstwissenschaftler und Ingenieure aus aller Welt beschäftigen sich schon seit vielen Jahrzehnten mit dem Problem der Klassifizierung von Hangbewegungen, bislang ohne zu einer völlig klaren Unterscheidung der Bewegungsformen zu kommen. Ebenso wie bei der Klassifizierung von Vulkanen (Kap. 3.4), läßt sich die Natur nur sehr schwer in ein Schema pressen. Ein Aspekt der Differenzierung von Massenverlagerungen ist neben der Bewegungsgeschwindigkeit die Bewegungsmechanik. Hierin unterscheiden sich Rutschungen prinzipiell von den Fließbewegungen, die sich weitgehend bruchlos vollziehen. Das Gesteins- oder Bodenmaterial unterliegt mehr einer plastischen oder quasiviskosen Bewegung. Je nach Wassergehalt können sich Erd- und Schuttmassen wie zäher Brei oder wie dünnflüssiger Honig den Hang hinunterbewegen. *Fließbewegungen* vollziehen sich nicht selten sehr langsam über viele Jahre und Jahrzehnte. Man spricht dann von *Kriechbewegungen* eines Hanges.

Gelegentlich trifft man im Gebirge Bäume an, deren Stamm merkwürdig verbogen ist, und es scheint, als wenn sie unermüdlich versuchen, sich wieder aufzurichten. Der Volksmund spricht man bei diesem Phänomen vom "betrunkenen Wald". Und es ist tatsächlich der Boden, der sich den Bäumen entzieht. Bei starker Durchfeuchtung weichen Böden aus Ton oder Lehm auf und können am Hang unter dem Einfluß der Schwerkraft talwärts kriechen (Bild 4.23.). Vor allem dann, wenn sie im Hochgebirge nur flachgründig sind. Ihre Wasseraufnahmefähigkeit ist rasch erschöpft und sie werden unter dem Einfluß der Schwerkraft plastisch verformt. Bewegungsfördernd wirken sich auch glatte Felsunterlagen in Form von Gletscherschliffen aus (Kap. 9.1). Der kriechende Waldboden wird zu Wellen und Falten gestaucht. Häufig bekommt er Risse. Es treten Gräser und Kräuter auf, die feuchten bis nassen Boden bevorzugen. Zumeist laufen die Bodenbewegungen sehr langsam ab. Da sie vom Wasserangebot abhängen, finden sie gelegentlich nur episodisch statt. Die Bäume haben daher genügend Gelegenheit, stets in Richtung des Lichtes zu wachsen. Im Laufe der Jahre entsteht daraus ein auffälliger *Säbelwuchs*.

Kriechbewegungen können bei sehr starker Wasserzufuhr in Rutschungen oder schnelle Fließbewegungen übergehen. Wenn viele Bäume in einem Waldabschnitt deutliche Schiefstellung und dazu keinen Säbelwuchs zeigen, so spricht dies für sehr junge oder neu aufgetretene Bewegungen des Untergrundes. Weisen die Kronen von schiefgestellten Bäumen mit deutlich gebogenem Stamm nicht zum Licht, sind offensichtlich Kriechbewegungen in schnellere Bewegungen übergegangen. Aus Beobachtungen der Vegetation und der Geländeoberfläche ergibt sich somit die Möglichkeit, erste Aussagen über die Stabilität und den Wasserhaushalt eines Hanges zu treffen.

Hangbewegungen wie Rutschungen sind häufig eng und auf oberflächennahe Schichten begrenzt. Es können aber auch ganze Bergflanken langsam und kaum sichtbar über Jahre und Jahrhunderte zu Tal gleiten. Mitunter klaffen Spalten als Hinweis der Bewegungen im Berg. Man bezeichnet derartige Bewegungen als *Talzuschub*. Beim Talzuschub können Bergflanken in Größenordnungen von mehreren 100 Hektar langsam zu Tal gleiten. Ausgelöst wurden diese großräumigen und mitunter mehrere 100 m in die Tiefe greifenden Bewegungen u. a. durch das Abschmelzen der eiszeitlichen Hochgebirgsgletscher. Die Gletscher übersteilten die Talflanken und formten Trogtäler (Kap. 9.1). Nach dem Rückzug der Eisströme fehlte das Widerlager. An den übersteilten Talflanken kam es zu Bergstürzen, Rutschungen und langsamen Hangbewegungen. Während in den standfesten Gesteinen die charakteristische U-Form der glazial geformten Täler erhalten blieb, setzten in tektonisch stark zerrütteten und in weicheren Gesteinen Kriechbewegungen ein, die zum Teil bis heute andauern. Auch das An- oder Unterschneiden von Bergflanken durch Flüsse kann den Talzuschub auslösen. Wo Felsmassen auf tonigen Schichten hinabkriechen, können bei starken Regenfällen aus der langsamen Bewegung lokal Rutschungen entstehen. Gemein ist den langsamen Fließbewegungen die Ausbildung unruhig gestalteter Geländeoberflächen auf relativ engem Raum.

Eine ebenfalls unruhige Geländeoberfläche mit zahlreichen Fließwülsten verursacht die *Solifluktion* (Bild 4.24.), das Boden- oder Erdfließen (von lateinisch *solum* = Boden und *fluere* = fließen, strömen). Hierbei handelt es sich um langsame Kriech- und Fließbewegungen infolge eines saisonellen oder täglichen Frostwechsels. Diese Form der Massenverlagerung ist daher weitgehend auf die periglaziale Höhenstufe beschränkt, die in arktischen Hochgebirgen bereits in Meereshöhe einsetzt (vgl. Kap. 1.5). Durch das Auftauen des gefrorenen Bodens gerät die wasserdurchtränkte oberflächennahe Bodenschicht ins Fließen. Es bilden sich auffällige Solifluktionsloben, regelrechte Fließzungen und Solifluktionsschuttdecken. Unterschieden werden die freie und die gebundene Solifluktion. Bei der freien Solifluktion wird die Fließbewegung erleichtert, da die Vegetation fehlt. Gebundene Solifluktion findet über der Waldgrenze unter Gras- und Strauchvegetation statt. Die Fließerden bedingen vielfach das Zerreißen der Grasnarbe und die Bildung von auffälligen Fließwülsten. Neben dem plastischen Fließen spielt auch der Frosthub eine nicht unbedeutende Rolle für die Solifluktion. Die Bodenkomponenten werden während des Gefriervorganges senkrecht zur Hangoberfläche angehoben. Beim Tauen sacken sie der Schwerkraft folgend in der Vertikalen zurück, so daß sie sich von ihrer ursprünglichen Lage hangabwärts fortbewegt haben.

Zu den schnellen Fließbewegungen zählen die Formen des *Schuttstromfließens*, die sehr schnellen *Erd- oder Schuttgänge* und die *Muren*. Als Schuttstromfließen (Bild 4.25.) wird die schnelle Verlagerung wasserdurchtränkter Lockermassen am Hang im Verlauf von Starkregenereignissen verstanden. Häufig entstehen Schuttströme in tonig-mergeligen Gesteinen, wie sie beispielsweise im Flysch des nördlichen Alpenrandes vorkommen (vgl. Kap. 5.2). Die Bewegungsgeschwindigkeit von Schuttströmen variiert von einigen Dekametern bis weit über 100 m pro Tag. Ausgangspunkte der Bewegungen sind oft großflächige Rotationsrutschungen in tiefgründigen Verwitterungsdecken tonig-mergeliger Sedimente.

Schuttstromfließen kann sich nicht nur am Hang, sondern auch in mächtigen Talverfüllungen aus grobklastischen Sedimenten (von griechisch *klásis* = zerbrechen) abspielen. Ein Beispiel dafür bietet das Wimbachgries (Bild 4.26.) zwischen

Watzmann und Hochkalter in den Berchtesgadener Alpen (das Wort *Gries* ist eine altgermanische Bezeichnung für Kies). Der über 10 km lange und zum Teil mehr als 300 m mächtige Schuttstrom aus polygonalen, kiesig, grusigen Gesteinsfragmenten des zu beiden Seiten des Wimbachtales anstehenden und rasch verwitternden Ramsaudolomits ist ständigen Veränderungen unterworfen. Im Verlauf von Starkniederschlägen geraten immer wieder Teile des Schuttstromes in Bewegung, sie schwimmen regelrecht auf. Rund 4500 Tonnen Schutt verlassen jährlich das Tal.

Extrem schnelle Verlagerungen von dünnbreiigen, wasserübersättigten Lockermassen am Steilhang werden, je nachdem ob feineres oder gröberes Material vorherrscht, als Erd- und Schuttgänge bezeichnet (Bild 4.27.). Sie können sowohl auf waldfreien als auch auf dicht bewaldeten Hängen auftreten. In den Rocky Mountains oder den Neuseeländischen Alpen werden solche Hangbewegungen *debris avalanches*, also Schuttlawinen genannt. In den österreichischen Zentralalpen hat man den unter Wald auftretenden Erd- und Schuttgängen die Bezeichnung *Waldabbrüche* gegeben.

Ausgelöst werden Erd- und Schuttgänge durch außergewöhnlich starke Niederschläge. Das Anfangsstadium ist in der Regel eine Rutschung. Die primären Rutschmassen schieben den hangabwärtsliegenden Boden ab, der infolge des hohen Wassergehaltes und Porenwasserdruckes sofort breiartig zerfließt. Obwohl die Wassergehalte bei dieser Form der Massenverlagerung weit über der Fließgrenze des Lockermaterials liegen, rechnet man Erd- und Schuttgänge zu den Massenbewegungen und nicht zu den Massentransporten. In den Erd- und Schuttgangmassen ist die gegenseitige Behinderung so groß, daß alle Bestandteile annähernd gleich schnell voran kommen. Das abgerutschte Material fließt breiartig wie eine Mure, jedoch nicht in Rinnen und Furchen, sondern frei am Hang.

In den Jahren 1965, 1966 und 1985 traten in den österreichischen Bundesländern Tirol und Kärnten auf vielen bewaldeten Hängen katastrophale Schuttgänge auf. Nach amtlichen Schätzungen belief sich die Schadenssumme allein im Jahr 1965 für Tirol auf umgerechnet 80 Millionen DM. Ihren Ausgang nahmen sie auf steilen Hängen mit Neigungen zwischen 30° und 40°. Die Abtragungsflächen sind teilweise weit über 1000 m lang und werden nach unten immer breiter. Auslöser für die Waldabbrüche waren stets extrem starke Regenfälle.

In einem gut durchmischten Wald mit unterschiedlich alten Baumarten und tiefer Durchwurzelung des Bodens können selbst große Niederschlagsmengen zügig versickern. In den betroffenen Gebieten waren zumeist nur die oberen 20-70 cm des Bodens infolge unzureichender waldbaulicher Maßnahmen durchwurzelt. In diesen lockeren und grobporenreichen Schichten konnte das Regenwasser auch entlang von Wurzeln und in Röhren von abgestorbenem Wurzelwerk schnell versickern. Unterhalb des durchwurzelten Bodens staute sich das Wasser und mußte parallel zum Hang abfließen. Durch die Steilheit der Hänge übt abströmendes Sickerwasser einen hohen Druck auf den Boden aus. Dieser Strömungsdruck wurde größer als die Reibungskraft zwischen durchwurzeltem und nicht durchwurzeltem Boden. Die dadurch ausgelösten Rutschungen gingen in Schuttgänge über.

Muren (Bild 4.28.) sind ebenfalls extrem schnelle Fließbewegungen, die nach starken Regenfällen, zur Zeit der Schneeschmelze oder auch bei Ausbrüchen von Eisstauseen auftreten. Eine Mure ist ein breiiges Gemisch aus Wasser, Erde, Schutt, großen Gesteinsbrocken und sonstigem mitgerissenen Material wie Sträucher und Baumstämme. Ihr Wasseranteil übersteigt den Feststoffgehalt. Es handelt sich somit um eine Suspension (von lateinisch *suspensus* = schwebend) - die Feststoffanteile schweben sozusagen im Wasser. Man kann daher eine Mure auch dem Prozeß des Massentransportes zurechnen.

Seine Geschiebefracht erhält ein Murgang hauptsächlich aus sehr schuttreichen Einzugsgebieten mit fehlender Vegetationsbedeckung (s. Kap. 11.1). Häufig lagert sich zu beiden Seiten der Bewegungsbahn einer Mure ein Schuttdamm ab, da sich der Strom an seinem Rand deutlich langsamer bewegt. Auslaufende Muren bilden einen schwemmfächerartigen *Murkegel*. Ähnliche Erscheinungen wie Muren sind die vulkanischen Schlammströme, *Lahars* genannt, die Geschwindigkeiten von bis zu 50 km/h und mehr erreichen. Bei starken Regenfällen wie in den Monsungebieten geraten die lockeren und tiefgründigen vulkanischen Aschen und Schlacken auf den steilen Hängen der Vulkanberge ins Rutschen und verwandeln sich schlagartig zu katastrophalen Schlammströmen. Lahars entstehen auch durch schmelzendes Gletschereis bei einem Vulkanausbruch.

Muren folgen in der Regel dem Verlauf von Hangfurchen oder Wildbachbetten. Sie sind also im Gegensatz zu Rutschungen oder Schuttgängen mehr oder weniger kanalisiert. An Engstellen im Talverlauf, sogenannten *Klausen*, können sich die Murmassen verfangen und gefährliche Murdämme entstehen lassen. Man spricht dann von einer *Verklausung* oder einer *Murverklausung*. Der Damm wird durchbrochen, wenn der ungeheure Druck der dahinterliegenden Schutt- und Wassermassen zu groß wird. Beim Durchbruch können Muren Geschwindigkeiten von bis zu 100 km/h erreichen und Felsblöcke mit einem Gewicht von 100 t bewegen. Katastrophale Verwüstungen sind die Folge.

Im Mai 1970 erschütterte ein Erdbeben den Norden Perus und löste eine der verheerendsten Katastrophen seit Menschengedenken aus. Infolge des starken Bebens brachen am 6655 m hohen Nordgipfel des Nevado Huascaran riesige Felsmassen ab. Eine Mure aus Fels, Eis, Schlamm und Geröll stürzte mit einer Geschwindigkeit von bis zu 300 km/h talwärts. 70.000 Tote waren die verheerende Bilanz dieses Tages. Die Schlammassen begruben die Stadt Ranrahirca bis zu fünf Meter hoch. Die in 2538 m Höhe gelegene Stadt Yungay wurde mit seinen 20.000 Einwohnern einfach von der Landkarte gelöscht. Nur noch Reste der Kathedrale zeugen davon, wo einst das Zentrum des schönsten Ortes im Santatal gelegen hatte. Einen halb verschütteten Bus ließ man zur Erinnerung liegen.

Hangbewegungen können häufig nicht verhindert werden. Das Risiko ist aber deutlich zu mindern, indem man Eingriffe in die Natur auf das Notwendigste reduziert. Allzu oft wird das Gleichgewicht eines Hanges erst durch den menschlichen Eingriff in den Wasserhaushalt oder die Vegetation nachhaltig gestört (Kap. 12.1). Hänge mit naturgegebener Labilität können überwacht werden, so daß schon bei ersten Anzeichen einer Bewegung rechtzeitige Vorwarnungen möglich sind. Auch die Vorgeschichte eines Hanges kann Hinweise auf mögliche Gefahren durch Massenverlagerungen geben.

Bild 4.23. Bodenkriechen

Stark durchfeuchtete Böden aus tonigen oder lehmigen Substraten können am Hang unter dem Einfluß der Gravitation talwärts kriechen. Vor allem wenn sie, wie häufig im Hochgebirge, nur sehr flachgründig sind. Dann saugen sie sich rasch voll und werden plastisch. Bewegungsfördernd wirken sich auch glatte Felsunterlagen in Form von Gletscherschliffen (Kap. 9.1) aus. Der kriechende Boden wird oft zu Wellen und Falten gestaucht. Häufig bekommt er mehr oder weniger große, quer zum Hang verlaufende Risse. Es tritt eine Vegetation auf, die feuchten bis nassen Boden bevorzugt. In der Regel laufen Kriechbewegungen sehr langsam bis extrem langsam ab. Da sie vom Wasserangebot abhängen, finden sie gelegentlich sogar nur episodisch statt. Erkennbar ist dies am sogenannten Säbelwuchs von Bäumen, wenn Bodenkriechen unter Wald oder unter einzeln stehenden Bäumen stattfindet. Durch die langsame, teils episodische Bewegung des Bodens haben die Bäume ausreichend Gelegenheit, stets in Richtung des Lichtes zu wachsen. Im Laufe der Jahre entsteht daraus der auffällige Säbelwuchs, wie auf dem Bild erkennbar. Säbelwuchs oder schiefgestellte Bäume können jedoch auch bei anderen langsamen Hangbewegungen wie dem Talzuschub (S. 97) beobachtet werden, so daß erst die eingehendere Untersuchung des Geländes Hinweise auf die Art und genaue Ursache der Bewegungen gibt.

Bild 4.24. Solifluktion

Als Solifluktion (von lateinisch *solum* = Boden und *fluere* = fließen, strömen) wird das langsame Fließen von wassergesättigtem Lockermaterial auf einer noch gefrorenen Unterlage bezeichnet. Im Hochgebirge findet Solifluktion daher in der periglazialen Höhenstufe statt (von griechisch *peri* = um, herum und lateinisch *glacies* = Eis), die durch häufige Frostwechsel charakterisiert ist. Während diese Frostwechsel in den mittleren Breiten und in der Arktis während des Winters weitgehend aussetzen, sind sie in den tropischen Hochgebirgen täglich wirksam. Die aktive gesättigte Lage bildet im Fall der freien Solifluktion eine Fließerde mit auffälligen Solifluktionsloben. Die gebundene Solifluktion unter Grünland führt vielfach zum Zerreißen der Grasnarbe und zur Bildung von Fließwülsten. Das Foto zeigt eine größere Anzahl von typischen Solifluktionsloben auf einer weitgehend vegetationsfreien, nordexponierten Schutthalde in der Lasörlinggruppe der Hohen Tauern.

Bild 4.23. Bodenkriechen (Matreier Becken, Osttirol, Österreich)

Bild 4.24. Solifluktion (Lasörlinggruppe, Hohe Tauern, Österreich)

Bild 4.25. Schuttstrom

Schuttströme entstehen durch rasche Fließbewegungen von relativ tiefgründigen Erd- und Schuttmassen mit Geschwindigkeiten von mehreren Dekametern bis über 100 m pro Tag. Das Foto zeigt den Blick auf einen Schuttstrom nahe dem oberbayerischen Ort Inzell. Vom 1265 m hohen Teisenberg bewegten sich Anfang August 1991 rund 50.000 m^3 zähflüssiger Schutt mit bis zu 50 m pro Tag zu Tale. Auslöser waren Starkregen im bayerischen Alpenraum zwischen dem 30. Juli und dem 3. August 1991 mit einer Niederschlagsmenge von 100-200 mm. Am Abend des 8. August kam es zusätzlich zu heftigen Gewitterregen bei Inzell. Durch die Wassermassen wurden die tiefgründig verwitterten Flysch-Gesteine aus Kalken und Mergeln an der Westflanke des Teisenberges intensiv vernässt. Der dadurch ausgelöste Schuttstrom bewegte sich mit einer Breite von rund 40 m auf die Siedlung Hutterer zu. Mitte August kam der Schuttstrom schließlich zum Stillstand. Ausgangspunkt der Fließbewegungen war eine schon lange Zeit aktive Großrutschung in den tiefgründig verwitterten Flyschsedimenten oberhalb des Schuttstromes.

Bild 4.26. Gries

Gries bezeichnet im bayerischen Alpenraum mächtige Talverfüllungen aus grobklastischen Sedimenten (von griechisch *klásis* = zerbrechen). Bekannt ist das abgebildete Wimbachgries im gleichnamigen Wimbachtal, das sich zwischen dem 2651 m hohen Watzmann und dem 2607 m hohen Hochkalter in den Berchtesgadener Alpen erstreckt. Das Wort „Gries" ist ein altgermanisches Wort für Kies. Der mehr als 10 km lange und zum Teil über 300 m mächtige Schuttstrom besteht aus kiesig, grusigen Gesteinsfragmenten des rasch verwitternden Ramsaudolomits (s. a. Kap. 5.2). Der Schuttstrom des Wimbachgrieses ist ständigen Wandlungen unterworfen. Während heftiger Starkniederschläge kommen Teile des Grieses in Bewegung und schwimmen regelrecht auf.

Bild 4.25. Schuttstrom (Inzell, Oberbayern, Deutschland)

Bild 4.26. Gries (Wimbachgries, Berchtesgadener Alpen, Deutschland)

Bild 4.27. Schuttgang

Sehr schnelle Bewegungen von Lockermaterial am Hang werden Erd- oder Schuttgänge genannt. Je nachdem, ob dabei mehr feineres oder eher gröberes Material überwiegt, spricht man vom einen oder anderen Typ, also vom Erd- oder vom Schuttgang. Das Anfangsstadium einer solchen Hangbewegung ist stets eine Rutschung im Lockermaterial nach exzessiven Starkniederschlägen. Gleich einer Kettenreaktion fährt die initiale Rutschmasse dem darunterliegenden, stark vernäßten Boden auf und schiebt diesen ab. Aufgrund des hohen Wassergehaltes zerfließt der Boden schlagartig und schießt zu Tal. Dabei kann Wasser regelrecht aus dem Boden herausgepreßt werden, wie Beobachter berichten. In nur wenigen Minuten überwinden die herabfließenden Schuttmassen Distanzen von mehreren hundert Metern. Nicht selten finden solche extrem schnellen Massenverlagerungen auch unter geschlossenen Waldbeständen statt. In Österreich gab man ihnen daher den Namen "Waldabbrüche". Ein solcher ist in der Bildmitte auf dem bewaldeten Abhang eines alten Talbodens (Kap. 2.3) in den Osttiroler Zentralalpen zu erkennen. Charakteristisch für Erd- und Schuttgänge ist die nach unten hin breiter werdende Abbruchfläche, die beim abgebildeten Waldabbruch rund 2 Hektar umfaßt.

Bild 4.28. Mure

Muren sind extrem schnelle Fließbewegungen, die vor allem bei starken Regenfällen auftreten. Dabei handelt es sich um ein breiiges Gemisch aus Wasser, Erde, Schutt, Gesteinsbrocken und mitgerissenen Sträuchern und Bäumen. Der Wasseranteil einer Mure übersteigt ihren Feststoffgehalt. Es handelt sich somit um eine Suspension (von lateinisch *suspensus* = schwebend). Eine Mure kann daher auch dem Prozeß des Massentransportes zugerechnet werden. Die Geschiebefracht erhält eine Mure im wesentlichen aus schuttreichen Einzugsgebieten mit weitgehend fehlender Vegetation, durch Rutschungen oder andere Massenverlagerungen. Muren folgen meist dem Verlauf von Wildbachbetten oder Hangfurchen (vgl. Kap. 11.1). An Engstellen im Talverlauf, Klausen genannt, können sich die schlammigen Massen verfangen. Durch diese Verklausung entstehen gefährliche Murdämme. Wenn der Druck der dahinterliegenden Schutt- und Wassermassen zu groß wird, erfolgt ein Durchbruch. Das durchbrechende Material kann Geschwindigkeiten von bis zu 100 km/h erreichen und gewaltige, tonnenschwere Felsblöcke mitreißen.

Bild 4.27. Schuttgang (Matreier Becken, Hohe Tauern, Österreich)

Bild 4.28. Mure (Vorkarwendel, Oberbayern, Deutschland)

4.2.4
Massenschurf und Massentransport

Massenschurf bewirkt das Ablösen von Fest- und Lockergesteinen aus dem Verband. Massentransport ist das Fortbewegen der abgelösten Feststoffe. Beide Vorgänge sind in der Natur eng miteinander verzahnt und praktisch kaum voneinander zu trennen, so daß sie im Grunde genommen eine unmittelbare und meist zwangsläufige Abfolge von zwei Prozessen darstellen: Ablösen und Transportieren.

Ein wesentlicher Prozeß des Massenschurfs und Massentransportes ist die *Bodenerosion*. Bei der Bodenerosion werden *Flächen-* oder *Schichterosion*, *Rillenerosion*, *Rinnenerosion*, *Furchenerosion* und *Graben- oder Gullyerosion* unterschieden. Besonders anfällig gegenüber der Erosion oder Abspülung durch Wasser sind Böden mit hohem Schluffanteil. Tonige Böden weisen eine höhere Kohäsion auf, sandig bis kiesige ein höheres Korngewicht und eine günstigere Versickerungsrate, so daß in beiden Fällen die Erosion durch Wasser gegenüber schluffigen Böden erschwert ist. Am wenigsten anfällig gegenüber Bodenerosion durch Wasser sind Böden aus Lehm, die eine ausgeglichene Verteilung aller Korngrößengruppen besitzen. Schichterosion bewirkt einen allmählichen, flächenhaften Abtrag durch das Zusammenwirken von Regentropfenaufprall (Spritzerosion) und Oberflächenabfluß. Rillenerosion erfolgt durch fließendes Wasser in Mikrovertiefungen, die sich bei fortwährender Abspülung zu größeren Rinnen und Furchen ausweiten. Im Extremfall entstehen regelrechte Erosionsschluchten, die Gullys.

Im Hochgebirge findet Bodenerosion häufig auf Flächen statt, die zuvor von anderen Massenverlagerungen wie Rutschungen, Lawinen oder Schneeschurf ihrer Vegetation beraubt worden sind (Bild 4.29.). Ebenso sind die verdichteten, teilweise vegetationslosen Böden von Wanderwegen (Bild 4.30.), Weiden oder Skipisten von Abspülung betroffen. An den Stellen, wo Schotter oder Moränen steile und hohe Talflanken aufbauen, nimmt die Rinnenerosion nach primärer Abtragung oberflächennaher Bodenschichten durch Rutschungen teilweise extreme Ausmaße an. Die Niederschläge schneiden rasch Rinnen in die vegetationsfreien Flächen. Mit der rückschreitenden Erosion vereinigen sich die Rinnen zu tiefeingeschnittenen Hangrunsen und Erosionsschluchten, die im deutschsprachigen Alpenraum als *Reißen* (Bild 4.31.) bekannt sind. Eine auffällige Folge von Spülprozessen sind die *Erdpyramiden* (Bild 4.32.). Sie entstehen durch Erosion von mächtigen Moränenablagerungen der Eiszeiten. Werden gröbere Moränenblöcke freigelegt, schützen sie das darunterliegende Material vorübergehend vor Abtragung, so daß die beeindruckenden pyramidenförmigen Gebilde entstehen.

Die Tiefenerosion eines Fließgewässers führt zur Eintiefung seiner Sohle bei gleichzeitigem Seitenschurf. Letzterer resultiert aus der ständigen Eintiefung des Bachbettes mit seitlichem Abschürfen der Uferränder. Dadurch kommt es zum Nachbrechen der ihrer Standfestigkeit beraubten Uferböschungen. Es entstehen Anbrüche mit fast dreiecksförmiger Fläche, sogenannte *Feilenanbrüche* (Bild 4.33.). Typische Feilenanbrüche treten meist in mächtigen Lockergesteinskörpern bis weit oberhalb des Baches auf. Am Prallhang eines Gebirgsbaches kommt es bei Unterschneidung und Übersteilung der Uferböschung in unmittelbarer Bachnähe zu *Uferanbrüchen* (s. a. Kap. 11.1).

Massenschurf ist auch auf den Einsatz von landwirtschaftlichen Maschinen, auf *Skikantenschurf*, den *Narbenversatz* durch Weidetiere (Bild 4.34.) und den Tritt von Wanderern (Bild 4.35.) zurückzuführen, vor allem dann, wenn letztere auf Serpentinenwegen sogenannte Abschneider benutzen. Auffällige Formen sind in diesem Zusammenhang die *Viehgangeln* oder *Viehtreppen* (Bild 4.36.). Sie sind die Folge der steten Trittbelastung des Bodens durch die Weidetiere, die parallel zum Hang weiden (s. a. Kap. 12.1). Werden die Gangeln bei feuchter Witterung vom Vieh betreten, kommt es nicht selten zu Verletzungen der Bodendecke durch Lostreten einzelner Narbenstücke, zum Narbenversatz, der wiederum Ansatzpunkte für Erosion und Schneeschurf bildet. Das Zusammenspiel dieser bodenabtragenden Prozesse führt letztendlich zur Entstehung von unregelmäßig ausgebildeten vegetationslosen Flächen am Hang, die im bajuwarisch geprägten Alpenraum als Narbenversatz- oder Trittblaiken (von blaiken, blecken = Blankes oder Weißes entblößen) bezeichnet werden (Bild 4.37.).

Bild 4.29. Erosion auf einer Blaike (Königstalalm, Berchtesgadener Alpen, Deutschland)

Die Aufnahme läßt deutlich zwei unterschiedliche Erosionserscheinungen erkennen. Neben mehreren Spülrinnen, die durch Starkniederschläge in den Sommermonaten entstanden, weist die Blaike ein Steinpflaster infolge von Schichterosion und daraus resultierenden Verlusten von Feinmaterial auf. Die Blaike selbst entstand durch Gleitschneerutsche während der Schneeschmelze im Frühjahr. Der Begriff "Blaike" stammt von den Worten blaiken oder blecken, was soviel wie die Entblößung von Erde bedeutet. Unter einer Blaike versteht man daher im bajuwarisch geprägten Alpenraum und in der wissenschaftlichen Literatur vegetationslose oder nur schütter bewachsene Schädigungen der Bodendecke auf Wiesen und Weiden (vgl. Kap. 7.2).

Bild 4.30. Bodenerosion auf Wanderwegen

Die Böden von Wanderwegen sind in der Regel stark verdichtet. Bei punktueller Belastung des Bodens im Falle von Steigen, Stehen oder Gehen erreicht die mechanische Druckbelastung Werte von bis zu 400 g/cm^2. Durch die erhöhte Dynamik des Einzeltrittes beim Abstieg werden sogar Beträge von bis zu 57.000 g/cm^2 erzielt. Regen- und Schmelzwasser kann nicht mehr versickern und fließt oberflächlich ab. Dabei werden Bodenteilchen an der Wegoberfläche gelöst und abtransportiert. Die Folge sind oft tiefe Erosionsrillen, die als Leitbahnen weiterer Erosionsprozesse dienen. Vor allem schluffreiche Böden (S. 64) sind durch Bodenerosion gefährdet. Die Aufnahme zeigt einen solch schluffreichen, durch Tritt stark verdichteten Boden mit tief eingeschnittenen Erosionsrinnen auf einem vielfrequentierten Wanderweg in den Hohen Tauern.

Bild 4.31. Reiße

Moränen, Schotter und Hangschutt bauen oft steile und hohe Talflanken auf. Massenbewegungen wie Rutschungen bewirken in diesen Bereichen häufig primäre Schäden an Boden und Vegetation. Sind die mächtigen Lockergesteinsmassen ersteinmal freigelegt, kann die Erosion durch Wasser wirksam werden, wobei sie mitunter extreme Ausmaße annimmt. Die Niederschläge schneiden rasch tiefe Erosionsrinnen in die vegetationsfreien Flächen. Infolge der rückschreitenden Erosion vereinigen sich einzelne Rinnen zu tiefeingeschnittenen Hangrunsen und Erosionsschluchten. Auch Rutschungen, Fließbewegungen und Steinschlag können an der weiteren Abtragung des Lockermaterials beteiligt sein. Große Hangrunsen und Erosionsschluchten in tiefgründigem Lockermaterial werden im deutschsprachigen Alpenraum als Reißen oder Schuttreißen bezeichnet.

Bild 4.30. Erosion auf Wanderwegen (Virgental, Hohe Tauern, Österreich)

Bild 4.31. Reiße (Ötztal, Ötztaler Alpen, Österreich)

Bild 4.32. Erdpyramiden

Die mächtigen eiszeitlichen Moränenablagerungen tieferer Tallagen unterliegen bei fehlender Vegetationsbedeckung dem Prozeß der Abspülung. Das Material der Moränen setzt sich aus unsortierten Gesteinsfragmenten, die zum Teil aus größeren Steinen oder Blöcken bestehen, zusammen. Wird ein solcher Block von der Erosion herauspräpariert, schützt er vorübergehend das darunter befindliche Material vor weiterer Abtragung, vergleichbar einem Schirm. Dadurch entstehen im Laufe der Zeit die auffälligen Landschaftsformen der Erdpyramiden. Erst wenn die Pyramide aus Moränenmaterial zu steil und zu hoch oder durch Erosion an der Basis instabil wird, kommt es zur fortgesetzten Abtragung, das ganze Gebilde fällt um. Weithin bekannt und immer wieder bestaunt, ist das Erdpyramidenvorkommen am Südosthang des Ritten bei Klobenstein in den Sarntaler Alpen.

Bild 4.33. Feilenanbruch

Feilenanbrüche sind die Folge der Tiefen- und Seitenerosion von Fließgewässern (vgl. Kap. 11). Die Eintiefung der Sohle eines Gebirgsbaches führt gleichzeitig zu verstärktem Seitenschurf an den Ufern. Dadurch kommt es insbesondere in mächtigen Lockersedimenten zum Nachbrechen und Abrutschen der ihrer Standfestigkeit beraubten Uferböschungen. Es entstehen Anbrüche mit fast dreiecksförmiger Fläche, die sogenannten Feilenanbrüche. Am oberen Rand der Anbrüche führt das Nachbrechen und Abrutschen des Lockermaterials, aber auch die Unterspülung der angeschnittenen Bodendecke durch Hangzugwasser, zum Umstürzen von Bäumen. Am rechten Bildrand ist ein davon betroffener Baum zu erkennen, der bereits stark geneigt ist.

Bild 4.32. Erdpyramiden (Ritten, Sarntaler Alpen, Südtirol/Italien)

Bild 4.33. Feilenanbruch (Sagbachtal, Sarntaler Alpen, Südtirol/Italien)

Bild 4.34. Abtragung durch Narbenversatz

Unter Narbenversatz versteht man das seitliche Ablösen von Rasenstücken und -schollen durch den Tritt von Mensch und Weidetieren. Dadurch bilden sich erste Ansatzstellen für die weitere Abtragung. In den Hochlagen der periglazialen Höhenstufe (Kap. 1.5) erfolgt eine rasche Ausweitung initialer Bodenschäden infolge von Tritt und Narbenversatz durch Schnee- und Lawinenschurf, Abspülung, Rutschungen, Bodenfließen oder Frosthub. Die nur geringmächtige Bodendecke wird abgetragen und vegetationslose Schuttflächen bleiben zurück. Begünstigt wird dies durch fortgesetzte Beweidung bereits geschädigter Areale. Das Foto zeigt eine von zahlreichen Trittspuren überzogene Schafweide in ca. 2700 m Höhe mit umfangreichen Trittschäden.

Bild 4.35. Massenschurf durch Wanderer

Häufig frequentierte Wanderwege weisen in ihrem Umfeld oft starke Trittschäden auf. Die Wanderer zertreten die Grasnarbe beim Verlassen des Weges. Trittbelastungen sind vor allem nach längeren Regenfällen festzustellen, wenn Wanderer seitlich ausweichen, um nicht auszurutschen. Die Trittwirkung ist dann besonders groß, da der wassergesättigte Boden je nach Bodenart (S. 64) mehr oder weniger plastisch reagiert und leicht verformt werden kann. Das Ergebnis ist eine Verdichtung des Bodens und häufig eine völlige Homogenisierung seines Gefüges im Trittbereich. Die Aggregate des Bodens werden dadurch in eine Einzelkornstruktur überführt, die Wasser und Luft nur noch schwer durchläßt. Schließlich setzt in den betroffenen Wegbereichen Bodenerosion durch oberflächlich abfließendes Wasser ein. Zudem werden durch den Tritt auch ganze Bodenstücke samt Vegetation abgetreten. Die dadurch freigelegten Unterböden bieten der Erosion wiederum Ansatzpunkte. Primär gefährdete Bereiche sind Wandersteige auf feinkörnigen Böden und mit steilen Serpentinen, die immer wieder abgekürzt werden. Die Folge: Die Wege verwildern und in letzter Konsequenz wird der Boden zwischen den Serpentinen völlig abgetragen. Wilde Wege, die viele Hänge wie ein Netz überziehen und irgendwann zu kahlen Flächen zusammenwachsen, kennzeichnen leider gerade die besonders attraktiven Gebiete vieler Hochgebirge.

Bild 4.34. Abtragung durch Narbenversatz (Guslarspitze, Ötztaler Alpen, Österreich)

Bild 4.35. Massenschurf durch Wanderer (Bodenschneid, Tegernseer Berge, Deutschland)

Bild 4.36. Viehgangeln

Auf vielen Weidehängen kann man eine auffällige Formung des Reliefs beobachten. Die Hänge werden von mehr oder weniger stark ausgeprägten Stufen oder Treppen überzogen, die das hangparallel weidende Vieh in den Boden tritt. Im Alpenraum bezeichnet man diese geomorphologischen Klein- oder Mikroformen als Viehgangeln, Kuahwegl oder Kuahgangl. Daß die Rinder steile Wiesen hangparallel beweiden, ist in ihrer Herkunft und Anatomie begründet. Kühe sind ursprünglich Steppentiere, die überschaubare Ebenen bevorzugen. Eines ihrer größten Probleme im Gebirge ist der sensible Wiederkäuermagen. Gerät er am Steilhang in Schieflage, wird die Futterverwertung empfindlich gestört. Tatsächlich magern Kühe ohne "Bergerfahrung" auf der Alm ab. Sie müssen erst von erfahrenen Tieren lernen, sich parallel zum Hang zu bewegen, um so die Mägen in Balance zu halten. Die Folge dieser immer gleichen Bewegungsrichtung sind die Treppen am Hang, die Viehgangeln.

Bild 4.37. Trittblaike

Auf stark beweideten, steilen Almhängen bilden sich infolge der steten Trittbelastung des Bodens Viehgangeln aus (s. oberes Bild), die den Hang treppenartig überformen. Werden die Gangeln bei feuchter Witterung vom Vieh betreten, kommt es nicht selten zu Verletzungen der Bodendecke durch Lostreten einzelner Narbenstücke, die wiederum Ansatzpunkte für Erosion und Schneeschurf (Kap. 7.2) bilden. Das Zusammenspiel dieser bodenabtragenden Prozesse führt letztendlich zur Entstehung von ungleichmäßig ausgebildeten Narbenversatz- oder Trittblaiken. Der Begriff "Blaike" steht für vegetationslose oder nur schütter bewachsene Bodenschäden größeren Umfangs auf Wiesen und Weiden. Nicht nur die Überbestoßung von Weiden, sondern auch die Konzentration weniger unbeaufsichtigter Tiere auf Hangpartien mit bevorzugten Futterpflanzen bei hirtenloser Sömmerung sind als wesentliche Ursache des verstärkten Massenschurfs und Auftretens von Trittblaiken zu sehen. Denn früher trieben die Hirten das Vieh bei einsetzendem Regenwetter von den Steilhängen in flachere Almbereiche. Die abgebildeten Trittblaiken auf der Königstalalm am Hagengebirgswestrand sind bis zu 400 m^2 groß. Vergleichbare Abtragungsflächen als Folge nicht angepaßter Beweidung finden sich im Himalaya ebenso wie in den Anden und in vielen anderen Hochgebirgen der Erde.

Bild 4.36. Viehgangeln (Spitzingsee, Tegernseer Berge, Deutschland)

Bild 4.37. Trittblaike (Königstalalm, Berchtesgadener Alpen, Deutschland)

Bild 4.38. Achtung Erosion! (Geigelstein, Ammergauer Alpen, Deutschland)

Verwitterung und Abtragung werden vom Klima und den geologischen Gegebenheiten bestimmt. Und das seit weit mehr als einer Milliarde Jahren. Und erst kürzlich - vor einigen hundert Jahren - trat der Mensch im Hochgebirge als Verursacher von beschleunigter Abtragung hinzu, wie auf dem Bild unschwer zu erkennen ist.

5 Struktur- und gesteinsabhängige Landschaftsformen

Die geologische Struktur und die unterschiedlichen geomorphologischen Eigenschaften der Gesteine bedingen eine deutliche Differenzierung der vorrangig klimaabhängigen Verwitterungs- und Abtragungsprozesse und somit der Landschaftsformung. Dies gilt natürlich nicht nur für das Hochgebirge, sondern auch für alle anderen Landschaften der Erde.

Widerstandsfähigere Gesteine verwittern langsamer und werden in geringerem Umfang abgetragen, als Gesteine, die den Verwitterungs- und Abtragungsprozessen leichter unterliegen. Im gleichen Berggebiet treten uns daher einerseits sanfte, eher mittelgebirgsähnliche Bergformen entgegen, während in unmittelbarer Nähe schroffe und steilwandige Gipfel in den Himmel ragen. Auch ganze Gebirgsgruppen können sich hinsichtlich ihrer Bergformen aufgrund der Verschiedenartigkeit ihrer Gesteine voneinander unterscheiden. Denken wir nur an den Vergleich zwischen den Dolomiten mit ihren gewaltigen Felstürmen und senkrechten, mitunter überhängenden Wänden und den kristallinen Zentralalpen, die häufig eher zahme Formen aufweisen. Hinzu tritt die geologische Struktur, die entscheidend die Landschaftsformung beeinflußt. Täler folgen ihr und Bergformen werden durch sie maßgeblich bestimmt. Die Entwicklung des Formenschatzes im Hochgebirge in Anlage und Gestalt der Täler und Bergformen ist somit das Produkt der Einwirkung von Verwitterung und Erosion auf einen stofflich und strukturell inhomogenen Gesteinskörper.

5.1 Strukturabhängige Formung

Unter geologischer Struktur versteht man den inneren Bau der oberflächennahen Erdkruste, der vor allem durch die Lage der unterschiedlichen Gesteine zueinander, ihre Klüftung (Kap. 2.2 u. 4.1), durch Verwerfungen und durch Schichtgrenzen bestimmt wird. Strukturabhängige Formen zeigen eine klar erkennbare Abhängigkeit von diesem inneren Bau. Wie bereits in Kapitel 2 verdeutlicht, gibt es Landschaftsformen, die primär tektonisch bedingt sind. Hierzu gehören z. B. Falten, Klüfte, Risse, Brüche und der Stockwerkbau eines Gebirges. Diese tektonischen Gegebenheiten bedingen wiederum Strukturen, die der Verwitterung und Abtragung Angriffspunkte bieten und schließlich ein Gefügerelief zur Folge haben.

Wenden wir uns in diesem Zusammenhang nochmals den Dolomiten zu. Denn die faszinierenden Felsmauern dieser Gebirgsgruppe, die sich häufig in bizarre Felszacken und -türme auflösen sind insbesondere auf die Klüftung des Gesteins zurückzuführen. Bei der Heraushebung der Dolomiten zum Gebirge, die in der ausgehenden Kreidezeit vor ca. 70 Millionen Jahren begann und in mehreren Phasen vor sich ging, sind die Karbonatgesteine von unzähligen senkrechten Klüften durchsetzt worden. An diesen konnte die Verwitterung ansetzen und freistehende Türme, glatte Wandfluchten oder eine Vielzahl an schroffen Felsnadeln hervorrufen (Bild 5.2.).

Klüfte, Spalten, Verwerfungen und großräumige tektonische Störungslinien schwächen den Gesteinszusammenhang. Die Tiefenerosion kann entlang dieser Strukturen leichter angreifen als in andere Richtungen. Daher steht auch der Verlauf von Tälern (Bild 5.3.), Pässen (Bild 5.4.), Schluchten (Bild 5.1.) und Flußnetzen häufig in engem Zusammenhang mit dem Verlauf solcher Strukturen. So folgt das gradlinigste Tal der Ostalpen, das 110 km lange Gailtal (in seiner westlichen Verlängerung als Lesachtal bezeichnet), einer tiefreichenden Störungslinie, der sogenannten periadriatischen Naht. Der Inn verläuft über weite Strecken entlang der tektonischen Grenze zwischen den nördlichen Kalkalpen und den kristallinen Zentralalpen.

Aus der geologischen Struktur resultieren bestimmte Grundrißmuster von Fluß- und Talnetzen. Verwerfungen oder Kluftsysteme, die aus rechtwinklig zueinander verlaufenden Kluftscharen bestehen (Kap. 4.1), bestimmen die Eintiefung eines Flusses derart, daß sein Verlauf durch gerade Strecken und nahezu rechtwinklige Biegungen charakterisiert ist. Man bezeichnet ein solches strukturabhängiges Flußnetz als rechtwinkliges Flußnetz. Ebenso strukturabhängig sind relativ gleichmäßig verzweigte dendritische Flußnetze (von griechisch *déndron* = Baum) sowie spalierartige und ringförmige Flußnetze, die am Streichen der Schichten orientiert sind. Der Begriff "Streichen" wird gemeinsam mit dem Begriff "Fallen" zur Kennzeichnung der geologischen Lagerung von Schichten, Klüften, Falten u. a. verwendet. Streichen bezeichnet die Schnittspur einer Fläche (Schichtfläche, Kluftfläche etc.) mit einer gedachten Horizontalebene. Unter Fallen oder Einfallen versteht man den Neigungswinkel, z. B. von Schichtfächen, gegenüber der Horizontalen.

Noch feiner als das Wasser tastet das Gletschereis den Gesteinsklüften nach. Daher lassen die durch Gletscher beanspruchten Landschaften Skandinaviens, Grönlands, Neuseelands und Patagoniens deutlich die Kluftrichtungen des Untergrundes erkennen (Bild 5.5.). Das Ergebnis dieser strukturabhängigen Formung durch das Gletschereis sind die bekannten Fjorde (Kap. 9.1).

Die mächtigen Sedimentpakete vieler Gebirgsmassive bestehen aus einer vertikalen Abfolge unterschiedlich zusammengesetzter Schichten, deren Entstehung auf einer mehrfachen Änderung der Ablagerungsbedingungen im Sedimentationsraum zurückzuführen ist. Bei einer wechselnden Lagerung von morphologisch weicheren und härteren Gesteinsschichten halten die widerstandsfähigeren Gesteine der Verwitterung und Abtragung länger stand und werden als Terrassen, Stufen oder Kämme herauspräpariert, sofern die Schichtgrenzen zwischen den Gesteinen an der Landoberfläche liegen. Die Landschaftsformen werden dann vom jeweiligen Schichtenbau bestimmt. Morphologisch weichere Gesteine sind beispielsweise wenig wasserdurchlässige Sedimente wie Tonsteine. Geklüftete Sand- oder Kalksteine hingegen sind wasserdurchlässiger und bieten somit der Erosion deutlich weniger Widerstand. Sie sind folglich morphologisch harte Gesteine. Werden flachlagernde Gesteinsserien aus Schichten unterschiedlicher morphologischer Härte durch Flußeinschneidung und Glazialerosion angeschnitten, setzt an den freigelegten Flanken eine, den Gesteinseigenschaften entsprechende, differenzierende Verwitterung und Abtragung ein. Dabei werden die widerstandsfähigeren Schichten gegenüber den weicheren Schichten, die verstärkt von der flächenhaften

Abtragung oder der Denudation (von lateinisch *denudare* = entblößen) erfaßt werden, versteilt. Es entsteht ein gestuftes Hangprofil mit terrassenartigen Verflachungen im Bereich der leichter verwitternden Gesteine. Diese Verflachungen nennt man *Denudationsterrassen* (Bild 5.6.).

Krustenbewegungen führten im Laufe der Gebirgsbildungen dazu, daß die am Meeresboden ursprünglich weitgehend flachlagernden Schichten der Sedimentgesteine tektonisch verstellt, gefaltet, metamorph überprägt und als Decken aufgeschoben bzw. überschoben wurden (Kap. 2.1). Mit der einsetzenden Hebung zum Gebirge gelangten diese Strukturen an die Erdoberfläche, wo linienhafte Erosion und flächenhaft wirkende Denudation einsetzten. Vor allem an tektonisch stark beanspruchten und geklüfteten Faltensätteln (Kap. 2.1) und Deckenstirnen konnten Verwitterung und Abtragung verstärkt wirken. Die Folge ist häufig eine auffallende geomorphologische Erscheinung, die sogenannte *Reliefumkehr*. Die Reliefumkehr äußert sich dadurch, daß Landschaftsbild und tektonischer Bau nicht übereinstimmen. Infolge der Abtragung eines *Faltensattels* oder einer *Antiklinalstruktur* (von griechisch *antiklíno* = entgegenneigen) befindet sich dort nun eine Mulde oder ein Tal, das im Streichen der Falte verläuft. Der abgetragene Teil der Faltenstruktur wird als *Luftsattel* bezeichnet und ist nur noch anhand des Schichtenbaus der Talflanken zu rekonstruieren. Beim Prozeß der Reliefumkehr werden die Schichtgrenzen mehr oder weniger steil einfallender Faltenschenkel freigelegt (Abb. 5.1.). Die unterschiedliche Widerständigkeit der steil stehenden Schichten führt letztendlich dazu, daß die Bereiche mit morphologisch weicheren Gesteinen ausgeräumt und diejenigen Bereiche mit härteren Schichten als schmale Rücken oder *Schichtkämme* (Bild 5.7.) herausgearbeitet werden.

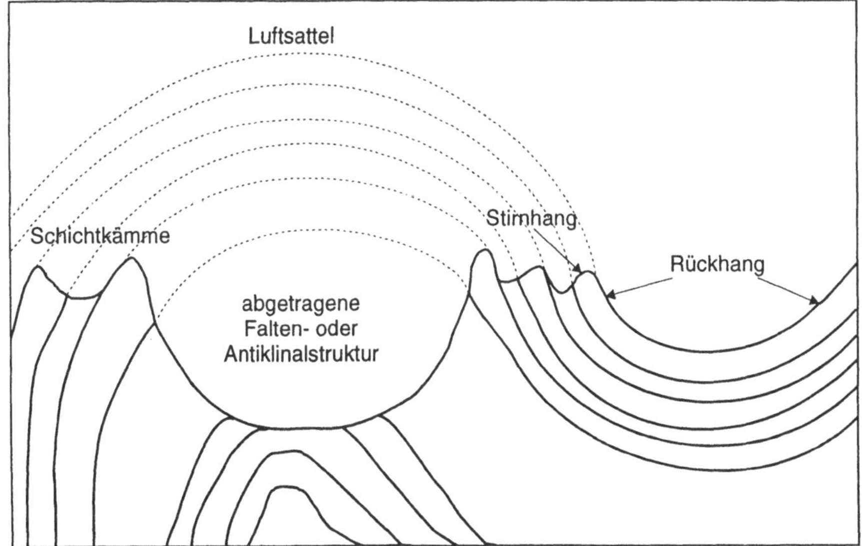

Abb. 5.1. Reliefumkehr u. Schichtkammbildung durch abgetragene Faltenstruktur (schematisch)

Im Idealfall eines Schichtkammreliefs stehen die Schichten nahezu senkrecht (Bild 5.7.). Dann sind die beiden Flanken eines Schichtkammes in etwa gleich stark geneigt. Viel häufiger aber weisen die Gesteinsschichten der Faltenschenkel eine geringere Neigung auf. Der flacher einfallende Hang wird dann als *Rückhang*, der steil geneigte Hang auf der anderen Seite des *Firstes* als *Stirnhang* bezeichnet. Oft ist das Gefälle des Rückhanges nicht mit dem Gefälle der Schichtgrenzen oder dem Einfallswinkel der Schichten identisch. Der Rückhang ist zumeist flacher als das Schichteinfallen, so daß die Schichten von der Hangoberfläche angeschnitten werden. Wenn einige dieser Schichten der Abtragung mehr Widerstand leisten als andere, entstehen weitere Stufen, die man als *Rampenstufen* bezeichnet (Bild 5.8.).

Auch aus der Überschiebung und daraus häufig resultierenden Steilstellung von tektonischen Decken (Kap. 2.1), die keine nennenswerte Faltung aufweisen, resultiert die Ausbildung von Schichtkämmen oder *Schichtköpfen*. Dies bewirkt eine tektonisch bedingte Asymmetrie von Gipfelaufbauten, wie sie beispielhaft an vielen Dolomitenbergen gegeben ist. Selbst der Gipfelaufbau des höchsten Berges der Erde zeigt eine deutlich strukturbedingte Asymmetrie mit wesentlich flacherer Nordflanke gegenüber der steilen Südwand (Bild 5.9.). Die Nordflanke des Mount Everest ist weitgehend an den Schichtflächen, der den Gipfel aufbauenden tektonischen Decke orientiert, während die Südwand rechtwinklig zum Schichteinfallen verläuft. Daher können Verwitterung und Abtragung verstärkt an der Deckenstirn und den senkrecht dazu verlaufenden Gesteinsklüften ansetzen.

Zwischen der Form der Denudationsterrasse mit horizontaler Schichtfolge und der des Schichtkammes mit senkrecht stehenden Schichten, sind alle Übergänge möglich. Daher werden sämtliche Übergangsformen, deren Rückhang mehr als 5° Neigung aufweist, auch unter dem Begriff *Homoklinalrücken* (von griechisch *homós* = gleich, gemeinsam und *klíno* = neigen) zusammengefaßt. Fallen die Schichten mit weniger als etwa 5° ein, wie es zumeist bei großräumigen Krustenverbiegungen der Fall ist, spricht man von *Schichtstufen.* Anders als in den Mittelgebirgen mit charakteristischen Schichtstufenlandschaften, nehmen Schichtstufen im Hochgebirge jedoch eine nur untergeordnete Stellung als lokale Erscheinungen oder als Übergangsformen zum Schichtkamm im Bereich komplexer Faltenstrukturen ein. Man sollte daher im Hochgebirge besser von Schichtköpfen oder einfach von *Resistenzstufen* mit sehr flach geneigtem Rückhang sprechen.

Am Beispiel von Spitzbergen mit seinem stark vergletscherten Hochgebirge lassen sich die Auswirkungen der strukturabhängigen Landschaftsformung auf relativ engem Raum gut nachvollziehen. So zeigt die arktische Inselgruppe, trotz einheitlichen klimatischen Voraussetzungen, auffallende Unterschiede hinsichtlich ihrer Oberflächengestalt und Bergformen. Im Westen der Inselgruppe überwiegen paläozoische Gesteine mit ausgeprägter Faltung. Das Relief ist dort unruhig und von schroffen, in zahllose Spitzen aufgelösten Bergen charakterisiert (Bild 5.10.). Im Innern und im Osten Spitzbergens dominieren hingegen verschieden alte Sedimente mit weitgehend horizontaler Lagerung, die zumeist plateauartige Bergformen bilden (Bild 5.11.). Diese auffallende Zweiteilung der Reliefgestalt auf Spitzbergen beruht ganz offensichtlich auf den unterschiedlichen geologischen Strukturen der Inselgruppe. An den, durch Faltung steilgestellten, stark beanspruchten und angeschnittenen Gesteinsschichten kann die Verwitterung verstärkt angreifen und gemeinsam mit Steinschlag, Wasser- und Glazialerosion schroffe Bergformen herausmodellieren. Horizontal gelagerte Sedimente hingegen bieten der Verwitterung und Erosion auf den Schichtflächen weniger Angriffspunkte.

Bild 5.1. Schlucht (Samariá-Schlucht, Kreta, Griechenland)

Schluchten sind Varianten des Kerbtales mit tiefeingeschnittenen V-förmigen Querprofilen. Sind die Talwände senkrecht und stehen sie so eng zusammen, daß der Fluß den Talboden völlig ausfüllt, spricht man von einer Klamm (s. a. Kap. 10.1 u. 11.2). Diese Talformen sind meist an tektonischen Schwächezonen orientiert. Die Einschneidung des Gewässers erfolgt relativ zügig und ist noch zu jung, als daß Abtragungsprozesse die Talwände hätten abflachen können. Voraussetzung für die Schlucht- oder Klammbildung ist eine ausreichende Standfestigkeit der Gesteine, die nicht zu Rutschungen neigen dürfen. Die Abbildung zeigt die engste, klammartig eingeschnittene und nur 3 m breite Stelle der Samariá-Schlucht auf Kreta.

Bild 5.2. Felstürme

Die Karbonatgesteine der Dolomiten sind bei ihrer tektonischen Hebung zum Gebirge von unzähligen senkrechten Klüften durchsetzt worden. An diesen Klüften konnten Verwitterung und Abtragung bevorzugt ansetzen, wodurch schließlich freistehende Felstürme mit senkrechten Wänden und eine Vielzahl an schroffen Felsnadeln entstanden.

Bild 5.3. Alpines Tal

Klüfte, Spalten, Verwerfungen und großräumige tektonische Störungslinien (s. Kap. 2.2 u. 4.1) schwächen den Gesteinszusammenhang. Verwitterung und Tiefenerosion durch fließendes Wasser können entlang solcher Strukturen leichter angreifen als in andere Richtungen. So verlaufen die großen Längstäler der Alpen parallel zu den vorherrschenden geologischen Großstrukturen, z. B. in Gestalt von Deckengrenzen. Das abgebildete Virgental in den Zentralalpen verläuft annähernd von Westen nach Osten und folgt dabei einer Schwächelinie der Erdoberfläche. Bei dieser Schwächelinie handelt es sich um die 130 km lange und nur 1-2 km breite "Matreier Zone" oder "Matreier Schuppenzone", die sich aus einer bunten Mischung von stark zerscherten, miteinander verschuppten und vielfach sehr rutschungsanfälligen Gesteinen (u. a. Kalke, Quarzphyllite, Kalkglimmerschiefer, Dolomite, Gips) zusammensetzt.

Bild 5.2. Felstürme (Fanesgruppe, Dolomiten, Italien)

Bild 5.3. Alpines Tal (Virgental, Hohe Tauern, Österreich)

Bild 5.4. Paß

Die Tiefenerosion findet entlang von Klüften, Verwerfungen oder großräumigen tektonischen Störungslinien gute Angriffspunkte. Daher steht u. a. auch der Verlauf von Tälern und Pässen häufig in direktem Zusammenhang mit dem Verlauf von solchen geologischen Strukturen. Ein bekanntes Beispiel hierfür ist der Brennerpaß, eine Hauptader des Transitverkehrs über die Alpen schon seit der Römerzeit. Er folgt einer größeren Störungslinie, die sich vom Karwendelgebirge bis zu den Sarntaler Alpen verfolgen läßt. Diese Linie verläuft annähernd von Nordwesten nach Südosten, um im Bereich der Paßhöhe nach Südwesten umzuschwenken, wobei sie die Grenze einer tektonischen Decke markiert (Ötztal-Decke). Das Foto zeigt die Europabrücke mit der Brenner-Autobahn, die das Wipptal und die alte Brennerstraße überquert.

Bild 5.5. Gletscher und Gesteinsklüfte

Wesentlich feiner als Wasser tastet das Gletschereis geologischen Strukturen wie Gesteinsklüften nach (Kap. 4.1). Denn am Grunde eines Gletschers angefrorene Gesteinspartien werden durch Detraktion (von lateinisch *detrahere* = abreißen) herausgebrochen oder durch Exaration (von lateinisch *exarare* = durchfurchen) herausgehebelt (Kap. 9.1). Es ist leicht verständlich, daß davon besonders tektonisch beanspruchte und stark zerrüttete Bereiche im Gestein betroffen sind. Die bekannten Fjorde wie das abgebildete Romsdalfjord in Norwegen sind das Ergebnis dieser strukturabhängigen Formung durch das Gletschereis.

Bild 5.4. Paß (Brenner, Wipptal, Österreich)

Bild 5.5. Gletscher und Gesteinsklüfte (Romsdalsfjord, Møre og Romsdal, Norwegen)

Bild 5.6. Denudationsterrasse

Landschaftsformen im Hochgebirge werden u. a. vom Schichtenbau bestimmt. Werden flachlagernde Gesteinsschichten von unterschiedlicher morphologischer Härte durch Erosion angeschnitten, setzen an den freigelegten Flanken Verwitterung und Abtragung ein. Hierbei werden die widerstandsfähigeren Schichten gegenüber den weicheren Schichten versteilt, da letztere verstärkt von der flächenhaften Abtragung oder der Denudation (von lateinisch *denudare* = entblößen) erfaßt werden. Morphologisch weichere Gesteine sind beispielsweise kaum wasserdurchlässige Sedimente wie Mergel und Tonsteine. Morphologisch harte, geklüftete Sand- oder Kalksteine hingegen sind wasserdurchlässiger und bieten somit der Erosion erheblich weniger Widerstand. Es entsteht allmählich ein treppenartiges Hangprofil mit Verflachungen im Bereich der leichter verwitternden Gesteine, die man Denudationsterrassen nennt. Im Falle des abgebildeten Sellastocks wurden die morphologisch weicheren Raibler Schichten aus sandig-mergeligen Sedimenten verstärkt abgetragen, wodurch das auffällig umlaufende Band der Denudationsterrasse in Bildmitte entstanden ist. Die senkrechten Felspartien oberhalb und unterhalb der Terrasse werden aus morphologisch härteren Karbonatgesteinen (Haupt- und Schlerndolomit) gebildet. Denudationsterrassen sind gerade in den Dolomiten, aber auch in anderen Hochgebirgen mit weithin horizontal gelagerten Sedimenten von unterschiedlicher Widerständigkeit, so beispielsweise in den kanadischen Rocky Mountains, eine verbreitete Landschaftsform.

Bild 5.7. Schichtkämme

Bei steilem bis senkrechtem Einfallen von Gesteinschichten mit unterschiedlicher morphologischer Härte, werden durch selektive Verwitterung und Abtragung die widerstandsfähigeren Schichten als Schichtkamm oder Schichtrippe gegenüber den weicheren Schichten herauspräpariert. Dabei folgt der Verlauf eines Schichtkammes dem Streichen der Schichten (S. 118). Die Aufnahme zeigt nahezu senkrecht stehende Schichten einer abgetragenen Faltenstruktur aus einem Wechsel von Glimmerschiefern und Gneisen mit unterschiedlicher morphologischer Härte. Die härteren Schichten aus Gneisen wurden als Schichtköpfe, die weicheren der Glimmerschiefer als Mulden herausgearbeitet.

Bild 5.6. Denudationsterrasse (Sellagruppe, Dolomiten, Italien)

Bild 5.7. Schichtkämme (Muhskopf, Lasörlingkamm, Österreich)

Bild 5.8. Schichtkammrelief mit Rampenstufen

Steht eine steil geneigte vertikale Abfolge von Gesteinsschichten mit unterschiedlicher Widerständigkeit gegenüber Verwitterung und Abtragung (Kap. 4) an der Erdoberfläche an, werden die weniger widerständigen Gesteine bevorzugt abgetragen. Der flacher einfallende Hang des Schichtpaketes wird als Rückhang, der steiler geneigte Hang auf der anderen Seite des Firstes als Stirnhang bezeichnet. Häufig ist das Gefälle eines Rückhanges nicht mit dem Einfallswinkel der Schichten identisch. Der Rückhang ist meist flacher als das Schichteinfallen (S. 118), so daß die Schichten von der Hangoberfläche angeschnitten werden. Wenn nun einige dieser Schichten der Abtragung wiederum mehr Widerstand leisten als andere, entsteht eine weitere Folge von Stufen, die als Rampenstufen bezeichnet werden. Die Aufnahme zeigt ein typisches Schichtkammrelief in den Hohen Tauern. Ungefähr in Bildmitte sind mehrere Rampenstufen erkennbar.

Bild 5.9. Strukturelle Asymmetrie

Tektonische Prozesse wie Faltung und Deckenüberschiebung (Kap. 2.1) führten im Verlauf der Gebirgsbildungen dazu, daß ehemals flachlagernde Sedimentpakete heute mehr oder weniger steil geneigt an der Erdoberfläche anstehen. Die morphologische Folge ist eine häufig zu beobachtende strukturbedingte Asymmetrie von Gipfelaufbauten. Beispielhaft sind derartige Verhältnisse am höchsten Berg der Erde gegeben. Der Gipfelaufbau des Mount Everest (obere Bildmitte) zeigt eine auffallende Asymmetrie mit deutlich flacherer Nordflanke (ihre westliche Begrenzung ist links vom Gipfel herabziehend erkennbar) gegenüber der steilen Südwand. Die Nordflanke ist mehr oder weniger an den Schichtflächen, der den Everestgipfel aufbauenden Decke orientiert. Die Südwand hingegen verläuft rechtwinklig zum Schichteinfallen (S. 118). Daher können Verwitterung und Abtragung verstärkt an der Deckenstirn und den senkrecht dazu verlaufenden Gesteinsklüften ansetzen. Man kann den Everest aufgrund dessen morphologisch als typischen Schichtkopf bezeichnen.

Bild 5.8. Schichtkammrelief mit Rampenstufen (Venedigergruppe, Hohe Tauern, Österreich)

Bild 5.9. Strukturelle Asymmetrie (Mount Everest, Khumbu Himal, Nepal)

Bild 5.10. Faltenstrukturen und Landschaft

Die geologische Struktur und die unterschiedlichen geomorphologischen Eigenschaften der Gesteine (von griechisch *gé* = Erde, *morphé* = Gestalt und *lógos* = Wissenschaft, Lehre) führen dazu, daß sich primär klimaabhängige Verwitterungs- und Abtragungsprozesse (Kap. 4) sehr verschieden hinsichtlich der Entwicklung von Landschaftsformen auswirken. Sehr anschaulich läßt sich dieser Umstand am Beispiel von Spitzbergen nachvollziehen. Im Westen der Inselgruppe überwiegen paläozoische Gesteine mit ausgeprägter Faltung. Das Relief ist dort unruhig und von schroffen, in zahllose Spitzen aufgelösten Bergen charakterisiert. An den durch Faltung stark beanspruchten Gesteinsschichten kann die Verwitterung verstärkt angreifen und gemeinsam mit den unterschiedlichen Abtragungsprozessen (Steinschlag, Wasser- und Glazialerosion etc.) schroffe Bergformen modellieren. Im Innern und im Osten Spitzbergens dominieren hingegen verschieden alte Sedimente mit weitgehend horizontaler Lagerung, die zumeist plateauartige Bergformen bilden (s. unteres Foto).

Bild 5.11. Horizontale Schichtung und Landschaft

Die Inselgruppe Spitzbergen zeigt eine auffallende Zweiteilung ihrer Reliefgestalt, die auf unterschiedliche geologische Strukturen hinweist. Schroffe, zugespitze Berggipfel aus stark gefalteten Gesteinen (s. oberes Foto) stehen plateauartigen Bergformen gegenüber, deren weitgehend horizontal gelagerte Sedimente der Verwitterung und Erosion auf den Schichtflächen weniger Angriffspunkte bieten. Der Wechsel von Gesteinen mit höherer Widerständigkeit gegenüber dem Angriff der Verwitterung und solchen von geringerer Widerständigkeit, führte zu den in der Bildmitte erkennbaren schuttbedeckten Felsrippen. Die schuttbedeckten Hangpartien markieren Bereiche, in denen weniger widerständige Schichten ausstreichen. Die ehemals durchlaufenden Schichten wurden durch starke Hangspülung in Racheln, d. h. in kleine, steilhängige Kerbtäler von nur kurzer Längenerstreckung, gegliedert.

Bild 5.10. Faltenstrukturen und Landschaft (Magdalenenbucht, Spitzbergen, Norwegen)

Bild 5.11. Horizontale Schichtung und Landschaft (Isfjord, Spitzbergen, Norwegen)

5.2 Gesteinsabhängige Formung

Im vorangegangenen Kapitel wurde deutlich, daß die unterschiedliche Beschaffenheit der Gesteine erhebliche Auswirkungen auf ihre Resistenz gegenüber Verwitterungs- und Abtragungsprozessen hat, und somit auch auf die klimagesteuerte Landschaftsformung. Nähern wir uns beispielsweise den bayerischen Alpen von Norden, fallen sanft hügelige Bergformen mit weichen Konturen auf, die weiter südlich von schroffen, steilwandigen Kalkgipfeln überragt werden. Die fast mittelgebirgsähnlichen, meist dicht bewaldeten Berge - daher scherzhaft als "Spinatberge" bezeichnet - werden aus Flysch-Gesteinen aufgebaut (Bild 5.12.). Ihre Zusammensetzung aus Mergeln, Schiefertonen und Sandsteinen mit tonigen Zwischenlagen macht sie sehr verwitterungs- und rutschungsanfällig, so daß keine Steilflanken ausgebildet sind. Dies geht auch aus dem Wort "Flysch" (der Buchstabe y wird wie i ausgesprochen) hervor, das vom Schweizer Volksausdruck "flyschen" abgeleitet ist, was soviel wie abrutschen oder fließen bedeutet.

Begeben wir uns weiter südlich in die nördlichen Kalkalpen treten uns im wesentlichen zwei Landschaftsbilder entgegen, die wiederum auf der unterschiedlichen Beschaffenheit der dort verbreiteten Gesteine beruhen. Die Kalkgesteine (Wettersteinkalk, Dachsteinkalk u. a.), die aufgrund ihres hohen Reinheitsgrades (90-100 % Kalzitanteil) verkarsten (s. Kap. 4.1), sind die hauptsächlichen Gebirgs- und Wandbildner (Bild 5.13.). Demgegenüber stehen die lokalen Vorkommen an jurassischen Sedimenten aus Mergeln, Kieselkalken u. a., die zu schluffreichen, lehmigen Substraten verwittern und kaum Verkarstungserscheinungen zeigen. Sie liefern das Ausgangssubstrat tiefgründiger, feinerdereicher Böden und zeichnen sich im Landschaftsbild gegenüber den Kalken in der Regel durch sanftere Formen aus (Bild 5.14. und Bild 5.26.). Aufgrund dessen, aber auch infolge ihres Reichtums an Quellen und perennierenden Oberflächengewässern (von lateinisch *perennis* = dauernd) werden diese Bereiche zumeist almwirtschaftlich genutzt. So spiegelt die Nutzung, d. h. insbesondere die Verteilung von Wald und Weide in vielen Gebieten der nördlichen Kalkalpen recht genau die geologischen Verhältnisse wider. Ein Umstand, dem die mergeligen bis tonigen, leicht verwitternden Sedimente der alpinen Trias, des Jura und der Kreide die Bezeichnung "Almhorizonte" (Bild 5.14.) verdanken. Solch leicht verwitterbare Sedimente aus Mergeln, Schluffsteinen oder Schiefern bilden auch in den Dolomiten sanftere Reliefformen aus, die im Kontrast zu den steilen Wänden aus Karbonatgestein stehen (Bild 5.15.).

Ähnliche Gegensätze finden sich in den Zentralalpen. In der Glocknergruppe bauen verwitterungsbeständige Prasinite (metamorph überprägte Ozeanbodenbasalte) steile Gipfel mit scharfen, teils gezackten Graten, wie den des Großglockners, auf (s. a. Kap. 2.1). Auch in anderen Teilen der Zentralalpen, wie z. B. der Venedigergruppe, der Granatspitzgruppe oder der Rieserfernergruppe, bestehen die höchsten Gipfel aus resistentem Gestein wie Gneis oder Granit (Bild 5.16.). Im Gegensatz zu den Prasiniten, bilden die sehr verwitterungsanfälligen Kalkglimmerschiefer der gleichen Fazieszone (von lateinisch *facies* = äußere Erscheinung, Form, Gesicht) sogenannte "Bratschen" oder "Bretterwände" (Bild 5.17.). Dabei handelt es sich um felsige, steile, kompakt aussehende und kaum bewachsene

Felsflanken mit Neigungen von bis zu 40°, die durch intensive Frostverwitterung (Kap. 4.1) in Verbindung mit Auswehung durch heftige Winde entstehen. In der zentralalpinen Ortlergruppe bilden morphologisch harte, widerständige metamorphe Karbonatgesteine die steilwandigen und wuchtigen Berggestalten (Ortler, Monte Zebrú, Königsspitze), während leicht verwitternde Quarzphyllite abgerundete, weiche Formen bedingen (Bild 5.18.).

Vergleicht man bestimmte Gebirgsgruppen miteinander, wird die gesteinsabhängige Formung des Hochgebirges ebenfalls überaus deutlich. Zu Beginn dieses Kapitels wurde bereits auf die markanten Unterschiede zwischen dem Landschaftsbild der Dolomiten mit ihren oft klotzigen Bergmassiven, gewaltigen Felstürmen und senkrechten Wänden (Bild 5.19.) und dem der kristallinen Zentralalpen, die häufig eher zahme Formen zeigen (Bild 5.20.), hingewiesen. Aber auch in den Dolomiten selbst, führt die Vielfalt unterschiedlicher Gesteine zu auffälligen Differenzierungen im Landschaftsbild. So verleiht der Dachstein- oder Hauptdolomit den Felswänden durch seine ausgeprägte Bankung eine markante waagerechte Gliederung (Bild 5.21.). Berge aus Schlerndolomit hingegen oder das Massiv der 3340 m hohen Marmolata, das aus nicht dolomitisierten Kalken besteht, fallen schon von weitem durch ihre massigen Wände auf (Bild 5.22.). Schlern- und Hauptdolomit werden in der vertikalen Gesteinsabfolge von den leichter verwitterbaren Raibler Schichten getrennt, die von Nord nach Süd allmählich auskeilen. Im Gelände bildet der Horizont der Raibler Schichten aus sandig-mergeligen Gesteinen eine zumeist deutlich sichtbare Schicht- oder Denudationsterrasse (S. 127), wie z. B. an den bekannten Drei Zinnen (Bild 5.21.) in den Sextener Dolomiten oder in der Sellagruppe (Bild 5.6.). Hierbei zeigt sich, daß man die Struktur- und Gesteinsabhängigkeit der Landschaftsformung und -entwicklung im Grunde genommen kaum oder nur in wenigen Fällen von einander trennen kann.

Die geologische Struktur wirkt sich auch im Hinblick auf die Erhaltung von glazialen Formen aus. Wie erwähnt, treten uns in den kristallinen Zentralalpen häufig sanftere Formen als in den Dolomiten oder in den nördlichen Kalkalpen entgegen. Häufig heißt jedoch nicht immer. Vor allem in der Gletscherhöhenstufe (Kap. 1.5) finden wir in den Kristallingebieten aus harten Gneisen oder Graniten scharfe, langgezogene Grate und gut erhaltene Karformen (Bild 5.23.) bis hin zu markanten Karlingen (Kap. 9.1). In den stark von senkrechten Klüften durchsetzten Gesteinen der Dolomiten hingegen sind die glazialen Formen zumeist durch intensive Frostverwitterung überprägt (Bild 5.24.). Viele Kare sind durch häufigen Steinschlag verschüttet.

Auf der anderen Seite sind wiederum die chemisch-physikalischen Gesteinseigenschaften dafür verantwortlich, in welchem Ausmaß die Klüftung erfolgt. Sehr schön ist dies in den Berchtesgadener Alpen am 2713 m hohen Watzmann zu beobachten. Seine Basis bildet der Ramsaudolomit, darüber folgen die Raibler Schichten, die von karnisch-norischem Dolomit überlagert werden, um schließlich in den wandbildenden Dachsteinkalk überzugehen. Der gegenüber dem Dachsteinkalk durch seine starke Klüftung sehr viel leichter verwitternde Ramsaudolomit neigt zu starker Schuttproduktion und Schrofenbildung (Bild 5.25.). Dieser auffallende Unterschied zum Dachsteinkalk ist darin begründet, daß der spröde Ramsaudolomit während der Gebirgsbildung mit Zerbrechen und Kluftbildung auf Druck reagierte, der weichere Kalk hingegen mit Faltenbildung.

Bild 5.12. Mittelgebirgsähnliche Bergformen

Berge aus leicht verwitterbaren, rutschungsanfälligen Gesteinen wie Mergel, Schiefertone oder Sandsteine mit tonigen Zwischenlagen zeichnen sich durch ihre sanften, mittelgebirgsähnlichen Formen aus. Felswände und steile Flanken fehlen in der Regel. Zu den Gesteinen mit solchen Eigenschaften zählen auch diejenigen der Flyschzone am Alpennordrand. Das Wort "Flysch" stammt aus dem Schweizer Simmenthal und wurde vom Volksausdruck "flyschen" abgeleitet. Es bedeutet soviel wie abrutschen oder fließen. Das Material des Flysch besteht vorwiegend aus Abtragungsschutt, der im Zuge der Gebirgsbildung von bereits herausgehobenen Schwellenzonen in schmale Meereströge verfrachtet worden ist. Zur Ablagerung kamen neben Schutt und Sand, die heute als Sandsteinlagen und Konglomerate zu Tage treten, auch Materialien aus untermeerischen Rutschungen und daraus resultierenden Schlammwolken. Die Folge sind tonige Zwischenlagen in den grobkörnigeren Sedimenten, die dafür verantwortlich sind, daß die tektonisch stark beanspruchten Flyschgesteine bei Schräg- oder Senkrechtstellung und starker Wasserzufuhr leicht ins Rutschen oder Fließen geraten. Ein bekanntes Beispiel ist der Schuttstrom bei Inzell im Jahre 1992 (Kap. 4.2.3), der nach starken Regenfällen aus einer großräumigen Rutschung im Flysch des Teisenberges hervorging. Die Flyschzone tritt auch am Rande vieler anderer junger Hochgebirge, wie z. B. an den Anden oder den Karpaten, auf.

Bild 5.13. Wandbildner

Im Hochgebirge tritt uns das benachbarte Vorkommen von unterschiedlich verwitterungsresistenten Gesteinen in besonders auffälliger Art und Weise entgegen. Mergel, Kieselkalke und andere leicht verwitterbare Gesteine bilden eher sanfte Formen, während in unmittelbarer Nähe anstehende Karbonatgesteine als Wand- oder Felsbildner fungieren. In den nördlichen Kalkalpen, wo diese beiden Begriffe zuerst für morphologisch auffällige Kontraste in der Landschaft verwendet wurden, gehören der Schrattenkalk in der Schweiz sowie der Wettersteinkalk, der Plattenkalk und der Dachsteinkalk in den bayerischen und Tiroler Alpen zu diesen Wand- oder Felsbildnern. Das Foto zeigt die aus Wettersteinkalk bestehende Südwand der 2501 m hohen Lamsenspitze im Karwendelgebirge.

Bild 5.12. Mittelgebirgsähnliche Bergformen (Ammergauer Alpen, Allgäu, Deutschland)

Bild 5.13. Wandbildner (Lamsenspitze, Karwendelgebirge, Österreich)

Bild 5.14. Almhorizonte

Die lokalen Vorkommen an mergelig-kieseligen, leicht verwitterbaren Sedimenten (u. a. Kössener, Raibler, oder Chiemgauer Schichten), führen im Bereich der nördlichen Kalkalpen zu einer deutlichen Differenzierung des Landschaftsbildes. Während die Karbonatgesteine steile bis senkrechte Wände bilden und zumeist nur flachgründige, steinreiche Bodenbildungen zulassen, verwittern Mergel und Kieselkalke zu schluffreichen, lehmigen bis tonigen Substraten, die das Ausgangsmaterial für tiefgründige, feinerdereiche Böden in auffallend sanfteren Reliefbereichen liefern. Infolge dessen, aber auch durch ihren Reichtum an Quellen und Bächen werden diese Bereiche zumeist almwirtschaftlich genutzt. Man gab den leicht verwitternden Sedimenten daher den Namen "Almhorizonte". Die Aufnahme zeigt den Blick über die sanft geschwungenen Almflächen der Hohen Roßfelder östlich des Königssees in den Berchtesgadener Alpen. Den geologischen Untergrund bildet eine Folge von kieseligen Kalken, Fleckenmergeln und Radiolarit. Im Hintergrund erheben sich die Kalkwände des 2164 m hohen Fagstein über dem Almgelände.

Bild 5.15. Gesteinsabhängige Landschaftskontraste

Cassianer-, Schlern-, und Hauptdolomit bilden die markanten Gipfel der Sextener Dolomiten. Im abgebildeten Sextental sind ihnen leichter verwitterbare Werfener Schichten, gipsführende Bellerophonschichten (nach einer marinen Schnecke benannt) und Buchensteiner Schichten aus kalkigen Schiefern und Mergeln vorgelagert (obere Bildhälfte). So ist ein landschaftlich reizvoller Kontrast zwischen flachen, dicht bewaldeten Kuppen und Hängen und den hellen Felswänden aus Dolomit entstanden.

Bild 5.14. Almhorizonte (Hohe Roßfelder, Berchtesgadener Alpen, Deutschland)

Bild 5.15. Gesteinsabhängige Landschaftskontraste (Sextental, Dolomiten, Südtirol/Italien)

Bild 5.16. Bergformen im Granit

Im Gegensatz zu den Karbonatgesteinen (Kalk, Dolomit), die auffallende Steilwände bedingen, sind in vielen metamorphen und geschieferten Gesteinen (Kap. 2.1) wie Phylliten oder Glimmerschiefern eher ruhige Reliefformen ausgebildet. Hieraus resultiert auch der starke landschaftliche Kontrast zwischen den kristallinen Zentralalpen und den nördlichen Kalkalpen bzw. den Dolomiten. Anders verhält es sich bei harten, verwitterungsresistenten Graniten, Vulkaniten oder Gneisen der Zentralalpen. Hier finden wir ebenfalls steile Wandfluchten, denken wir etwa an das Bergell mit seinen berühmten Granitgipfeln, aber auch scharfe Grate und gut erhaltene Kare (Kap. 9.1). Das Foto zeigt den 3435 m hohen Hochgall in der Rieserfernergruppe von Westen, dessen Granitfelsen in langen Graten zu Tal ziehen. Genau genommen handelt es sich bei den Graniten der Rieserferner Gruppe um Tonalit, einen speziellen Granit mit abweichender mineralogischer Zusammensetzung, der nach seinem Vorkommen am Tonale-Paß in Südtirol benannt ist.

Bild 5.17. Bratschen

In der Glocknergruppe bauen verwitterungsbeständige Prasinite (metamorph überprägte Ozeanbodenbasalte) steile Gipfel mit scharfen Graten auf. So z. B. den Gipfel von Österreichs höchstem Berg, dem 3798 m hohen Großglockner (s. a. Kap. 2.1). Anders als die Prasinite, bilden die benachbarten und sehr verwitterungsanfälligen Kalkglimmerschiefer sogenannte "Bratschen" oder "Bretterwände". Dabei handelt es sich um felsige, oft regelrecht "morsche", jedoch kompakt aussehende Felsflanken mit Neigungen von bis zu 40°. Ihre Entstehung erfolgte durch intensive Frostverwitterung (Kap. 4.1) in Verbindung mit Auswehung durch starke Winde. Zum Klettern sind die Bratschen kaum geeignet. In der oberen Bildhälfte erkennt man die Südseite des Großglockners, in der Bildmitte verlaufen glatte Hänge aus Kalkglimmerschiefer.

Bild 5.16. Bergformen im Granit (Hochgall, Rieserfernergruppe, Südtirol/Italien)

Bild 5.17. Bratschen (Glocknergruppe, Hohe Tauern, Österreich)

Bild 5.18. Bergformen in metamorphem Kalk

Innerhalb der zentralalpinen Ortlergruppe bilden die morphologisch harten, d. h. die gegenüber Verwitterung und Abtragung widerständigen Karbonatgesteine die steilwandigen und wuchtigen Berggestalten von Ortler (3905 m), Monte Zebrú (3740 m) und Königsspitze (3859 m, linke Bildhälfte). Im Gegensatz zu den Karbonaten der Nord- und Südalpen, sind die kalkigen Sedimente dieser Berggestalten leicht verändert, denn sie wurden im Verlauf der Gebirgsbildung auf fast 400° C erhitzt und somit metamorph (von griechisch *metamorphóo* = umgestalten). Demgegenüber stehen die leicht verwitternden Quarzphyllite. Sie bilden in der Ortlergruppe eher abgerundete, weiche Formen, wie in der rechten Bildhälfte an der 3376 m hohen Sulden Spitze erkennbar.

Bild 5.19. Gebirgsformen im Dolomit

In den Dolomiten herrschen im Unterschied zu den kristallinen Zentralalpen unter den Bergformen oft klotzige Bergmassive, gewaltige Felstürme und senkrechte, bis zu mehrere 100 m hohe Wände vor. Die Bezeichnung "Dolomiten" für die Gebirgsgruppe in den Südalpen und für das gleichnamige Gestein und Mineral "Dolomit", ein Calcium-Magnesium-Karbonat $[CaMg(CO_3)_2]$, geht auf den Malteserritter, Mineralogen und Geologen Déodat Guy Sylvian Tancred Grated de Dolomieu zurück. 1789 wies er auf die weite Verbreitung eines "mit verdünnter Salzsäure wenig brausenden Gesteins in Südtirol" hin. Im Jahre 1791 hat Horace Bénédict de Saussure, einer der ersten Menschen auf dem Mont Blanc, ihm zu Ehren den Namen "Dolomit" für das betreffende Gestein eingeführt. Der Name wurde 1864 auf die gesamte Gebirgsgruppe übertragen.

Bild 5.18. Bergformen in metamorphem Kalk (Königsspitze, Ortlergruppe, Südtirol/Italien)

Bild 5.19. Gebirgsformen im Dolomit (Fanesgruppe, Dolomiten, Italien)

Bild 5.20. Gebirgsformen im Kristallin

In den kristallinen Zentralalpen (mit "kristallin" bezeichnet man umgangssprachlich metamorphe und plutonische Gesteine) unterscheiden sich Landschaftsformen aus harten, gegenüber der Verwitterung resistenten Gesteinen (Granit, Gneis) deutlich von solchen aus leicht verwitterbarem Gestein. Im Fall der harten Gesteine (Bild 5.16.) treffen wir vor allem in den Gletscherregionen oft markante Gipfel mit steilen Wänden und scharfen Graten an. Weniger widerständige Gesteine wie der Phyllit (feinblättriges, metamorphes Gestein aus den Mineralen Feldspat, Quarz und Serizit), lassen, wie auf dem Foto ersichtlich, eher sanft gerundete Berg- und Landschaftsformen entstehen, die häufig almwirtschaftlich genutzt werden.

Bild 5.21. Struktur- und gesteinsbedingte Formung

Die klimagesteuerte Formung des Gebirges wird sowohl von den vorkommenden Gesteinen als auch von der geologischen Struktur beeinflußt. In vielen Fällen ist eine Trennung von gesteins- und strukturbedingter Formung kaum möglich. Die abgebildeten Felstürme der Drei Zinnen in den Sextener Dolomiten bestehen aus gut gebanktem Dachstein- oder Hauptdolomit. Die Bankung des Hauptdolomits verleiht dem Fels eine waagerechte Gliederung, während senkrechte Klüfte für die freistehenden Bergformen verantwortlich sind. Die Basis des berühmten Dreigestirns bilden leichter verwitterbare Raibler Schichten, welche die Oberfläche eines weitausladenden Plateaus um die Drei Zinnen bilden. Das Plateau selbst wird aus massigem Schlerndolomit gebildet. Der Aufbau des gesamten Drei Zinnen-Massivs in seinem heutigen Erscheinungsbild beruht also auf dem Zusammenwirken der unterschiedlichen Gesteinseigenschaften, der geologischen Struktur und den klimagesteuerten Prozessen der Verwitterung und Abtragung.

Bild 5.20. Gebirgsformen im Kristallin (Pustertal, Deferegger Alpen, Österreich)

Bild 5.21. Struktur- und gesteinsbedinge Formung (Drei Zinnen, Dolomiten, Südtirol/Italien)

Bild 5.22. Bergformen im Kalk

Die Felsen des höchsten Dolomitenberges, der 3340 m hohen Marmolata, bestechen durch ihre relativ kompakte Erscheinung gegenüber den umgebenden Dolomiten. Der Grund dafür ist, daß ihr Kalkgestein nicht dolomitisiert wurde. Der kompakte Fels der steilen, 900 m hohen Marmolata-Südwand ist ein Eldorado für den Extremkletterer mit höchsten Ansprüchen. Am Gipfel erwarten ihn jedoch die Touristenströme, die mit der Seilbahn kraftsparend und ungefährdet auf den nordseitig vergletscherten Dreitausender gelangen.

Bild 5.23. Glaziale Formen in kristallinem Gestein

Ehemals und auch heute noch vergletscherte Gebirgsmassive aus harten Gneisen und Graniten zeichnen sich durch einen ausgeprägten und gut erhaltenen glazialen Formenschatz (Kap. 9) vor allem in der Gletscherhöhenstufe (Kap. 1.5) aus. Charakteristisch sind scharfe Grate und ausgeprägte Karformen (Kap. 9.1). Die Aufnahme zeigt in der Bildmitte den 3674 m hohen Gipfel des Großvenedigers in der gleichnamigen Gebirgsgruppe der Hohen Tauern. Er besteht aus Gneis, einem metamorph, bei Temperaturen von 550-600° C überprägten Granit. Weit ziehen die vom Eis geformten Grate des Großvenedigers, "Aderl" genannt, von seinem höchsten Punkt hinab, von denen der links am Gipfel ansetzende Westgrat eine der bekanntesten Aufstiegsrouten im Fels darstellt.

Bild 5.22. Bergformen im Kalk (Marmolata, Dolomiten, Italien)

Bild 5.23. Glaziale Formen in kristallinem Gestein (Großvenediger, Hohe Tauern, Österreich)

Bild 5.24. Glaziale Formen im Dolomit

In Hochgebirgsregionen aus kristallinen Gesteinen, wie z. B. Gneisen, Graniten oder metamorphen Schiefern, lassen sich überall die Zeugnisse glazialer Überprägung in Form von Karen, Trogschultern oder polierten und gekritzten Felspartien in gutem Erhaltungszustand verfolgen (Kap. 9.1). Blickt man von einem hohen Dolomitengipfel auf die umgebende Hochgebirgslandschaft, hat man durchaus Mühe, typische, lehnsesselartige, scharf begrenzte Kare wie in den Zentralalpen und andere glaziale Formen zu entdecken. Infolge der intensiven Klüftung des Dolomitgesteins und der dadurch verstärkt ansetzenden Frostverwitterung (Kap. 4.1), sind viele Kare vom anfallenden Steinschlagmaterial stark verschüttet und andere glaziale Formen überprägt.

Bild 5.25. Schrofenbildung

Schrofen kennzeichnen ein stufiges, brüchiges Felsgelände aus stark zerrüttetem oder verwittertem Festgestein. Sehr schön ist die Ausbildung von Schrofen in den Berchtesgadener Alpen im Umfeld des 2713 m hohen Watzmann zu beobachten. Die Basis des bekannten Berges bildet der Ramsaudolomit. Gegenüber dem Dachsteinkalk, der die Wände und die Gipfel des Watzmanns und des benachbarten Hochkalters aufbaut, zeichnet sich der Ramsaudolomit durch seine starke Klüftung aus, die ihn sehr viel leichter verwittern läßt und zu starker Schuttproduktion und Schrofenbildung führt (Bildmitte). Dieser auffallende Unterschied zum Dachsteinkalk ist darin begründet, daß der spröde Ramsaudolomit im Zuge der Gebirgsbildung mit Zerbrechen und Kluftbildung auf Druck reagierte, während sich der weichere Kalk in Falten legte.

Bild 5.24. Glaziale Formen im Dolomit (Mitter- und Hochebenkofl, Dolomiten, Südtirol/Italien)

Bild 5.25. Schrofenbildung (Wimbachtal, Berchtesgadener Alpen, Deutschland)

Bild 5.26. Kontraste (Inntal, bayerische Alpen, Deutschland)

Wo auch immer im Hochgebirge leichter verwitterbare, erosions- und rutschungsanfällige Gesteine an vergleichsweise verwitterungsresistente Gesteine grenzen, führen die klimaabhängigen
Prozesse der Verwitterung und Abtragung in Abhängigkeit von der Lage der unterschiedlichen
Gesteine zueinander, zu einem kontrastreichen Landschaftsbild auf engstem Raum. Schroffe
Felswände und glatte Wandfluchten überragen somit oft sanft gerundete, dicht bewaldete oder
von Almwiesen geprägte Berge. Das Foto zeigt den Blick über das Inntal zwischen Brannenburg
und Kufstein und geht in südliche Richtung. Die gerundeten Bergformen im Mittelgrund bestehen u. a. aus leichter verwitterbaren Mergeln und Kieselkalken, während die markanteren Sil-
houetten der Berge im Hintergrund zu beiden Seiten des Inns aus morphologisch härteren Wet-
tersteinkalken und Dolomiten gebildet werden.

6 Schnee

Schnee nimmt vielfältigen Einfluß auf die Hochgebirgslandschaft. Dieser Einfluß reicht von der Formung der Landoberfläche bis hin zu massiven Verkehrsproblemen. Und nicht nur das: Schnee fordert in Form von Lawinen alljährlich zahlreiche Todesopfer unter den Wintersportlern und den Bewohnern vieler Hochgebirge. Große Katastrophenlawinen erreichen nicht selten die Tallagen, wodurch Verkehrswege und Gebäude zerstört werden. Schnee schützt aber auch Leben. Viele Pflanzen würden bei klirrender Kälte erfrieren, wenn sie nicht durch eine dicke Schneedecke vom Frost isoliert wären. Unabhängig vom Schaden oder Nutzen des Schnees erfreuen wir uns an ihm, wenn die Landschaft von der weißen Pracht überzogen wird. Wir assoziieren mit Schnee das Schneemannbauen, Schneeballschlachten, Schlittenpartien, den gemütlichen Winterabend oder einfach die Ruhe einer Winterlandschaft. Für andere hingegen wird Schnee zur harten Arbeit, denkt man an Räum- und Rettungsdienste oder den unermüdlichen Einsatz der Bergwacht unter schwierigsten Bedingungen.

Schnee bildet hinsichtlich des Wasserhaushaltes eines Gewässereinzugsgebietes eine zeitweilige Rücklage. Denn in fester Form gefallen, steht der Niederschlag erst bei der Schneeschmelze dem Abfluß zur Verfügung. Wenn der Schnee rasch oder in Verbindung mit Regenfällen schmilzt, kommt es im Frühjahr an vielen Flüssen zu Hochwasser und Überschwemmungen. Schnee ist aber auch der Stoff, aus dem die Gletscher sind. In vielen Trockengebieten der Erde ist das Schnee- und Gletscherschmelzwasser bedeutsam für die Speisung von Flüssen und in zahlreichen Ländern ist es von ebenso großer Bedeutung für die Erzeugung von Energie (vgl. Kap. 12.2).

Schnee ist die Voraussetzung für den Wintersport. Und für den Wintersport wird weltweit Landschaft verbraucht. Der Skipistenbau schlägt breite Schneisen in die Bergwälder. Hinzu kommen Liftanlagen, Seilbahnen, Hotels, Zufahrtstraßen und Parkplätze. Auf einst einsamen Gletschern werden breite Pisten ganzjährig präpariert. Restaurants mit Liegeterrassen sorgen an Bergstationen von Seilbahnen für die gute und bequeme Aussicht. Und wem das alles noch nicht reicht, der frönt dem Heli-Ski. Kurzum: Schnee ist weißes Gold, ein Rohstoff für die Tourismusindustrie.

Naßschnee, Pulverschnee, Pappschnee. Es gibt viele Ausdrücke für die unterschiedlichsten Erscheinungsformen des Schnees. Die Inuit, so nennen sich die Eskimos selbst, deren Alltag vom Schnee geprägt ist, verwenden für das Phänomen Schnee sogar rund 200 verschiedene Ausdrücke. Aber selbst diese Fülle an Worten dürfte den schier unendlichen Varianten nicht gerecht werden, in denen das Landschaftselement Schnee in Erscheinung tritt. Dabei ist Schnee nichts anderes als gefrorenes Wasser oder noch genauer, eine recht kalte Ansammlung des Moleküls H_2O.

6.1
Vom Eiskristall zur Schneedecke

Sicherlich machen sich nur die wenigsten Wintersportler darüber Gedanken, über welch faszinierenden Stoff sie eigentlich mit ihren Skiern, Snowboards, oder Schlitten hinweggleiten. Und das, obwohl sie alljährlich mit dem weißen, kalten Material in Kontakt treten, das die unabdingbare Voraussetzung ihres Sportes ist (Bild 6.1.). Die Entstehung der Schneedecke, die eine Hochgebirgslandschaft über Nacht in eine Winterlandschaft "verzaubert" (Bild 6.2.), beginnt hoch über uns in der Atmosphäre. Luft kann eine bestimmte Menge an Wasserdampf aufnehmen. Und zwar um so mehr, je wärmer sie ist. Hat die Luft bei einer gewissen Temperatur die maximale Wasserdampfmenge aufgenommen, ist sie gesättigt. Die Luftfeuchtigkeit beträgt nun 100 %. Die dabei herrschende Temperatur nennt man *Taupunkttemperatur.* Kommt es zur Abkühlung dieser Luft, bilden sich Wassertröpfchen. Ist die Lufttemperatur jedoch so tief, daß sich kein Wasser mehr bilden kann, bildet sich aus dem Wasserdampf direkt Eis. Man bezeichnet diesen Prozeß des unmittelbaren Überganges von Wasserdampf zu Eis als *Deposition* (von lateinisch *deponere* = ablegen). Der umgekehrte Vorgang, also der Übergang vom festen Aggregatzustand des Wassers zu Dampf, heißt *Sublimation* (von lateinisch *sublime* = hochstrebend). Bei der Umwandlung von Wasserdampf zu Eis entstehen stets hexagonale, also sechseckige Kristalle in Form von *Sternen*, *Prismen* oder *Säulen*. Auf ihrer Reise zur Erdoberfläche sind die Eiskristalle unterschiedlichsten Bedingungen unterworfen, so daß ihre Formenvielfalt nahezu unendlich erscheint.

Bei äußerst kalter Witterung fällt der Schnee in einzelnen Kristallen zur Erde. Dieser ganz leichte, flaumige Pulverschnee wird in der Schweiz *Wildschnee* genannt. Auch der bei Skifahrern beliebte *Pulverschnee*, ein trockener Lockerschnee, entsteht bei relativ niedrigen Temperaturen und fällt in sehr kleinen Flocken zu Boden. Er läßt sich kaum mit den Händen formen. Bei milden Temperaturen um den Gefrierpunkt hingegen fällt feuchter Neuschnee, auch *Pappschnee* genannt. Einzelne sternförmige Kristalle verhaken sich untereinander und es entstehen große Schneeflocken. Dieser Schnee ist vergleichsweise feucht, schwer und läßt sich leicht ballen. Bei Skifahrern und Skitourengehern ist er unbeliebt, da er Stollen bildet und das Spuren stark erschwert. Weil wärmere Luft mehr Feuchtigkeit aufnehmen kann als kalte, schneit es gerade bei Temperaturen um 0° C am häufigsten.

Auf dem Boden angelangt, bilden Myriaden von Schneeflocken eine Schneedecke, sei es aus Locker- oder aus Pappschnee. Und kaum zur Ruhe gekommen beginnt bereits ihre Umwandlung oder *Metamorphose* (von griechisch *metamorphóo* = umgestalten), die auf zwei Arten erfolgen kann: Als abbauende, destruktive Metamorphose (von lateinisch *destruere* = niederreißen) oder als aufbauende, konstruktive Metamorphose (von lateinisch *construere* = errichten). Im ersten Fall der destruktiven Metamorphose werden die verzweigten Strukturen der Schneeflocken und hexagonalen Schneekristalle durch Schmelzen und Verdunsten abgebaut. Zuvor verzweigte Kristalle erhalten dadurch eine Kornform und die Schneedecke verdichtet sich allmählich. Aus *Neuschnee* wird nach und nach körniger *Altschnee* (s. a. Kap. 8.1). Überdauert die Schneedecke eine Abschmelzperiode, nennt man die Altschneedecke *Firn* (althochdeutsch = alt).

Die Umwandlung der Schneedecke wird durch Schmelzvorgänge beschleunigt. In den gemäßigten Breiten erfolgt sie daher sehr viel schneller als in polaren Regionen. Eine Form der *Schmelzmetamorphose* ist die *Schmelzharschbildung.* Harsch entsteht durch das Aufschmelzen der Schneeoberfläche bei kurzfristiger Sonneneinstrahlung und dem anschließenden Wiedergefrieren. Er kann auf Berg- oder Skitouren sehr ermüdend sein, handelt es sich um dünnen *Bruchharsch*, der einen Menschen nicht tragen kann. Erst wenn sich der Vorgang des Aufschmelzens und Wiedergefrierens öfters wiederholt, wird der Harsch tragfähiger. Eine ganz ähnliche Erscheinung bewirkt das häufig zu beobachtende Phänomen des *Firnspiegels* (Bild 6.3.). Dabei handelt es sich um eine stark reflektierende Schneeoberfläche, die besonders im Spätwinter und Frühjahr bei starker Sonneneinstrahlung auftritt. Das entstandene Schmelzwasser wird teilweise zwischen den gröberen Körnern einer Altschneedecke festgehalten und gefriert bei Sonnenuntergang wieder. Zwischen den Körnern bilden sich dünne Eisscheiben, die zu einer regelrechten Eishaut zusammenwachsen können. Das Sonnenlicht durchdringt diese durchsichtige Haut und führt darunter zum weiteren Schmelzen des Schnees. Folglich bildet sich zwischen Eishaut und darunter liegender Schneedecke ein Hohlraum, während der Firnspiegel selbst stets von unten durch Sublimation erneuert wird. Das anfallende Schmelzwasser versickert und fördert somit die Metamorphose in tieferen Schichten. Auch bei der sehr raschen Metamorphose von Neuschnee bis hin zu Eis durch das Festfahren des Schnees auf der Straße (Bild 6.4.) spielt Schmelzen und Wiedergefrieren eine wichtige Rolle. Bei der konstruktiven Metamorphose kommt es über die Sublimation zu Kristallneubildungen, die in Form von Becherkristallen, Blättchen und anderen Strukturen vorliegen. Eine daraus zusammengesetzte Schneeschicht bezeichnet man als *Schwimmschnee* (S. 162). Wenn auf stark unterkühlten Schneeflächen feuchte Luft zu Reif gefriert, entsteht *Oberflächenreif* (Bild 6.7.). Auch er ist bei Skifahrern recht beliebt. Der Bergsteiger und Hochtourengeher kennt den Oberflächenreif, der häufig in bizarren Formen die Felsen oder das Gipfelkreuz schmückt.

Schneetreiben ist prinzipiell vom Schneefall zu unterscheiden. Denn dabei wird bereits gefallener Schnee durch den Wind verfrachtet. An Felsgraten enstehen durch Schneeverfrachtung die formschönen aber für den unachtsamen Bergsteiger gefährlichen *Wächten* (Bild 6.5.), werden sie zu weit außen betreten. Schneetreiben führt zur ungleichmäßigen Verteilung der Schneedecke, so daß es in der Landschaft während der Schneeschmelze im Frühjahr zu einem lokal sehr unterschiedlichen Schmelzwasserangebot kommt. Das Zusammenwirken von Schneefall und Schneetreiben nennt man *Schneegestöber*, das eine Beschleunigung der Metamorphose bewirkt, denn starke Luftbewegung führt zum Zerbrechen der aneinander stoßenden filigranen Schneekristalle. Hinzu tritt die Windpressung der Schneedecke, was eine raschere Verdichtung zur Folge hat. So ist windtransportierter Pulverschnee nicht mehr locker, sondern gebunden und kann am Steilhang gefährliche Schneebretter (S. 163) aus Triebschnee bilden. Wind gestaltet aber auch die Schneeoberfläche, indem er widerstandsfähigere Schichten selektiv herauspräpariert oder Schnee zu mannigfachen Formen verweht und zusammenpreßt (Bild 6.6.).

Bild 6.1. Schnee und Wintersport

Pulverschnee, ein Wort, das die Herzen der Skifahrer höher schlagen läßt. Das Gegenteil: Pappschnee. Dieser Schnee ist vor allem bei Skitourengehern unbeliebt, da er Stollen bildet und das Spuren stark erschwert. Dies sind nur zwei Beispiele für die zahlreichen Varianten, in denen Schnee in Erscheinung treten und das Vergnügen am Wintersport beeinflussen kann. Der Pulverschnee ist ein trockener Lockerschnee, der bei relativ niedrigen Temperaturen entsteht. Er fällt in sehr kleinen Flocken zu Boden und läßt sich kaum mit den Händen formen. Bei milden Temperaturen um den Gefrierpunkt hingegen fällt feuchter Neuschnee, der Pappschnee. Einzelne Eiskristalle verhaken sich untereinander und bilden große Schneeflocken, die sich leicht zusammenballen lassen. Auf den Pisten möchte der verwöhnte Winterurlauber aber nur wenig Pulverschnee, denn er beherrscht ihn in der Regel nicht und Pulverschnee läßt sich nur schwer von Pistenraupen planieren. Hier greift man zur Chemie, zu Ammoniumsulfat und anderen Schneefestigern, die allerdings oft schwerwiegende ökologische Folgen nach sich ziehen. Fällt überhaupt kein Schnee, hilft die Technik nach, um den Wintersport zu ermöglichen. Man erzeugt Kunstschnee mit Hilfe von Schneekanonen. Der künstlich erzeugte Schnee ist jedoch häufig feuchter und härter als der natürliche Schnee und beeinträchtigt somit die ohnehin schon geschundene Vegetation im Pistenbereich, z. B. durch längere Schneebedeckung. Allerdings kann diese energiefressende Methode der Schneerzeugung in gewissem Maße auch Schäden durch Skikantenschurf bei nur geringer Schneebedeckung vorbeugen, denn völlig einstellen läßt sich der Skibetrieb zumeist nicht.

Bild 6.2. Winterlandschaft

Schnee - damit verbinden wir die verschiedensten Dinge. Und nicht zuletzt den Gedanken an die weiße Winterlandschaft des Hochgebirges. Für die einen bedeutet das Spaß beim Skilaufen oder Schlittenfahren und Erholung beim Spaziergang im tief verschneiten Wald. Für andere hingegen wird die Winterlandschaft zur harten Arbeit, denken wir an die Mitarbeiter der Rettungs- und Räumdienste oder die Angehörigen der Bergwacht. Die verschneite Landschaft bedeutet aber auch Schutz vor klirrender Kälte, die z. B. vielen Pflanzen ohne Schneedecke zum Verhängnis werden würde.

Bild 6.1. Schnee und Wintersport (Wildlahnerscharte, Zillertaler Alpen, Österreich)

Bild 6.2. Winterlandschaft (Kaisertal, Wilder Kaiser, Österreich)

Bild 6.3. Firnspiegel

Als Firnspiegel wird die stark reflektierende, im Sonnenlicht mitunter fast metallisch anmutende Oberfläche einer Altschneedecke (S. 150) bezeichnet. Die zunehmende Sonneneinstrahlung im Frühjahr führt zum Schmelzen der oberflächennahen Bereiche der Schneedecke. Das anfallende Schmelzwasser sickert zum Teil nach unten in tiefere Zonen der Schneedecke, wird zum Teil aber zwischen den gröberen Körnern der Schneedecke kapillar festgehalten. In der Nacht gefriert das festgehaltene Schmelzwasser wieder zu Eis. Nun bilden sich dünne Eisscheiben zwischen den gröberen Körnern, die allmählich zu einer durchgehenden Eishaut zusammenwachsen. An ihr wird das Sonnenlicht, gleich einem Spiegel, in auffälliger und faszinierender Weise reflektiert.

Bild 6.4. Metamorphose

Kaum hat sich eine Neuschneedecke gebildet, beginnt schon ihre Umwandlung oder Metamorphose (von griechisch *metamorphóo* = umgestalten). Im Fall der abbauenden, destruktiven Metamorphose werden die verzweigten Strukturen der Schneeflocken und Schneekristalle durch die Prozesse des Schmelzens und Verdunstens abgebaut. Ehemals verzweigte Kristalle erhalten nun eine Kornform und die Schneedecke verdichtet sich allmählich. Aus Neuschnee wird nach und nach körniger Altschnee (vgl. Kap. 8.1). Überdauert die Schneedecke eine Abschmelzperiode, nennt man sie Firn (althochdeutsch = alt). Letztendlich entsteht oberhalb der klimatischen Schneegrenze (S. 159) aus Firn das Gletschereis. Die Umwandlung einer Schneedecke wird insbesondere durch die Schmelzvorgänge oder die Schmelzmetamorphose beschleunigt. Eine Form der Schmelzmetamorphose ist z. B. die Schmelzharschbildung (S. 151) bei Sonneneinstrahlung. Aber auch durch Druck finden Veränderungen des Schnees bis hin zum Eis statt. Man spricht dann von der Druckmetamorphose, die ebenfalls Schmelzprozesse impliziert, aber auch Verschiebungen und Veränderungen in der Kristallstruktur bewirkt (s. Kap. 8.1). Sehr rasch erfolgt der Übergang von Neuschnee zu Eis auf einer Straße. Der Schnee wird festgefahren und die fortgesetzte Belastung des komprimierten Schnees durch Fahrzeuge bewirkt eine Druckmetamorphose, die schließlich zu einem spiegelglatten Fahrbahnbelag aus Eis führt. Das kennen wir auch von der Schlitterbahn aus unserer Jugend, die immer eisiger wurde - und natürlich werden sollte -, je öfter man über den festgetretenen Schnee rutschte.

Bild 6.3. Firnspiegel (Venedigergruppe, Hohe Tauern, Österreich)

Bild 6.4. Metamorphose (Naviser Tal, Zillertaler Alpen, Österreich)

Bild 6.5. Wächte

Als Wächte bezeichnet man tiefe Schneeablagerungen, die an Fels- und Firngraten im Lee, also auf der windabgewandten Seite angeweht werden. Aber die Windrichtung ist nicht allein entscheidend dafür, wo die Wächten entstehen, denn Wächten wachsen stets über die steilere Seite eines Grates nach außen. Daher kann es vorkommen, daß es an einem Gratverlauf zur wechselseitigen oder lokal ausbleibenden Überwächtung kommt. Die manchmal meterweit überhängenden, labilen Schneemassen können durch ihren Abbruch auch zur Lawinenentstehung beitragen. Vor allem sind sie jedoch bei Bergsteigern gefürchtet, denn die Wächten täuschen Verebnungen und somit nicht vorhandene Formen des Felsuntergrundes vor. Es ist meist leichter, aber um ein Vielfaches gefährlicher, im Wächtenbereich aufzusteigen, als im steilen Hang seine Spur zu ziehen. Der arglose, unerfahrende oder kopflos auf sein Glück vertrauende Hochtourengeher ist aber allzu oft dazu verleitet, seine Spur viel bequemer auf der Wächte, als am wesentlich ungefährlicheren Steilhang anzulegen, was schon häufig die Ursache für schwere Bergunfälle war.

Bild 6.6. Schneeverwehungen

Hohe Windgeschwindigkeiten bewirken die Verwehung der Schneeoberfläche. Dabei wird die Schneeoberfläche verformt, indem sie gepreßt oder ausgeblasen wird. Widerstandsfähigere Schichten werden mitunter regelrecht herauspräpariert. Die entstehenden Vollformen sind stets parallel zur vorherrschenden Windrichtung ausgerichtet. Auf der Aufnahme sind plattige Formen zu erkennen, die aus der selektiven Zerstörung und Verwehung der Schneedecke durch starken Wind resultieren und eine ältere Skispur überlagern.

Bild 6.5. Wächte (Breithorn, Walliser Alpen, Schweiz)

Bild 6.6. Schneeverwehungen (Golfen, Deferegger Alpen, Südtirol/Italien)

Bild 6.7. Oberflächenreif (Illiniza Norte, Westkordillere, Ecuador)

Trifft feuchte Luft auf stark unterkühlte Schneeflächen, gefriert sie zu Reif, zu Oberflächenreif. Er ist bei Skifahrern recht beliebt. Aber auch an anderen unterkühlten Flächen bildet sich Oberflächenreif. Diese Flächen können Bäume, Felsen oder z. B. Gipfelkreuze sein. Im Gegensatz zum Tiefenreif, wie dem Schwimmschnee (S. 162), bilden sich beim Oberflächenreif keine becherförmigen Eiskristalle, sondern flächige Strukturen in Form von Fazetten. Auf dem Foto ist Oberflächenreif erkennbar, der sich an den unterkühlten, vulkanischen Felsoberflächen des 5116 m hohen Illiniza Norte in der Westkordillere Ecuadors zu bizarren Strukturen entwickelt hat.

6.2
Die Schneegrenze

Als *Schneegrenze* wird die zumeist unscharf ausgebildete Linie bezeichnet, bis zu der herab im Hochgebirge die Schneedecke reicht. Die Höhenlage einer Schneegrenze variiert in Abhängigkeit vom Klima, den jahreszeitlichen Temperaturschwankungen und den lokalen Reliefbedingungen. So steigt die Schneegrenze vom Winter bis zum Sommer in den Hochgebirgen der gemäßigten Breiten allmählich höher, bis sie in Regionen gelangt, wo der Schnee das ganze Jahr über nicht mehr taut. Hierbei vollzieht sich der Abstieg der Schneegrenze bedeutend schneller als der Anstieg, denn für den Abbau der Schneedecke sind erheblich größere Energiemengen erforderlich. Aber auch im Hochsommer, viele Urlauber kennen das aus den Alpen, kann die Schneegrenze bei plötzlichem Temperatursturz weit herab, mitunter bis in die Tallagen reichen und grüne Wiesen mit Neuschnee überziehen (Bild 6.9.). Man nennt diese stark im Jahresverlauf schwankende Schneegrenze auch *temporäre Schneegrenze* (Bild 6.8.), also zeitweilige Schneegrenze.

Die höchste Lage der temporären Schneegrenze ist die *orographische Schneegrenze* (von griechisch *óros* = Berg und *grápho* = schreiben). Damit ist eine gedachte Linie gemeint, welche die am tiefsten liegenden Schnee- und Firnflecken, die eine Abschmelzperiode als perennierende Schnee- und Firnflecken überdauern, miteinander verbindet. Diese, auch als *lokale Schneegrenze* bezeichnete Linie, läßt sich gut am Ende des Sommers oder einer Trockenzeit im Gelände beobachten. Dabei wird deutlich wie stark diese Schneegrenze vom Relief abhängig ist, da sie in Schattlagen und Nordexpositionen wesentlich tiefer reicht als auf Südhängen mit hoher Sonneneinstrahlung.

Besondere Bedeutung kommt der Schneegrenze hinsichtlich der Vergletscherung eines Gebirges zu. Und zwar deshalb, weil nur dann die Bildung von Gletschereis erfolgt, wenn Schnee in einem Höhenbereich fällt, wo er nicht mehr abschmilzt (s. a. Kap. 8.1). Diese Dauerschneegrenze ist die *klimatische Schneegrenze*, deren Höhenlage für jede Gebirgsregion rechnerisch anhand der mittleren Jahrestemperatur, der mittleren jährlichen Niederschlagsmenge und der Zahl der Tage mit Schneebedeckung ermittelt werden kann. Man verwendet für die klimatische Schneegrenze auch den Begriff *Niveau 365*, der als Untergrenze dauernder Schneebedeckung auf horizontaler, eisfreier Unterlage über mindestens 365 Tage definiert ist.

Die klimatische Schneegrenze, im Folgenden kurz Schneegrenze genannt, markiert den Übergang von der periglazialen Höhenstufe zur Gletscherhöhenstufe (Kap. 1.5). Auf den Gletschern selbst verläuft die Schneegrenze zwischen Nähr- und Zehrgebiet und wird dort als Firnlinie bezeichnet (Kap. 8.2). Da jedoch Gletscher ihr eigenes Klima schaffen, was auf die Abkühlung durch die Eismassen zurückzuführen ist, liegt die Firnlinie deutlich tiefer als die Schneegrenze der unvergletscherten Felsareale in unmittelbarer Nachbarschaft. Die Differenz beträgt z. B. in den Alpen etwa 200-300 m, im anatolischen Taurus-Gebirge 500 m und im Kaukasus 800 m. In einigen wenigen Gebieten der Erde, so z. B. am Mount Everest, finden wir sogar eine Obergrenze der Schneegrenze, d. h. einen Höhenbereich, in dem sich keine geschlossene Schneedecke mehr bildet. Dort ist es zu kalt, um haftfähigen Schnee zu bilden. Schneeansammlungen erfolgen dort nur in windgeschützten Rinnen oder Runsen im Fels.

Die Klimaabhängigkeit der Schneegrenze mögen folgende Zahlen verdeutlichen: An den Polen liegt sie in Meeresniveau, auf Spitzbergen erreicht sie bereits eine Höhe von 300 m. In den nördlichen Kalkalpen liegt sie bei etwa 2600 m und steigt in den Zentralalpen auf rund 3000-3200 m an. In Hochgebirgen mit hoher Trockenheit finden sich sehr hochliegende Schneegrenzen, die im Pamir und Hindukusch beispielsweise bei 5000 m liegen. Im subtropischen Tibet und in den Anden steigt die Schneegrenze sogar auf über 6000 m an, während sie in den inneren Tropen wieder auf Höhen zwischen 4000 m und 5000 m absinkt.

Die Schneegrenze ist keine feste Grenze, da sie jährlichen Schwankungen unterliegt. Kühle Sommer und schneereiche Winter lassen die Schneegrenze absinken. Umgekehrt heben schneearme Winter und warme Sommer die Schneegrenze an. Sie unterliegt aber auch langfristigen Veränderungen in Form von Klimaschwankungen. Die Beobachtung von Schneegrenzenveränderungen über längere Zeiträume kann daher auch Hinweise auf mögliche Klimaveränderungen liefern.

Bild 6.8. Temporäre Schneegrenze

Die Schneegrenze steigt in vielen Hochgebirgen der nördlichen und südlichen Hemisphäre vom Winter bis zum Sommer allmählich höher. Bei einem plötzlichem Temperatursturz kann die Schneegrenze auch im Hochsommer, wie auf dem Bild erkennbar, weit herab, mitunter sogar bis in die Tallagen reichen. Diese stark im Jahresverlauf schwankende Schneegrenze wird als temporäre, also zeitweilige Schneegrenze, bezeichnet. Die höchste Lage der temporären Schneegrenze nennt man orographische (von griechisch *óros* = Berg und *grápho* = schreiben) oder lokale Schneegrenze. Sie stellt eine gedachte Linie dar, die die am tiefsten liegenden perennierenden Schnee- und Firnflecken miteinander verbindet. Demgegenüber steht die klimatische Schneegrenze, über welcher der Schnee als geschlossene Schneedecke langfristig nicht mehr abschmilzt.

Bild 6.9. Neuschnee im Sommer (Melag, Ötztaler Alpen, Südtirol/Italien)

Die klimatische Schneegrenze markiert die Linie, oberhalb derer Schnee langfristig nicht mehr abschmilzt. Sie unterliegt, wie auch die Gletscher, jährlichen und langfristigen Schwankungen durch Klimaänderungen. Hingegen kann die temporäre oder zeitweilige Schneegrenze witterungsbedingt auch im Hochsommer bei Kälteeinbrüchen bis in die Tallagen reichen. Grüne Wiesen und Weiden sind dann vom Neuschnee gepudert.

6.3
Lawinen

Lawinen entstehen durch den plötzlichen, ruckartigen Abgang von größeren Schneemassen am Steilhang. Auf einer mehr oder weniger geneigten Unterlage setzt sich eine Schneedecke bei ihrer Umwandlung von Neu- zu Altschnee (Kap. 6.1) nicht nur lotrecht, sie kriecht auch ganz langsam hangabwärts. Durch den Wechsel von konkaven und konvexen Hangabschnitten oder durch andere Geländeunebenheiten werden Druck- und Zugspannungen innerhalb der Schneedecke wirksam. Zudem kriechen die einzelnen Schichten, welche die Schneedecke aufbauen, unterschiedlich schnell. Zwischen den Schneeschichten treten somit ebenfalls Spannungen auf. Die Stabilität eines schneebedeckten Hanges hängt nun vom Verhältnis der auftretenden Spannungen zur jeweiligen Festigkeit ab. Die Festigkeit zwischen zwei Schneeschichten, die für die Entstehung von *Schnee-brettlawinen* (Bild 6.10.) entscheidend ist, nennt man Scherfestigkeit. Sie beruht auf Kohäsion zwischen den Schneekörnern und auf Reibung. Hinzu kommt der senkrechte Auflagedruck auf den Hang, der mit steigendem Neigungswinkel einer Böschung abnimmt. Daraus ergibt sich eine zunehmende Lawinengefahr mit steigender Hangneigung bei gleichzeitig anwachsender Schneedecke. Denn dann nimmt die Scherspannung als gewichtsabhängige und abschiebende Größe zwischen zwei Schneeschichten zu.

Besonders gefährlich wird es, wenn innerhalb einer Schneedecke *schwache Zwischenschichten* auftreten, die millimeterdünn sein können. Sie können aus *Schwimmschnee* oder eingeschneitem Oberflächenreif bestehen und heben die Scherfestigkeit in der Schneedecke praktisch wie ein Kugellager auf. Eine Schneeschicht über einer schwachen Schicht wird dann nur noch von der Zug- und Druckfestigkeit an ihrem oberen und unteren Ende gehalten. Damit aber eine Schneedecke spontan durch ihr Eigengewicht als Lawine abgeht, müßten über einer solchen schwachen Schicht rund 10 m Schnee liegen. Und dies ist in der Natur relativ unwahrscheinlich. Innerhalb einer schwachen Schicht kommen jedoch besonders schwache Stellen vor. Man nennt sie *Weak Spots*.

Weak Spots oder sogenannte Superschwachzonen, stellen innerhalb einer schwachen Schicht Bereiche dar, die im Prinzip überhaupt keine Kräfte mehr weiterleiten. In diesen Bereichen entstehen rund ein bis zwei Meter lange Initialbrüche. Ein einzelner Bruch ist für sich genommen jedoch relativ harmlos. Gefährlich wird es aber, wenn sie bei zusätzlicher Belastung länger werden oder wenn sich mehrere Brüche treffen. Dies kann eintreten wenn, sich das Gewicht der Schneedecke durch weitere Schneefälle erhöht. Aus vielen kleinen Rissen entsteht dann ein primärer Scherriß, und entlang der vorgeformten Gleitfläche aus Schwimmschnee wird spontan eine Schneebrettlawine ausgelößt. Belastungen der Schneedecke durch Skifahrer oder Erschütterungen können in dieser Situation ebenfalls einen Scherriß und damit eine Schneebrettlawine auslösen. Daher bilden aufgegrabene Schneeprofile eine wesentliche Basis für die Beurteilung der Lawinengefahr.

Bei Schneebrettlawinen ist eine gewisse Festigkeit im Schneeverband Voraussetzung, um auftretende Spannungen großflächig übertragen zu können. Der

Schnee setzt sich dann nahezu gleichzeitig über die gesamte Breite des Anrisses in Bewegung und zerbricht dabei in einzelne Schollen. Die Geschwindigkeiten von Schneebrettern liegen bei 50 km/h und mehr. Sie sind von Skifahrern besonders gefürchtet. Rund 90 % der Lawinenunglücke werden von diesem Lawinentyp verursacht. Innerhalb weniger Sekunden rutscht durch Belastungszunahme oder durch Abnahme der Festigkeit eine ganze Schneeschicht ab. Ein Entkommen ist für den Skifahrer kaum möglich. Die richtige Routenwahl im lawinenverdächtigen Gelände verdient daher besondere Aufmerksamkeit.

Im Gegensatz zu Schneebrettlawinen haben *Lockerschneelawinen* (Bild 6.11.) einen punktförmigen Anriß. Durch eine Gefügestörung geht der labile innere Zusammenhalt einer größeren Ansammlung locker gelagerten Schnees schnell verloren. Teilchen stößt an Teilchen, und an Masse zunehmend entsteht eine Lawine mit charakteristischer Birnenform. Fließende Lockerschneelawinen erreichen meist Geschwindigkeiten von bis zu 100 km/h.

Glatte Hänge wie Plattenschüsse, Hänge mit langhalmigen Gräsern und belaubter Boden in lichtem Wald sind ideale Bewegungsflächen für die Schneedecke. Bereits geringe Störungen können hier den Abgang einer Schneebrettlawine auslösen. Auf den Windschattenseiten von Bergkämmen kann es unterhalb von Schneewächten zu Triebschneeablagerungen kommen. Windgepackter Triebschnee ist fest gebunden und daher der ideale Ausgangsort für Schneebretter. Die größte Lawinengefahr liegt bei einer Hangneigung zwischen 28° und 45°. In flacheren Hangpartien kann der Schnee nicht in gefährliche Bewegungen geraten. Eine seltene Ausnahme besteht bei extremem Schneedeckenaufbau mit großen Mengen an Schwimmschnee. Dann können Schneebrettlawinen schon bei 10° Neigung auftreten. An Wänden mit 50°-60° Neigung bleibt Schnee nur in geringem Umfang liegen, so daß dort die Lawinengefahr wieder geringer wird.

Bei Lockerschneelawinen liegt die minimale Hangneigung, die zu ihrer Auslösung notwendig ist, bei etwa 35°. Besonders häufig treten sie bei Hangneigungen von über 40° auf. Nicht selten wird der Einfluß der Vegetation im Zusammenhang mit der Entstehung von Lawinen unterschätzt. Denn Kleinsträucher wie Alpenrosen, die häufig ganze Hänge bedecken, aber auch Erlen und Latschen begünstigen die Schwimmschneebildung.

Wenn im Hochgebirge sehr viel Neuschnee fällt, besteht in der Regel höchste *Lawinengefahr*. Kritisch ist dabei immer der erste schöne Tag im Anschluß an eine Schlechtwetterperiode. Wenn es während der Schneefälle windig ist, werden die Schneemassen aufgewirbelt und im Lee, also in Windschattenbereichen der Steilhänge abgelagert. Es entstehen gefährliche Triebschneeablagerungen, die häufig durch darüber befindliche Wächten (S. 151) am Berggrat zu erkennen sind. Schon 10-20 cm Neuschnee in einer Zeitspanne von drei bis vier Tagen können zu einem starken Anstieg der Lawinengefahr führen. Anhaltend tiefe Temperaturen nach Neuschneefällen können die Lawinengefahr lange Zeit aufrechterhalten, weil dadurch eine ausreichende Verfestigung der Schneedecke verzögert wird. Im Frühjahr erhöht sich die Lawinengefahr mit zunehmender Sonneneinstrahlung. Der Schnee wird dann schwer und naß.

Nach der Form des Anrisses werden Schneebrettlawinen und Lockerschneelawinen unterschieden. Schneebrettlawinen brechen entlang einer scharfen Linie ab und bewegen sich auf einer vorgeformten Gleitfläche, die aus einer schwachen Schneeschicht wie Schwimmschnee oder eingeschneitem Oberflächenreif gebildet wird. Auch die Bodenoberfläche kann als Gleitbahn dienen. Lockerschneelawinen beginnen, anders als die Schneebrettlawinen, punktförmig in größeren Ansammlungen von locker gelagerten Schneemassen.

Bei der Bewegungsform unterscheidet man *Fließlawinen* und *Staublawinen*. Letztere sind im Grunde genommen Sonderformen der Lockerschneelawinen. Sie stürzen mit mehr als 350 km/h talwärts. Fließlawinen erreichen dagegen nur Höchstgeschwindigkeiten von bis zu 100 km/h. Staublawinen können durch die erzeugten Druckwellen katastrophale Schäden hervorrufen, da sie mitunter bis in besiedelte Bereiche vordringen. Lichte Wälder werden beim Abgang solcher Lawinen regelrecht umgemäht, Dächer abgerissen und Fenster eingedrückt. Geraten Menschen in eine Staublawine, sterben sie oft dadurch, daß ihnen das Schnee-Luft-Gemisch mit Druck in die Lungen gepreßt wird. Durch Luftturbulenzen an der Front der Lawine wird Schnee verwirbelt und regelrecht zu Pulver zerstäubt. Es kommt in der Folge zu immer mehr Turbulenzen, die noch mehr Schnee in die aufgewirbelte Schneewolke hineinziehen. In einer Art Kettenreaktion wird die Staublawine immer größer und schneller. Infolge des raschen Abgangs einer Staublawine wird die Luft vor ihr komprimiert. Das führt zur Ausbildung von sogenannten Verdichtungswellen. Sie eilen der Lawine voraus und können Fenster und Türen eines Gebäudes schlagartig eindrücken. Noch größer ist der Druck des Luft-Schneegemisches, der bis zu 7 t pro Quadratmeter betragen kann.

Durch die unterschiedliche Tiefenlage ihrer Gleitflächen unterscheidet man zwischen *Oberlawinen* und *Grundlawinen*. Oberlawinen haben Gleitflächen innerhalb der Schneedecke, die durch unterschiedlich aufgebaute Schneeschichten bedingt sind. Grundlawinen gleiten entlang der Geländeoberfläche ab. Vor allem dann, wenn sich langhalmige, teppichartig umgebogene Gräser unter der Schneedecke befinden. Vielfach sind die Grundlawinen für umfangreiche Schädigungen an Boden und Vegetation verantwortlich.

Eine weiteres Kriterium zur Klassifikation von Lawinen ist die Form ihrer Bahn. Es gibt *flächenhafte* und *runsenförmige*, also kanalisierte Lawinenbahnen. Die flächigen Bahnen von Schneebrettlawinen können bisweilen ganze Bergflanken umfassen. Kanalisierte Lawinen bewegen sich in *Tobeln*, *Runsen* und *Gräben* (Kap. 7.1), die der Skifahrer und Bergsteiger durchaus meiden und umgehen kann.

Je nach der Feuchtigkeit des als Lawine abgehenden Schnees unterscheidet man *Trockenschneelawinen* und *Naßschneelawinen*. Nach der Länge einer Lawinenbahn werden die gewaltigen *Tallawinen* und *Hanglawinen*, die unmittelbar am Hangfuß zum Stillstand kommen, unterschieden. Werden Skifahrer oder Alpinisten von Lawinen erfaßt, so spricht man von *Touristen-* oder *Skifahrerlawinen*. Kommt es zu Schäden an Gebäuden oder Verkehrswegen in den Tallagen nennt man die entsprechende Lawine *Katastrophen-* oder *Schadenlawine* (Bild 6.12.).

Letztendlich bleibt als Kriterium zur Klassifikation von Lawinen noch die Art des abbrechenden Materials. Ist es ausschließlich Schnee bezeichnet man die Lawine als *Schneelawine*. Gletschereis, das sich unmittelbar nach einem Eissturz oder einem Gletscherabbruch auf seiner Talfahrt völlig in Bruchstücke auflöst (Bild 6.14.), wird als *Eislawine* (Bild 6.13.) bezeichnet. Eislawinen oder *Eisstürze* haben im Laufe der Geschichte schon mehrfach zu ungeheuren Katastrophen geführt. Verheerende Auswirkungen hatte im Jahre 1965 der Eissturz des Allalingletschers im Schweizer Kanton Wallis. Zahlreiche Menschen kamen dabei ums

Leben, als die Gletscherzunge abriß und eine Baustelle verschüttete. Zwei der größten Gletscherkatastrophen der Menschheitsgeschichte ereigneten sich in den Jahren 1962 und 1970 am über 6000 m hohen Nevado Huascaran in der Cordillera Blanca Perus. Durch die herabstürzenden Massen aus Eis, Schnee, Fels und Schlamm wurden zwei Städte völlig verwüstet. Der Zeitpunkt eines Eissturzes läßt sich zwar nur schwer vorhersagen, es gibt aber charakteristische Reliefmerkmale, die Hinweise auf potentielle Gefahren durch Eislawinen oder Eisstürze geben können. Hierzu gehören Hängegletscher (Kap. 8.5) mit großer Eismächtigkeit auf sehr stark geneigter Felsunterlage oder plötzliche Geländeversteilungen im Bereich einer Gletscherzunge auf Neigungen von mehr als 30° sowie Zungenenden, die über steilen Karschwellen (Kap. 9.1) oder Talstufen hängen. Häufig treten Eislawinen im Sommer während der stärksten Gletscherschmelze auf. Durch den erhöhten Schmelzwasseranfall vergrößert sich die Fließgeschwindigkeit eines Gletschers durch Gleiten an seiner Basis, ein Prozeß, der durch starke Regenfälle verstärkt werden kann. Beim unheilvollen Zusammenspiel von Reliefverhältnissen und Witterung kommt es dann im schlimmsten Fall zu Abbrüchen von bis zu mehreren Millionen m³ Eis in wenigen Sekunden.

Schutzwälder (Bild 6.15.) stabilisieren die Schneedecke und verhindern ihr Abgleiten weitgehend. Sie bremsen oberhalb von ihnen abgegangene Lawinen und bringen die Schneemassen zum Stehen, ehe sie größeren Schaden anrichten können. Dieser Schutz ist aber oft nicht mehr vorhanden. In vielen Hochgebirgen hat der Mensch durch Kahlschläge die Lawinengefahr über Jahrhunderte verstärkt. Zum Schutz von Siedlungen und Verkehrswegen mußte man daher zu Lawinenverbauungen (Bild 6.16.) greifen. Ende des 19. Jahrhunderts wurden Lawinenverbauungen noch aus Rundhölzern errichtet. Heute sollen Stützwerke aus Metall und Beton aber auch Schneenetze die Entstehung von Lawinen, die Siedlungen und Verkehrswege gefährden können, verhindern. Meist sind solche Maßnahmen, die ein Abbrechen von Lawinen völlig unterbinden, aber zu teuer und daher unwirtschaftlich. So kann eine entstandene Lawine auch mit einfachen Auffangdämmen oder Bremshöckern verzögert und sogar gestoppt werden. Leitdämme lenken gefährliche Schneemassen in Bereiche um, in denen sie schließlich keinen Schaden mehr anrichten können. Straßen und Eisenbahnstrecken können durch die Errichtung von Lawinengalerien gut geschützt werden. Die Lawinen fließen dann einfach, ohne Zerstörungen zu verursachen und Menschen zu gefährden, über die Verkehrswege hinweg. Schließlich können die Mauern von Häusern derart verstärkt werden, daß sie auch größeren Lawinen standhalten. Untersuchungen des international renommierten Eidgenössischen Institutes für Schnee und Lawinenforschung am Weissfluhjoch oberhalb von Davos haben gezeigt, daß der Nutzen von Lawinenschutzprojekten um ein Vielfaches höher liegt, als der dafür notwendige finanzielle Aufwand. Nicht nur großflächige Kahlschläge und andere Sünden des Menschen, sondern auch die Erschließung von lawinengefährdeten Bereichen mit Siedlungen und Verkehrswegen machen die technischen Maßnahmen notwendig, auch wenn sie das Landschaftsbild nicht gerade bereichern.

Bild 6.10. Schneebrettlawinen

Schneebrettlawinen reißen entlang einer scharfen Linie ab und bewegen sich auf einer vorgeformten Gleitfläche, die aus einer schwachen Schneeschicht gebildet wird. Das kann eine
millimeterdünne Schicht aus Schwimmschnee (S. 162) oder aus eingeschneitem Oberflächenreif
sein. Auch die grasbewachsene Bodenoberfläche kann als Gleitbahn für Schneebretter dienen.
Die Festigkeit zwischen zwei Schneeschichten, die darüber entscheidet, ob eine Schneebrettlawine abbricht, nennt man Scherfestigkeit. Sie beruht auf Kohäsion zwischen den einzelnen Schneekörnern und auf der Reibung zwischen ihnen. Hinzu kommt der senkrechte Auflagedruck auf den Hang, der mit steigendem Neigungswinkel abnimmt. Daraus ergibt sich eine
zunehmende Lawinengefahr mit steigender Hangneigung bei zugleich anwachsender Schneedecke, da dann die Scherspannung als gewichtsabhängige und abschiebende Größe zwischen
zwei Schneeschichten zunimmt. Bei Schneebrettlawinen ist eine gewisse Festigkeit im oberflächennahen Schneeverband Voraussetzung, um Spannungen großflächig übertragen zu können.
Der Schnee setzt sich dann beim Abbruch nahezu gleichzeitig über die gesamte Breite des
Anrisses in Bewegung und zerfällt dabei in einzelne Schollen. Das Bild zeigt den Abgang mehrerer kleiner Schneebretter in der Südwestflanke des 3925 m hohen Ulrichshorns in den Walliser
Alpen.

Bild 6.11. Lockerschneelawine

Im Falle einer Schneebrettlawine rutscht innerhalb weniger Sekunden eine ganze Schneeschicht
durch Belastungszunahme oder durch Abnahme der Scherfestigkeit ab. Lockerschneelawinen
hingegen beginnen punktförmig in größeren Ansammlungen von locker gelagerten Schneemassen. Durch eine Gefügestörung geht der labile innere Zusammenhalt locker gelagerter
Schneemassen schnell verloren. An Masse rasch zunehmend entsteht eine Lawine mit charakteristischer Birnenform. Fließende Lockerschneelawinen erreichen häufig Geschwindigkeiten von
bis zu 100 km/h. Die abgebildete Lockerschneelawine ist beim ersten Blick mit einem Wasserfall zu verwechseln, da sie in einer runsenförmigen Vertiefung kanalisiert über einen steilen
Felsabbruch fließt.

Bild 6.10. Schneebrettlawinen (Ulrichshorn, Walliser Alpen, Schweiz)

Bild 6.11. Lockerschneelawine (Dhaulagiri-Gebiet, Dhaulagiri Himal, Nepal)

Bild 6.12. Katastrophenlawine

Gewaltige Lockerschnee- oder Staublawinen (S. 163) gelangen mitunter bis in die besiedelten Tallagen. Kommt es bei einem Lawinenabgang zu Personenschäden oder Schäden an Gebäuden, Wäldern und Verkehrswegen, nennt man die entsprechende Lawine Katastrophen- oder Schadenlawine. Die abgebildete Lawine stieß bis in das Almgelände der Pletzachalm nahe des Achensees im Karwendelgebirge vor. Zu Schaden kamen dabei zum Glück nur die Bäume des von der Lawine überfahrenen Waldstückes. Im Februar 1999 führten gewaltige Schneemengen und stürmisches Wetter zum Abgang von verheerenden Katastrophenlawinen im Schweizer Kanton Wallis und im Tiroler Paznauntal. Zahlreiche Todesopfer unter den Einheimischen und Touristen waren in den Ortschaften Evoléne und Galtür zu beklagen. Die nach den heftigen Lawinenabgängen im eingeschlossenen Galtür verbliebenen Menschen wurden mit einer Hubschrauber-Luftbrücke versorgt, und man begann Einheimische und Touristen zu evakuieren. Es war die schwerste Katastrophe, die das österreichische Bundesland Tirol seit dem 2. Weltkrieg erlebt hat. Die schwerste Lawinenkatastrophe der Nachkriegszeit in den Alpen ereignete sich bei Garmisch-Partenkirchen im Jahre 1965. Damals kamen 100 Menschen ums Leben, als eine ungeheure Lockerschneelawine ein Hotel völlig verschüttete.

Bild 6.13. Eislawine

Eislawinen werden durch mehr oder weniger große Eisstücke, die als Eissturz vom Gletscher abbrechen, ausgelöst. Größere Eislawinen haben mitunter verheerende Auswirkungen. Im Jahr 1965 führte eine Eislawine am schweizer Allalingletscher zur Verschüttung einer Baustelle. Zwei der größten Gletscherkatastrophen der Menschheitsgeschichte ereigneten sich in den Jahren 1962 und 1970 am mehr als 6000 m hohen Nevado Huascaran in Peru (S. 165). Am Morgen des 11. Septembers 1895 löste sich an der 3629 m hohen Altels im Berner Oberland ein 40 m mächtiges Stück des Gletschers mit einem Volumen von 4,5 Millionen m^3. Mehrere Almen wurden von den herabstürzenden Eismassen überschüttet, die noch am gegenüberliegenden 2361 m hohen Gellihorn-Grat hoch hinauf brandeten. Durch die erzeugte Druckwelle wurden 10 Hektar Wald durch Windwurf vernichtet. Schon im Jahre 1782 hatte sich ein vergleichbarer Gletschersturz ereignet. Als Geisel Gottes wurde der Bisgletscher oberhalb der Ortschaft Randa im schweizer Kanton Wallis bezeichnet. In den Jahren 1637, 1720, 1735, 1737, 1819, 1857 und 1937 stürzten größere Eislawinen nach Randa hinunter und lösten veheerende Katastrophen aus (s. a. Kap. 8.5).

Bild 6.12. Katastrophenlawine (Pletzachalm, Karwendelgebirge, Österreich)

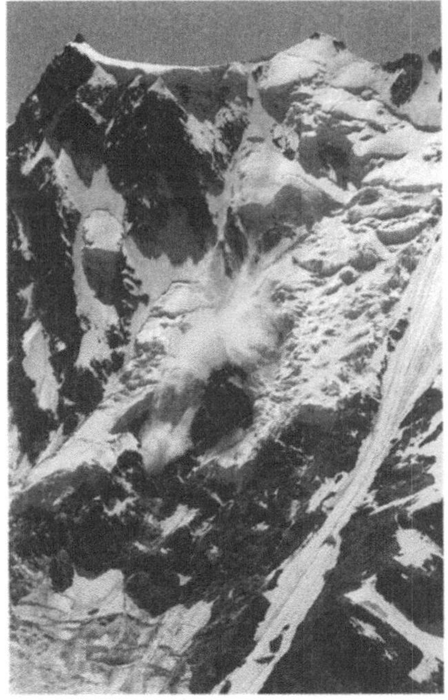

Bild 6.13. Eislawine (Monte Rosa-Ostwand, Walliser Alpen, Italien)

Bild 6.14. Ablagerungen einer Eislawine

Während große, katastrophale Eislawinen mit verheerenden Schäden eher seltene Ereignisse darstellen, ereignen sich kleinere Eislawinenabgänge durchaus öfters. In stark zerrissenen Eisbrüchen stürzen nicht selten ganze Eistürme, sogenannte Séracs, ein und lösen Lawinen aus (Kap. 8.4). Auch abbrechende Stücke einer steil herabhängenden Gletscherzunge können zu Eislawinen führen. Die Aufnahme zeigt den Auslaufbereich einer kleineren Eislawine auf dem Langtauferer Ferner in den Ötztaler Alpen.

Bild 6.15. Schutzwald

Der Schutzwald stabilisiert die Schneedecke und verhindern ihr Abgleiten. Geschlossene Waldbestände am Steilhang bremsen oberhalb von ihnen abgegangene Lawinen und bringen Schneemassen zum Stehen. In vielen Hochgebirgsregionen darf der Schutzwald daher nicht gerodet werden. Die rechtlich strengere Form des Schutzwaldes ist in den Alpen der Bannwald. Der älteste Bannwald befindet sich oberhalb von Andermatt in der Schweiz. Er ist seit dem Jahr 1397 geschützt (s. a. Kap. 12.1).

Bild 6.14. Ablagerungen einer Eislawine (Langtauferer Ferner, Ötztaler Alpen, Südtirol/Italien)

Bild 6.15. Schutzwald (Guffert, Rofangebirge, Österreich)

Bild 6.16. Lawinenverbauungen (Gritschner Naaf, Maienfelder Alpen, Liechtenstein)

Der Bergwald schützt vor Lawinen. Dieser Schutz ist aber vielerorts nicht mehr gegeben. Durch Kahlschläge hat der Mensch die Lawinengefahr über Jahrhunderte verstärkt. Zum Schutz von Siedlungen und Verkehrswegen mußte man daher Lawinenverbauungen errichten. Stützwerke aus Metall und Beton aber auch Schneenetze sollen die Entstehung von Lawinen verhindern. Umfangreiche Maßnahmen, die ein Abbrechen von Lawinen völlig unterbinden, sind jedoch teuer. Daher vewendet man häufig auch einfache Auffangdämme oder Bremshöcker, um der Lawinengefahr zu begegnen. Durch diese können Lawinen verzögert und gestoppt werden.

7 Die Formung des Hochgebirges durch Schnee

Der weiße Stoff Schnee ist ein bedeutender Faktor der Landschaftsformung in den Hochgebirgen der mittleren und hohen Breiten. Eine Schneedecke wirkt auf auf die Erdoberfläche durch Druck, Bewegung und Schmelzwasser. Den Prozeß der Landschaftsformung durch Schnee bezeichnet man als *Nivation* (von lateinisch *nix* = Schnee). Die Formung kann ganz langsam durch schmelzwasserinduziertes Bodenfließen und durch gleitende Schneedecken oder aber sehr schnell durch Schneerutschungen und Lawinen erfolgen. Die durch Nivation entstehenden Geländeformen sind sehr vielfältig und reichen von Nivationsnischen in der periglazialen Höhenstufe über Lawinentobel bis hin zu Blattanbrüchen und mehreren hundert Meter langen Schnee- und Lawinenschurfblaiken. Letztere treten sowohl oberhalb als auch unterhalb der natürlichen Waldgrenze auf und sind daher zu einem Großteil quasinatürliche (von lateinisch *quasi* = gleich wie, gleichsam), vom Menschen hervorgerufene Abtragungsformen.

7.1
Natürliche Prozesse und Formen

Dort, wo in geschützteren Lagen mächtige Schneeansammlungen bis weit in den Sommer überdauern (Bild 7.1.) - dies ist häufig in der periglazialen Höhenstufe (Kap. 1.5) der Fall - bilden sich nivationsbedingte Hohlformen von unterschiedlichster Größe. Man bezeichnet diese Formen als *Nivationsnischen* (Bild 7.2.). Am unteren Ende eines Altschneeflecks bewirkt sein Schmelzwasser die völlige Vernässung des in dieser Höhenstufe über Permafrost aufgetauten Bodens. Dadurch werden Prozesse des *Bodenfließens* oder der *Solifluktion* (Kap. 4.2.3) unmittelbar unterhalb des Schneeflecks gegenüber den schneefreien Hanglagen verstärkt. Im Laufe der warmen Jahreszeit verschiebt sich der hangabwärtige Rand des Schneeflecks durch Abschmelzen immer mehr nach oben. Folglich wandert auch der Bereich stärkster Nivation hangaufwärts. Dieser Vorgang wiederholt sich Jahr für Jahr, so daß infolge des vermehrten Materialabtransportes allmählich eine Nivationsnische entsteht. Diese kann wiederum mehr Schnee aufnehmen, was den gesamten Prozeß verstärkt. Hinzu treten in gewissem Umfang noch Abspülungsprozesse durch Regenfälle, die zum Verlust von Feinmaterial führen.

Die Form der Nivationsnische äußert sich durch eine gegenüber der umgebenden Hangoberfläche deutlich steileren Rückseite und einen flacheren Verlauf ihres Bodens. Sie ist also wannenähnlich in den Hang eingearbeitet. Den flacher bis eben verlaufenden Boden der Nivationsnische nennt man *Nivationsterrasse*. Nivationsterrassen können größere Ausmaße annehmen, wenn mehrere Nivationsnischen allmählich zusammenwachsen. Halten intensivere Solifluktionsprozesse auch nach dem Abtauen des Altschnees an, werden größere Nivationsterrassen als *Kryoplanationsterrassen* (von griechisch *krýos* = Frost und lateinisch *planus* = flach, eben) bezeichnet.

Auch die Entstehung von Karen (s. Kap. 9.1) beginnt mit einer Schneeansammlung in einer Geländedepression. Allerdings verweilt die Schneeansammlung auf felsigem Untergrund in der Gletscherhöhenstufe (Kap. 1.5) ab einer gewissen Größe das ganze Jahr über und wird somit zum perennierenden (von lateinisch *perennis* = beständig) Schneefleck aus Firn. Durch Frostsprengungsverwitterung, die im Übergangsbereich zwischen Firn und Fels durch den Wechsel von ständiger Durchfeuchtung des Gesteins an warmen Tagen und nächtliche Fröste gefördert wird, fällt stets feiner Verwitterungsschutt an. Er wird vom Schmelzwasser abgeführt. Die Geländeverflachung vergrößert sich dadurch allmählich und wird zur Nivationsnische, dem ersten Stadium der Karbildung (Bild 7.3.).

Auf einer relativ glatten Unterlage, auf langhalmigem Gras oder wenn eine nasse Grenzschicht die Verbindung zwischen Schneeauflage und Bodenoberfläche verhindert, gleitet die winterliche Schneedecke langsam hangabwärts. Die Geschwindigkeit, mit der sich das *Schneegleiten* vollzieht, hängt von der Beschaffenheit der Schneedecke und der Steilheit des Hanges ab. Je höher die Temperatur innerhalb der Schneedecke ist, um so größer ist ihre Viskosität. Sie verhält sich dann wie eine zähe Flüssigkeit und bewegt sich mit Geschwindigkeiten von einigen Millimetern bis zu mehreren Metern talwärts. Zudem kriecht die Schneedecke mit Geschwindigkeiten von wenigen Millimetern bis Zentimetern pro Tag. Da die oberflächennahen Schneeschichten schneller kriechen als die bodennahen, treten große Spannungen innerhalb der Schneedecke auf. Wird die Grenze der möglichen Belastung beim *Schneekriechen* oder -gleiten erreicht, kann es, ebenso wie an Geländekanten oder sonstigen größeren Reliefunebenheiten, zum Bruch und zum Abgleiten der Schneedecke kommen. Ein so entstandener *Schneerutsch* oder *Schneeschlipf* wird von einer *Grundlawine* (Kap. 6.3) durch die Länge der Gleitbahn unterschieden, die beim Schneerutsch definitionsgemäß unter 50 m liegt. Die Schneedeckenbewegungen, gleich ob als Gleitschnee, Schneerutsch (Bild 7.4.) oder Lawine, führen zum Prozeß des Massenschurfs (s. a. Kap. 4.2.4).

Die Schurfleistung der Schneedecke wird durch die erhöhte Reibung zwischen vom Schnee mitgerissenen Materialien (Gesteinsbrocken unterschiedlichster Größe, verholztes pflanzliches Material) und der überwanderten Oberfläche verstärkt. Bevorzugt setzt der nivale Schurf dort an, wo die Oberfläche des Bodens in Form eines stark differenzierten Kleinreliefs und durch hohe Schuttanteile eine gewisse Rauhigkeit aufweist, die der bewegten Schneedecke gute Angriffspunkte bietet. Das ist in der periglazialen Höhenstufe oberhalb der Waldgrenze mit zumeist flachgründigen, steinreichen Hangschuttböden häufig der Fall. Blocküberlagerung erhöht zwar auch die Rauhigkeit der Geländeoberfläche, kann aber Schneebewegungen entgegenwirken, wenn der betreffende Hang von vielen großen Blöcken in seinem oberen Drittel bedeckt ist. Vereinzelte Gesteinsblöcke wirken sich hingegen erosionsfördernd aus. Vor allem dann, wenn sie sich in Mittel- und vor allem in Unterhanglagen befinden.

Betroffen vom Schneeschurf sind insbesondere steile Hänge mit Neigungen zwischen 30° und 40° (Bild 7.5.). Durch diesen Prozeß wird die Oberfläche schichtweise "abgehobelt", zuerst die Vegetationsdecke und die Humuslagen, dann der humose Oberboden und schließlich die tieferen Bereiche des Untergrundes. Als Ergebnis bleiben in der Regel langestreckte, oft mehrere 100 m lange Schneeschurfflächen zurück, die im deutschsprachigen Alpenraum und in der wissenschaftlichen Literatur als *Schneeschurfblaiken* bezeichnet werden.

Unter dem Begriff "Blaike" (von blaicken, blecken = Blankes oder Weißes entblößen oder die Ablaikung = Entblößung von Erde, Erdfall) können prinzipiell sämtliche vegetationslose bis schütter bewachsene Abtragungsformen oder Schädigungen der Bodendecke verstanden werden, betrachtet man die Herkunft des Wortes. So findet sich auch in der Salzburger Waldordnung von 1659 die recht allgemein gehaltene Definition: "Die Blaiken, Stelle eines Berghanges, an welcher sich die Dammerde losgerissen hat und gesunken ist, so daß an demselben der Sand oder das nackte Gestein zum Vorschein kommt". Die Entstehung einer Blaike kann daher auf den unterschiedlichsten denudativ wirksamen Prozessen beruhen, wie z. B. Rutschungen, Murgänge oder Schurfprozesse durch Lawinen. In der neueren deutschsprachigen Literatur werden unter diesem Begriff jedoch zumeist vegetationslose oder nur schütter bewachsene flächenhafte Schädigungen der Bodendecke auf alpinen Matten, Wiesen oder Weiden verstanden, die primär auf Bewegungen von Schneemassen oder auf den Tritt von Mensch und Tier zurückzuführen sind (Kap. 4.2.4).

Der Prozeß und die Auswirkungen des Massenschurfs durch Schnee werden oberhalb der natürlichen Waldgrenze durch klimatische bzw. witterungsbedingte Faktoren, wie z. B. dem verstärkten Auftreten von stark erodierenden Naßschneelawinen, der Hangneigung und den Untergrundverhältnissen gesteuert. So kann der durch die trocken-adiabatische Erwärmung der absinken Luft im Lee der Gebirgshauptkämme trockenwarme, böig bis stürmische Föhn abtragungswirksame Gleitbewegungen der Schneedecke oder das Auftreten von Schneerutschungen und Lawinen infolge einer raschen Schneeschmelze fördern (s. a. Kap. 1.5).

Schutthalden am Fuß steiler Bergflanken werden häufig durch den Massenschurf von Lawinen in der Art überformt, daß Material mitgerissen und am Haldenfuß im Auslaufbereich der Lawine akkumuliert wird. Bei häufiger Wiederholung eines solchen Vorgangs, verflacht sich der Böschungswinkel der Halde zunehmend. Sie erhält dann ein auffallend konkaves Querprofil. Für gewöhnlich folgen viele Lawinen den im Gelände existierenden Hohlformen in Gestalt von Hangdellen, kleineren Tälern oder Gräben. Man nennt diese Hohlformen *Lawinengräben* (Bild 7.6.) oder *Lawinentobel*. Sie werden durch den alljährlichen Lawinenschurf nach und nach ausgeweitet. An hohen Wänden des Himalaya oder des Karakorum stürzen gewaltige Schnee- und Eislawinen mehrere 1000 m zu Tale. Infolge ihrer hohen kinetischen Energie beanspruchen sie das Gestein in überaus starkem Maße. Regelrechte Wandschluchten sind die Folge ihrer abtragenden Wirkung (Bild 7.7.).

Schnee kann als Lawine auch indirekt landschaftsformend wirksam sein. Und zwar dann, wenn Gebirgsbäche von großen Lawinen aufgestaut werden, und es zum plötzlichen Durchbruch des Wassers kommt. Wie bei einem Eisstausee (Kap. 8.2) führt der Durchbruch eines *Lawinenstausees* nicht selten zu katastrophalen Verhältnissen im Tal. Im Mai 1985 wurde durch ein solches Ereignis der erste Wasserschaupfad Europas an den Umbalfällen in Osttirol zerstört (Bild 7.8.). Eine gewaltige Naßschneelawine hatte die Isel im inneren Umbaltal zu einem 300 m langen und 120 m breiten See aufgestaut. Beim Durchbruch des gestauten Wassers zerstörte die Flutwelle Stege, Brücken, riß mehrere Gebäude weg und überschüttete den Talboden mit Schlamm und Geröll.

Bild 7.1. Schneeflecken

In geschützten Lagen der periglazialen Höhenstufe (Kap. 1.5) häufen sich mitunter mächtige Schneeansammlungen an, die bis weit in den Sommer hinein überdauern. Bestehen diese Ansammlungen aus dicht gepreßtem Lawinenschnee, bleiben sie machmal auch das ganze Jahr über bestehen und werden damit zu perennierenden Schneeflecken (von lateinisch *perennis* = beständig). Für Touristen können solch harte Schneereste in steilem Gelände gefährlich sein, wenn diese einen Wandersteig überlagern und vom Wanderer früh morgens in noch hartgefrorenem Zustand gequert werden müssen. Das Schmelzwasser von Schneeresten oder -flecken führt zur Vernässung der unmittelbar unter ihnen befindlichen Böden. Damit wird dort der Prozeß des Bodenfließens über gefrorenem Untergrund, die sogenannte Solifluktion (Kap. 4.2.3), verstärkt und mit ihr die Materialabfuhr, bis hin zur Entstehung von nivationsbedingten Hohlformen, den Nivationsnischen (s. unteres Bild). Neben ihrer geomorphologischen Wirksamkeit (von griechisch *gé* = Erde, *morphé* = Gestalt und *lógos* = Wissenschaft, Lehre), führen bis in den Sommer verweilende Schneeansammlungen auch zur Ausbildung ganz bestimmter Pflanzengesellschaften (Schneetälchen-Vegetation), die diesen Verhältnissen angepaßt sind und darüber hinaus zum Auftreten von stauwasserbeeinflußten Böden mit auffallend starker Humusanreicherung.

Bild 7.2. Nivationsnische

Wo in geschützter Lage der periglazialen Höhenstufe (Kap. 1.5) Schneeansammlungen bis in den Sommer überdauern, bilden sich nivationsbedingte Hohlformen von unterschiedlichster Größe aus, die als Nivationsnischen bezeichnet werden. Am unteren Ende eines Altschneeflecks bewirkt das Schmelzwasser eine starke Vernässung des in dieser Höhenstufe über Permafrost aufgetauten Bodens. Dadurch werden Prozesse des Bodenfließens oder der Solifluktion (Kap. 4.2.3) unmittelbar unterhalb des Schneeflecks verstärkt. Im Laufe der warmen Jahreszeit verschiebt sich der untere Rand des Schneeflecks durch Schmelzen weiter nach oben. Folglich wandert auch die Zone der intensivsten Nivation weiter hangaufwärts. Dieser Vorgang wiederholt sich meist Jahr für Jahr, so daß durch vermehrten Materialabtransport allmählich eine Nivationsnische entsteht. Hinzu treten Abspülungsprozesse durch Starkniederschläge im Sommer, die zum Verlust von Feinmaterial und zur Ausweitung der Abtragungsform führen. Die Nivationsnische ist gegenüber der Hangoberfläche der näheren Umgebung, durch eine deutlich steilere Rückseite und einen flacheren bis horizontalen Verlauf ihres Bodens charakterisiert.

Bild 7.1. Schneeflecken (Grüner-See, Hohe Tauern, Österreich)

Bild 7.2. Nivationsnische (Rondane Nationalpark, Rondane, Norwegen)

Bild 7.3. Nivationsnische als Karvorstufe

Der Begriff "Nivationsnische" (von lateinisch *nix* = Schnee) bezeichnet Hohlformen, die durch länger im Gelände verweilende Ansammlungen von Schneemassen, sogenannte Schneeflecken entstehen (S. 173). In der periglazialen Höhenstufe (Kap. 1.5) führt die zusatzliche Durchtränkung des Auftaubodens durch Schmelzwasser aus Schneeflecken zur verstärkten Solifluktion (Kap. 4.2.3) und letztendlich zur Ausbildung von Nivationsnischen. Auch die Entstehung von Karen (s. Kap. 9.1), den Ausgangspunkten von Gletschern, beginnt mit einer Schneeansammlung in einer Geländedepression, wie sie in der linken Bildhälfte sichtbar ist. Allerdings verweilt die Schneeansammlung auf felsigem Untergrund in der Gletscherhöhenstufe ab einer gewissen Größe das ganze Jahr über und wird somit zum perennierenden (von lateinisch *perennis* = beständig) Schneefleck aus Firn (von althochdeutsch = alt). Durch Frostverwitterung (Kap. 4.1) fällt stets feiner Verwitterungsschutt an, der vom Schmelzwasser der Schneeansammlung abgeführt wird. Die Geländeverflachung vergrößert sich dadurch allmählich und wird zur Nivationsnische, dem ersten Stadium der Karbildung.

Bild 7.4. Gleitschneerutsch

Plötzliche Gleitbewegungen der Schneedecke unter 50 m Länge werden als Gleitschneerutsche bezeichnet. An konvexen Gefällsbrüchen oder infolge von Kriechbewegungen der Schneedecke treten starke Zugbeanspruchungen in den Schneemassen auf, die sich, meist an mehr als 30° geneigten Hängen, in einem ruckartigen Schneerutsch entlang der Bodenoberfläche entladen. Teppichartig von der Schneeauflast und von Gleitbewegungen der Schneedecke umgelegte Gräser begünstigen neben Naßschneelagen im basalen Bereich das Abrutschen der Schneedecke entlang der Bodenoberfläche, aber auch die Entstehung von Schneebrettern in Form von Boden- oder Grundlawinen (Kap. 6.3). Häufig spielen dabei Föhneinbrüche (Kap. 1.5) eine nicht unbedeutende Rolle. Nicht nur langhalmige Lahnergräser (Lahner = Lawine), sondern auch relativ starre Grashorste können durch gleitende und rutschende Schneemassen in Hangfallrichtung umgebogen werden. Gleitschneerutsche bewirken oft große Spannungen im Boden, so daß bei hoher Bodenfeuchte geschlossene Narbenteile von ihnen abgeschürft werden. In vielen Fällen rutschen die Schneemassen nur wenige Meter weit ab, wie auf der Aufnahme erkennbar. Die dabei entstehenden Gleitschneerisse (= freigelegte Bodenoberfläche) nennt der Volksmund "Fisch- oder Lawinenmäuler".

Bild 7.3. Nivationsnische als Karvorstufe (Geigenkamm, Ötztaler Alpen, Österreich)

Bild 7.4. Gleitschneerutsch (Jennergebiet, Berchtesgadener Alpen, Deutschland)

Bild 7.5. Schneeschurffläche

Schneeschurfflächen oder Schneeschurfblaiken (S. 175) entstehen durch Gleiten oder Rutschen von Schneedecken über die Vegetationsdecke und die Bodenoberfläche. Die Schurfwirkung wird durch die Reibung zwischen vom Schnee mitgerissenen Steinen oder verholzten pflanzlichen Materialien und der überwanderten Oberfläche verstärkt. Von Schneeschurfblaiken sind die steinreichen Böden oberhalb der Waldgrenze vor allem deshalb betroffen, weil sie reichlich Ansatzpunkte für den Massenschurf durch Schnee bieten. Der Prozeß und die Auswirkungen des Massenschurfs durch Schnee werden dort durch klimatische bzw. witterungsbedingte Faktoren, wie z. B. dem vermehrten Auftreten von Naßschneelawinen, der Hangneigung und den Untergrundverhältnissen gesteuert. Fallwinde wie der durch die trocken-adiabatische Erwärmung der absinkenden Luft im Lee der Gebirgshauptkämme warme Föhn, können abtragungswirksame Gleitbewegungen der Schneedecke oder das Auftreten von Schneerutschungen und Lawinen infolge einer raschen Schneeschmelze fördern. Wie das Foto zeigt, bedeckt die stark von Schneedeckenbewegungen beanspruchte Grasvegetation oft nur spärlich die Schuttoberfläche.

Bild 7.6. Lawinengraben

Lawinen folgen in vielen Fällen bereits vorhandenen Hohlformen in Gestalt von Hangdellen, kleineren Tälern, Runsen oder Gräben. Man bezeichnet diese, vom Lawinenschurf beanspruchten und erweiterten Hohlformen als Lawinengräben oder Lawinentobel. Nicht selten bilden sie gleichzeitig das Bett von Wildbächen. Die Aufnahme aus den Hohen Tauern im Alpenhauptkamm entstand im August und läßt einen Lawinenrest aus fest gepreßtem Schnee erkennen, der weit in den Sommer hinein überdauert und von einem Bach unterhöhlt wurde. Das Betreten solch unterhöhlter Lawinenreste sollte unbedingt vermieden werden, da die Gefahr eines gefährlichen Einbrechens gegeben ist.

Bild 7.5. Schneeschurffläche (Lasörlinggruppe, Hohe Tauern, Österreich)

Bild 7.6. Lawinengraben (Lasörlinggruppe, Hohe Tauern, Österreich)

Bild 7.7. Felsbeanspruchung durch Lawinen

Je höher eine Felswand ist, desto größer ist die kinetische Energie von abtragungswirksamen Sturzmassen, gleich ob Steinschlag, Felssturz oder Lawine. In sehr hohen Wänden wie z. B. in der abgebildeten Dhaulagiri-Südwand, durchlaufen Schnee- und Eislawinen große Höhenunterschiede von mitunter mehreren 1000 Metern. Dort wird der Lawinenschurf sehr viel formungswirksamer als in kleineren Wänden der Pyrenäen oder der Alpen. Der Fels wird von den herabstürzenden Schnee- und Eismassen selbst und von mitgerissenen Gesteinsmaterialien in extremer Weise beansprucht und erodiert. Die Folge ist eine regelrechte Wandschluchtbildung in Bereichen mit häufigen Lawinenabgängen.

Bild 7.8. Seeausbruch

Schnee kann in Form von Lawinen nicht nur den Untergrund erodieren, sondern auch indirekt landschaftsformend wirksam werden. Gebirgsbäche werden gelegentlich durch die dicht gepreßten Ablagerungen gewaltiger Naßschneelawinen zu größeren Seen aufgestaut. Für gewöhnlich findet ein aufgestauter Bach unter dem Lawinenschnee einen Weg, um abzufließen ohne Schaden zu verursachen. Mitunter jedoch bricht das aufgestaute Wasser plötzlich aus und erzeugt in dicht besiedelten Gebirgen wie den Alpen gefährliche Flutwellen. Im Mai 1985 wurde durch ein solches Ereignis Europas erster Wasserschaupfad an den Osttiroler Umbalfällen zerstört. Eine gewaltige Lawine hatte die Isel im inneren Umbaltal zu einem größeren See aufgestaut, dessen Wassermassen plötzlich durchbrachen. Ein Gemisch aus Wasser, Gesteinsbrocken, Schlamm und mitgerissener Vegetation gelangte bis hinunter ins Virgental, dessen Boden am Talende weiträumig von den abgetragenen Massen überschüttet wurde.

Bild 7.7. Felsbeanspruchung durch Lawinen (Dhaulagiri-Südwand, Dhaulagiri Himal, Nepal)

Bild 7.8. Seeausbruch (Umbalfälle, Hohe Tauern, Österreich)

7.2
Die quasinatürliche Formung durch Schnee

Unter quasinatürlicher Formung versteht man Prozesse, die zwar vom Menschen ausgelöst werden, jedoch nach natürlichen Gesetzmäßigkeiten ablaufen. In vielen Hochgebirgen hat man den Gebirgswald großflächig zur Gewinnung von Kulturland gerodet (s. a. Kap. 1.2 u. 12.1). Die Abtragung des Bodens und die Formung der Landschaft durch Schnee konnte nun verstärkt auch in solchen Regionen wirksam werden, die zuvor vom geschlossenen Wald weitgehend davor bewahrt waren. Vor allem in Gebieten mit extremen klimatischen Verhältnissen, so z. B. in den Tropen und Subtropen, führt die fortschreitende Zerstörung der natürlichen Vegetationsdecke zu aufsehenerregenden Bodenverlusten.

Daß der massive Eingriff des Menschen z. B. in die natürliche Waldvegetation der Alpen zur Schaffung ausgedehnter Almregionen angesichts hoher Reliefenergie und extremer Klimaverhältnisse über Jahrhunderte keine ökonomisch und ökologisch bedenklichen Bodenverluste bewirkt hat, ist insbesondere darauf zurückzuführen, daß der Mensch frühzeitig lernen mußte, seine Nutzung unter dem Aspekt der Nachhaltigkeit zu gestalten, um die Lebensgrundlage langfristig zu sichern. Die Stabilität des künstlich geschaffenen Ökosystems wurde somit zwangsläufig aufrechterhalten. Infolge der jahrhundertelangen, auf Nachhaltigkeit bedachten Nutzung von Wiesen und Weiden entstanden pflanzensoziologisch ausgeglichene alpine Rasengesellschaften und Alpenfettweiden weit unterhalb der potentiellen Waldgrenze. Erosionsschäden, die trotz allem immer wieder im Steilrelief der Almen auftraten, hielten sich aufgrund sehr arbeits- und pflegeintensiver Bewirtschaftung der Kulturlandschaft zumeist in ökonomisch tolerierbaren Grenzen (Bild 7.9.).

Die Notwendigkeit intensiver Pflegemaßnahmen (z. B. Mahd, schwenden = Entfernen von natürlichem Holzaufwuchs, entsteinen, ausbessern von Bodenschäden) in der Kulturstufe der Almen ergibt sich in erster Linie aus der Tatsache, daß die Gefahr der Bodenabtragung auch bei ausschließlicher Grünlandnutzung, d. h. unter permanenter Vegetationsbedeckung gegeben ist. Dies ist selbst dann der Fall, wenn die Grasnarbe keinerlei Schädigungen durch Beweidung oder übermäßige Freizeitnutzung aufweist. Denn im Unterschied zum Flachland oder zu den Mittelgebirgen der gemäßigten Breiten kommt im alpinen Raum der nivalen Massenabtragung bodenabtragenden Prozessen eine ungleich höhere Bedeutung zu. Bereits kleinere Hindernisse wie Gehölzanflug (Bild 7.10.) oder Gesteinsbrocken unterschiedlichster Größe (Bild 7.11.) bieten in steiler Hanglage Ansatzpunkte für die Schurfarbeit von Gleitschneedecken oder Grundlawinen (Bild 7.4.). Diese Schurfarbeit spiegeln gelegentlich Schuttansammlungen am hangseitigen Stammbereich von größeren Bäumen wider, die zudem von der winterlichen Schneeauflast einen eigenartigen Säbelwuchs zeigen (Bild 7.12.).

Aber selbst die permanente arbeitsintensive Beseitigung von potentiellen Schurfansatzpunkten gewährleistet keinen völligen Schutz vor Abtragungen des Bodens. So können Lawinen und abrutschende Schneemassen etwa an Geländestufen, von seiten der präventiven Almpflege kaum beeinflußbar, durch Stauchung des Bodens und Aufreißen der Grasnarbe zu schweren primären Schädigungen der Bodendecke führen. Um eine Ausweitung entstandener Bodenverletzungen (Bild 7.13.) zu unterbinden, sind Sanierungsarbeiten, z. B. durch Aufbringen von Grassoden oder Bodenmaterial mit anschließender Begrünung über die Aussaat von Wildheublumen, unumgänglich. Dies war früher u. a. die Aufgabe von "Almputzern", ein eigens und ausschließlich für Pflegemaßnahmen eingesetztes Almpersonal neben dem Senn.

Tiefgreifende strukturelle Veränderungen in der Almwirtschaft führten im Alpenraum in den vergangenen Jahrzehnten vielerorts zur Arbeitsextensivierung mit geringerem Personalaufwand oder Brache. Einhergehend mit dem wirtschaftlichen Wandel ist seit den 60er und 70er Jahren eine deutliche Zunahme von Blaiken sowohl auf extensiv bewirtschafteten als auch auf brachliegenden Almen zu beobachten. Ausbleibende Pflegemaßnahmen, die zur Ausweitung und Zunahme von Erosionsschäden sowie über Veränderungen der Rasengesellschaften zu einem fortschreitenden weidewirtschaftlichen Produktivitätsschwund und letztendlich zur Aufgabe von Almen führen, aber auch die mangelnde Behirtung des Weideviehs, stellen die wesentlichen menschlichen Einflußfaktoren für die zunehmende Bodenerosion in der Kulturstufe der Almen dar. Dabei sollte jedoch stets bedacht werden, daß die eigentliche Ursache der beschleunigten Bodenabtragung letztendlich in der Rodung des natürlichen Bergwaldes zu sehen ist. Die Blaikenbildung auf Almen stellt folglich einen quasinatürlichen morphodynamischen Prozeß dar, der sich durch die Art und Weise der Bewirtschaftung mehr oder weniger stark beeinflussen läßt. Oberhalb der natürlichen Waldgrenze wird die Entstehung und Dynamik von Blaiken, wie im vorangegangenen Abschnitt dargelegt, allein durch natürliche, vor allem klimatische Faktoren gesteuert.

Bisweilen über viele hundert Quadratmeter große *Schneeschurfblaiken* (Bild 7.14.), von gleitenden oder rutschenden Schneemassen regelrecht abgehobelte, durch das Mitführen größerer Steine und verholzten Pflanzenmaterials häufig von Striemen und Schurfrinnen überzogene Hangpartien, sind weithin sichtbare Indikatoren für unzureichende Almpflege oder Brache. Vegetationslose Tritt- oder Narbenversatzblaiken (Abb. 7.1.) infolge von lokaler Überbestoßung oder der Beweidung steiler Hänge bei feuchter Witterung mit einhergehendem Narbenversatz (trittinduzierte Verschiebung von Rasensoden) zeugen zudem vielerorts von weitgehend ungeregelter Weideführung (s. Kap. 4.2.4).

Intensität und Ausmaß der Bodenschädigungen durch nivalen Schurf werden von den jeweiligen Eigenschaften des Bodens stark beeinflußt. Gleichwohl können Schurf- und Trittblaiken prinzipiell bei allen Bodentypen beobachtet werden. Ein im Alpenraum hauptsächlich in schluffreichen (Kap. 4.1), tiefgründigen Böden aus Verwitterungsprodukten mergelig-kieseliger Gesteine stattfindender Prozeß der Blaikenbildung ist die Abtragung von bis zu mehreren Dezimetern mächtigen Bodenschollen samt Vegetation. Die Verlagerung der mitunter viele Quadratmeter umfassenden Bodenschollen erfolgt bei annähernd konstant bleibender Mächtigkeit der jeweils neu aus dem Verband gelösten Masse entlang hangparallel orientierter Abtragungsflächen (Scherflächen). Im Unterschied zu typischen Schneeschurfblaiken weisen die resultierenden Erosionsformen, in der Literatur durch die schichtweise bzw. blattförmige Bodenabtragung sinnigerweise als *Blattanbrüche* (Bild 7.15.) bezeichnet, auffallend scharf ausgeprägte Abtragungsfronten auf (Bild 7.16.). Sie sind als steile Boden- oder Rasenkliffs mit häufiger Hohlkehlenbildung entwickelt und zeigen für gewöhnlich einen sichel- oder hufeisenförmigen

Verlauf. Charakteristisch ist weiterhin die nahezu plane Oberfläche der Erosionsformen und eine im Gegensatz zu Schneeschurfblaiken häufig größere laterale Ausdehnung als in Hangfallrichtung. Ihr Auftreten, mitunter gemeinsam mit anderen Blaikentypen (Bild 7.18.), ist zumeist an Hangneigungen zwischen 30° und 40° gebunden. Die aus dem Verband gelösten Boden- oder Rasenschollen werden oft nur über kurze Distanzen von wenigen Dezimetern bis Metern, aber auch weit hangabwärts, verlagert. Unmittelbar unterhalb der Blaiken führt die Materialablagerung kleinräumig zu konvexen Hangformen (Bild 7.17.). Setzungen der Bodendecke oder zumeist bogenförmig über viele Meter quer zum Hang verlaufende Risse im Wiesenboden sind häufige Begleiterscheinungen auf den betroffenen Hängen. Sie sind als Initialstadium der Blaikenbildung anzusehen. Den alpinen Blattanbrüchen vergleichbare Abtragungsformen lassen sich auch in anderen Hochgebirgen der Welt beobachten (Neuseeländische Alpen, Pyrenäen, Bajenkalaschan u. a.).

Ebenso wie bei typischen Schurfblaiken ist auch bei den beschriebenen Blattanbrüchen, die früher als das Ergebnis von Translationsbodenrutschungen bei Starkregenfällen erachtet wurden, der Schnee als wesentliches Agens anzusehen. Sowohl die Ausweitung als auch die Neuentstehung von Blattanbrüchen erfolgt durch Schneedeckenbewegungen. Entscheidend für die schollenförmige Bodenabtragung ist daher das Auftreten einer bestimmten Faktorenkonstellation. Wesentliche natürliche Einflußfaktoren sind Föhneinbrüche, die zu raschem Auftauen der Schneedecke und somit zu Gleit- und Rutschbewegungen des Schnees führen, oder ein fühzeitiger Aufbau einer mächtigen langanhaltenden Schneedecke nach warmem Herbst- bzw. Spätsommerwetter, was ebenfalls eine Gleitschneebildung begünstigt (Gleitschneewinter). Da der Boden im zweiten Fall vor dem Einschneien nicht gefriert, entsteht eine Naßschneelage im basalen Bereich der Schneedecke durch Abgabe von Bodenwärme an ihre Unterseite. Vor allem S- und SW-exponierte Sonnenhänge sind dafür geradezu prädestiniert. Weitere entscheidende Einflußfaktoren sind lehmige, stark vernäßte Böden mit deutlicher Substratschichtung und ein gestreckter bis konkaver Hangverlauf. Die Substratschichtung der betroffenen Standorte beruht auf der Übereinanderfolge von mehreren Hangschuttdecken, in denen sich die heutigen Böden bildeten. Im vertikalen Bodenaufbau äußert sich dies bodenphysikalisch in einem sprunghaften Wechsel der Korngröße, der Farbe des Bodens oder einem plötzlichen Anstieg der Bodendichte nach unten hin. Durch Blattanbrüche geschädigte Böden sind immer mehrschichtig, sehr tiefgründig und oberhalb der Abtragungsfläche deutlich feinkörniger und lockerer ausgebildet. Folglich besitzen die Bereiche unterhalb der potentiellen Abtragungsfläche eine höhere Standfestigkeit und der Boden somit eine von Natur aus vorgegebene Labilitätszone bei einer mechanischen Beanspruchung durch Schneedeckenbewegungen. Kommt es zur Bildung von Schneerutschen oder Grundlawinen in Verbindung mit den anderen genannten Faktoren, kann selbst im Augenblick ihrer Entstehung eine kurzfristige Kompression des Bodens erfolgen, die bei hohem Bodenwassergehalt eine stabilitätsmindernde Abnahme der Festigkeit innerhalb der locker gelagerten oberen Bodenschicht hevorruft.

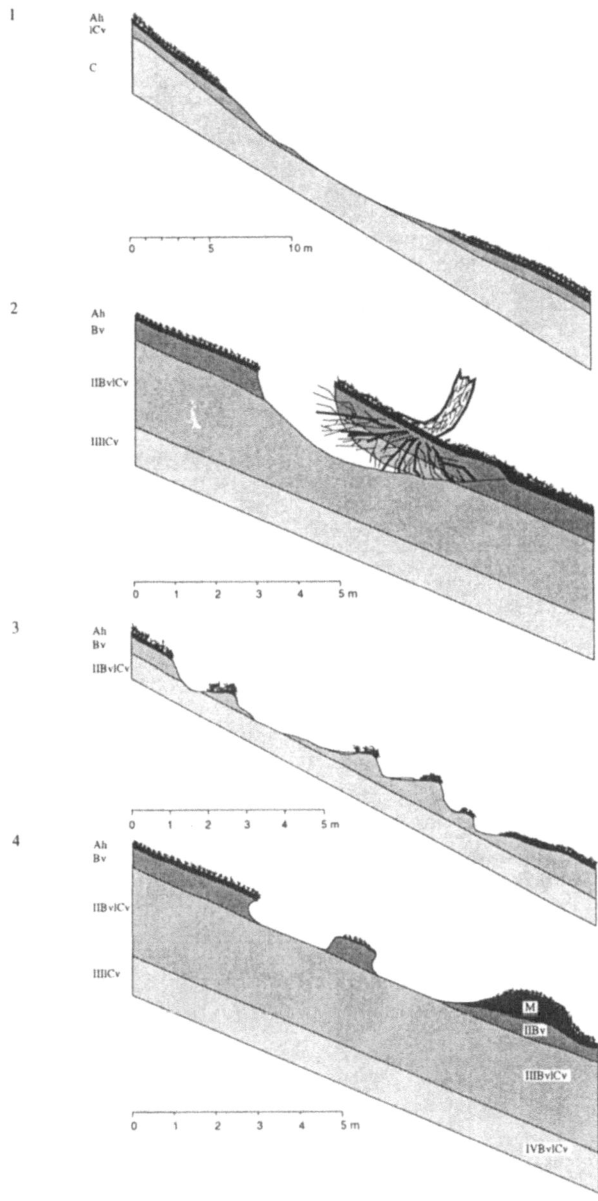

Abb. 7.1. Längsprofile von verschiedenen Blaikentypen in den nördlichen Kalkalpen (schematisch). 1 = Schneeschurfblaike, 2 = Schneedruckblaike, 3 = Viehtrittblaike, 4 = Blattanbruch. Häufig treten die Blaikentypen 2, 3, 4 unterhalb der potentiellen Waldgrenze in Braunerden auf, einem Bodentyp mit A-B-C-Profil, der oft in mehreren übereinanderfolgenden Hangschuttdecken aus mergelig-kieseligen Gesteinen entwickelt ist. Ah = humoser Oberboden (h von humos), Bv = durch Verwitterung und Freisetzung von Eisen verbrauter Unterboden (v von verwittert), BvlCv = Übergangshorizont zum Cv (C = mineralischer Untergrundhorizont, l von locker), M = Mineralbodenhorizont aus umgelagertem Material (M von lateinisch *migrare* = wandern), II, III, IV = geologische Schichtwechsel.

Einen ähnlichen Effekt kennt man vom Betreten eines nassen, lehmigen Bodens. Wenn wir ihn rasch belasten, kann das Wasser nicht schnell genug aus den Bodenporen herausströmen. Ein rasches Entweichen des nicht komprimierbaren Wassers wäre aber notwendig, um die Stabilität durch Verdichtung und die damit einhergehende Erhöhung von Kornkontakten bei Belastung zu gewährleisten. Nun trägt jedoch das Wasser die Last kurzfristig mit, aber verständlicherweise nicht zur Festigkeit bei. Infolge dessen rutscht der Fuß, insbesondere bei leicht abschüssiger Bodenoberfläche, mehr oder weniger weit zur Seite weg. Wir kennen dies aus Erfahrung und weichen daher auch nassen, steilen Wegen über die seitliche Grasnarbe aus (s. Kap. 4.2.4).

Der Boden gleitet im Moment der Belastung in Form einzelner Schollen samt Schneedecke mehr oder weniger weit ab oder wird von den abrutschenden Schneemassen mitgerissen bzw. abgeschürft. Dabei können aus dem Verband gelöste Schollen oder ganze Vegetationsstreifen durch nachfolgende Schneegleitungen oder -rutschungen weiter hangabwärts verfrachtet werden.

Betrachtet man die einzelnen Faktoren, welche die Disposition zur Entstehung von Blattanbrüchen bedingen, so wird deutlich, daß die schollenförmige Bodenabtragung kaum von der Art und Weise der Almbewirtschaftung vorbeugend beeinflußt werden kann. Es handelt sich um einen quasinatürlichen morphodynamischen Prozeß, der letztendlich durch die Rodung des Bergwaldes in Gang gesetzt wurde.

Während intensive Almpflege, z. B. in Form des Schwendens oder Entsteinens, potentielle Schurfansatzpunkte beseitigen und durch geregelte Weideführung Trittschädigungen des Solums verhindern kann, sind im Hinblick auf die Entstehung von Blattanbrüchen keine entscheidenden präventiven Maßnahmen möglich. Selbst ein geregelter Weidebetrieb mit regelmäßiger Mahd gewährleistet auf solchen Standorten keinen Schutz der - bereits natürlicherweise labilen - Böden vor Abtragung. Es ist deshalb anzunehmen, daß Blattanbrüche schon seit jeher eine hochgebirgsspezifische Abtragungserscheinung auf Almen mit tiefgründig entwickelten schluffig-lehmigen Böden darstellen.

Für die deutliche Zunahme der Erosionsform Blattanbruch auf vielen Almen des Alpenraums können daher nur zwei Faktoren als bedeutsam angesehen werden. Zum einen das vermehrte Auftreten von typischen Gleitschneewintern und zum anderen das Ausbleiben von Ausbesserungs- und Wiederbegrünungsmaßnahmen. Durch letzteres - also auch ein Aspekt der Almpflege - kann die Ausweitung von primären Bodenschäden zwar äußerst arbeitsaufwendig, aber wirkungsvoll verhindert werden (vgl. Kap. 1.2 u. Kap. 12.1). Das gleichzeitige Zusammentreffen sämtlicher oben genannter Einflußfaktoren, d. h. eine Faktorenkonstellation, welche die schollenförmige Bodenabtragung bewirkt, tritt offensichtlich sporadisch und oft in längeren Zeitintervallen von mehreren Jahren auf. Daher ist bei permanenter Almpflege die Zunahme von Blaiken und eine Vergrößerung von Erosionsflächen durchaus vermeidbar. Durch Schneebewegungen entstandene Bodenschäden wurden von den Bauern früher gleich abgesichert und eingesät. So hielt die Almpflege in Form der Ausbesserung und Wiederbegrünung von Blaiken wohl mit der Entstehung von neuen Blattanbrüchen Schritt.

In lehmigen Böden kann der Schneedruck auf junge Bäume auch zu tiefen Schurfrinnen oder durch das Herausstemmen eines Baumes zu eher rundlichen Abtragungsformen führen, die von Starkniederschlägen im Sommer ausgeweitet werden. Dabei können die Bäume samt Wurzelstock, aber auch größere Felsbrocken und kleinere landwirtschaftliche Gebäude wie Heuschober weit hangabwärts verfrachtet werden. Sommerliche Starkregen weiten die primären Schädigungen der Bodendecke aus. Derart entstandene Schurfblaiken werden auch als *Schneedruckblaiken* bezeichnet (Abb. 7.1.). Die Untergrenze für das Vorkommen von unterschiedlichsten Schurfblaiken und Blattanbrüchen wird durch die höhenabhängige Niederschlagsverteilung und die damit zusammenhängenden Schneehöhen bestimmt. Schneeschurfflächen finden sich in allen Hochgebirgen mit ausgeprägter winterlicher Schneedecke.

Bild 7.9. Berglandwirtschaft (Marterlochtal, Sarntaler Alpen, Südtirol/Italien)

Durch die sehr arbeitsintensive und mühevolle Pflege der Bergwiesen konnten stärkere Erosionsschäden durch Gleitschnee und Lawinen, aber auch durch Rutschungen oder Muren in der Kulturlandschaft Alpen über Jahrhunderte vermieden werden.

Bild 7.10. Schurfansatzpunkte

Durch die Rodung des Bergwaldes schuf man häufig sehr steil geneigte Bergwiesen und Weiden. Hindernisse wie Steine oder junge, heranwachsende Bäume, man bezeichnet dies als Gehölzanflug, bieten auf den mitunter zwischen 30° und 40° geneigten Hängen ideale Ansatzpunkte für die Schurfarbeit von Gleitschneedecken oder Grundlawinen. Werden sie nicht beseitigt, ergreift sie der gleitende oder rutschende Schnee. Wie zu erkennen, werden Gehölze samt Wurzelwerk aus dem Boden gerissen. Dabei entstehen unmittelbar Verletzungen der Bodendecke. Zudem wird das Pflanzenmaterial vom Schnee mitgenommen und verstärkt somit die Schurfarbeit der Schneedecke entlang der Bodenoberfläche. Aber selbst die permanente arbeitsintensive Beseitigung von Schurfansatzpunkten gewährleistet keinen absoluten Schutz vor Abtragung. So können Lawinen und abrutschende Schneemassen etwa an Geländestufen, von seiten der vorbeugenden Almpflege kaum beeinflußbar, durch Stauchung des Bodens zu primären Schädigungen der Bodendecke führen. Um eine Ausweitung entstandener Bodenverletzungen durch weiteren Schneeschurf oder durch Wassererosion zu unterbinden, sind Sanierungsarbeiten neben präventiven Maßnahmen unumgänglich.

Bild 7.11. Blocküberlagerung

Gehölzgruppen, Gesteinsblöcke oder auch Viehgangeln (Kap. 4.2.4) können die Rauhigkeit der Oberfläche erhöhen und somit Schneebewegungen entgegenwirken, sofern sie sich in den oberen Hangbereichen befinden. Die Aufnahme aus dem Karwendelgebirge zeigt einen solchen mit Viehgangeln und Gesteinsbrocken überzogenen Weidehang ohne nennenswerte Erosionsschäden. In tieferen Hanglagen sind sie erosionsfördernd. Vor allem dann, wenn es sich nur um vereinzelte Blöcke oder Bäume handelt, die von gleitenden Schneemassen mitgerissen oder über den Hang geschoben werden.

Bild 7.10. Schurfansatzpunkte (Priesbergalm, Berchtesgadener Alpen, Deutschland)

Bild 7.11. Blocküberlagerung (Westliches Lamsenjoch, Karwendelgebirge, Österreich)

Bild 7.12. Schuttverlagerung

Gleitschneedecken führen zur mehr oder weniger starken Verlagerung von Bodenmaterial, das sich im Zusammenwirken mit sommerlichen Niederschlägen und Abspülung mitunter an den Stämmen von vereinzelten Bäumen oder kleineren Baumgruppen ansammelt. Das Foto läßt neben Schuttansammlungen an den Baumstämmen mehrere Bäume mit auffälliger Stammverbiegung, dem sogenannten "Säbel- oder Kniewuchs" erkennen. Der Schnee biegt jeden Winter die jungen Bäume unter ihrer Last um, was zu einem gekrümmten Wuchs des Stammes in seinem unteren Bereich führt. Wenn er kräftig genug ist, dem Schneedruck zu widerstehen, wächst er oberhalb des gebogenen Stammabschnittes wieder senkrecht zum Licht. Das Ergebnis ist der charakteristische "Knick" des Stammes, der jedoch auch bei Bodenbewegungen auftritt (vgl. Kap. 4.2.3). Es ist daher oft recht schwierig, die Ursache für einen Säbelwuchs auf den ersten Blick zu erkennen.

Bild 7.13. Bodenschäden

Wirtschaftliche Veränderungen in der Almwirtschaft führten im Alpenraum in den vergangenen Jahrzehnten zur Arbeitsextensivierung mit geringerem Personalaufwand oder zur Brache. Mit dem strukturellen Wandel ist eine deutliche Zunahme von Bodenschäden auf extensiv bewirtschafteten und brachliegenden Almen zu beobachten. Nicht mehr erfolgende Pflege von Wiesen und Weiden, die zur Ausweitung und Zunahme von Erosionsschäden sowie über damit verbundene Veränderungen der Rasengesellschaften zu einem fortschreitenden weidewirtschaftlichen Produktivitätsschwund und demzufolge zur Aufgabe von vielen Almen führten, stellen die wesentlichen menschlichen Einflußfaktoren für die zunehmende Bodenabtragung dar. Hinzu kommt die mangelnde Beaufsichtigung des Weideviehs. Die auf vielen Almen erfolgende hirtenlose Galtviehälpung (galt = trocken), das sind zumeist Jungrinder, die keine Milch liefern, führt nicht selten zu weitreichenden Bodenschäden durch lokalen Überbesatz und durch das Betreten steiler Hangpartien bei feuchter Witterung. Der aufgeweichte Boden bietet dem Viehtritt dann kaum noch nenenswerten Widerstand. Er wird an den Kanten von Viehgangeln (Kap. 4.2.4) abgetreten oder in flacheren Hangpartien völlig zu Morast zerstampft. Feuchte, verdichtete Böden bevorzugende Pflanzen wie das Borstgras (*Nardus stricta*) breiten sich aus. Die damit verbundene Verringerung der Futterqualität ist für das Jungvieh von geringerer Bedeutung, da es im Gegensatz zur Kuh auch Futter von geringerer Qualität annimmt. Dabei darf nicht unerwähnt bleiben, daß viele traditionelle Berg- und Almbauern, unterstützt von staatlichen Förderprogrammen oder z. B. über den Weg der Selbstvermarktung, trotz aller wirtschaftlicher Probleme immer noch eine intensive und mühevolle Pflege von Wiesen und Weiden betreiben.

Bild 7.12. Schuttverlagerung (Königstalalm, Berchtesgadener Alpen, Deutschland)

Bild 7.13. Bodenschäden (Königstalalm, Berchtesgadener Alpen, Deutschland)

Bild 7.14. Schneeschurfblaiken

Schneeschurfblaiken entstehen durch Gleiten oder Rutschen von Schneedecken über die Vegetation und Bodenoberfläche. Die Schurfwirkung wird durch die Reibung zwischen vom Schnee mitgerissenen Steinen oder Ästen und der überwanderten Oberfläche verstärkt. Teppichartig umgebogene Gräser infolge von ausbleibender Mahd oder Beweidung bilden eine glatte Unterlage, die Bewegungen der Schneedecke begünstigt. Von typischen Schneeschurfblaiken sind insbesondere steinreiche Böden (z. B. aus Kalk und Dolomit) oder diejenigen oberhalb der Waldgrenze betroffen, da sie reichlich Ansatzpunkte für den Schurf bieten. Entscheidend wirken sich sogenannte Gleitschneewinter mit großen Wasseräquivalenten und Mächtigkeiten der Schneedecke sowie Temperaturen an der Grenzschicht Boden/Schnee um 0° C aus, die Bewegungen des Schnees ermöglichen. Die Schurfflächen sind unregelmäßig begrenzt mit deutlicher Ausdehnung in Gefällsrichtung. Sie können Größen von bis zu mehreren hundert Quatratmetern erreichen. Ihre Tiefe beträgt häufig nur einige Zentimeter, mitunter auch mehrere Dezimeter. Diese Abtragungsformen können in allen Hochgebirgen mit ausgeprägter winterlicher Schneedecke, insbesondere bei Hangneigungen zwischen 30° und 40° vorkommen. Die Untergrenze für ihre Verbreitung wird durch die höhenabhängige Niederschlagsverteilung und die damit zusammenhängenden Schneehöhen bestimmt. Die Aufnahme zeigt den SO-exponierten, von Schneeschurfblaiken überzogenen Hang der Rettenbäckalm in den Schlierseer Bergen vom 1667 m hohen Gipfel des Bodenschneid.

Bild 7.15. Blattanbrüche

Blattanbrüche entstehen in schluffreichen, tiefgründigen Böden durch die Abtragung von ca. 20-50 cm mächtigen Bodenschollen samt Vegetationsdecke. Die Verlagerung der teilweise viele Quadratmeter umfassenden Schollen erfolgt bei annähernd konstant bleibender Mächtigkeit der jeweils neu aus dem Verband gelösten Masse entlang hangparallel orientierter Abtragungsflächen. Im Unterschied zu typischen Schneeschurfblaiken weisen die resultierenden Erosionsformen auffallend scharf ausgeprägte Abtragungsfronten auf (Bild 7.16.) mit einem sichel- oder hufeisenförmigen Verlauf. Charakteristisch ist weiterhin die nahezu plane Oberfläche der Erosionsformen und eine im Gegensatz zu Schneeschurfblaiken häufig größere laterale Ausdehnung als in Hangfallrichtung. Ihr Auftreten ist zumeist an Hangneigungen zwischen 30° und 40° gebunden. Ausgelöst wird diese Form der Abtragung durch die Kompression und Stauchung der locker gelagerten oberen Bodenschichten durch Schneerutsche oder Grundlawinen (Kap. 6.3) bei stark vom Schmelzwasser vernäßten Böden im Zuge der Schneeschmelze. Von Blattanbrüchen betroffene Böden sind immer mehrschichtig, sehr tiefgründig und oberhalb der Abtragungsfläche deutlich feinkörniger und lockerer ausgebildet. Daher besitzen die Bereiche unterhalb der möglichen Abtragungsfläche eine höhere Standfestigkeit gegenüber mechanischen Belastungen durch Schneedeckenbewegungen.

Bild 7.14. Schneeschurfblaiken (Rettenbäckalm, Schlierseer Berge, Deutschland)

Bild 7.15. Blattanbrüche (Königstalalm, Berchtesgadener Alpen, Deutschland)

Bild 7.16. Abtragungsfront

Die Aufnahme zeigt einen etwa 80 m^2 großen Blattanbruch (S. 185) auf der Königstalalm im Jennergebiet des Nationalparks Berchtesgaden. Charakteristisch ist die nahezu plane, hangparallele Oberfläche der Abtragungsform oder Blaike mit scharf ausgeprägter Abtragungsfront. Der Anbruch entstand in schluffig-lehmigem Boden (Braunerde) aus Verwitterungsmaterial jurassischer Sedimente. Sehr auffällig ist auch die Ähnlichkeit des Blattanbruches mit der Form von Gleitschneerissen, die als "Fisch- oder Lawinenmäuler" bezeichnet werden (Bild 7.4.). Dies ist darin begründet, daß Blattanbrüche von Gleitschneerutschen oder Grundlawinen im Augenblick des ruckhaften Schneeabgangs verursacht werden, was auf die Kompression und das Abschürfen des während der Schneeschmelze im Frühjahr nassen Bodens zurückzuführen ist.

Bild 7.17. Akkumulation von Boden

Die Akkumulationen von Bodensediment durch abgetragene Bodenschollen und sekundär verspültem Material unterhalb von Blattanbrüchen (S. 185) führt zu konvexen Hangformen unmittelbar unterhalb der Blaiken (S. 175). Die zumeist höheren Anteile an organischer Substanz bis in größere Tiefe und das gestörte Bodengefüge erhöhen in diesen Bereichen die maximale Haftwassermenge des zumeist schluffig-lehmigen Bodens (s. Kap. 4.1) und bedingen somit eine länger andauernde hohe Bodenfeuchte. Folglich bietet der Standort feuchteliebenden Gräsern wie der Rasenschmiele (*Deschampsia caespitosa*) günstige Standortbedingungen. Ihre Horste überziehen, so auch auf der Aufnahme, oft die Ablagerungen unterhalb von Blaiken und bieten der Schneedecke erneute Schurfansatzpunkte.

Bild 7.16. Abtragungsfront (Königstalalm, Berchtesgadener Alpen, Deutschland)

Bild 7.17. Akkumulation von Boden (Königstalalm, Berchtesgadener Alpen, Deutschland)

Bild 7.18. Blaikenvergesellschaftung (Königstalalm, Berchtesgadener Alpen, Deutschland)

Der Blick richtet sich gegen den NW-exponierten Hang der Königstalalm in den Berchtesgadener Alpen. In der oberen Bildhälfte ziehen breite und flachgründige Schneeschurfblaiken (S. 175) zu Tale. In der rechten Bildmitte erkennt man mehrere Blattanbrüche (S. 185), die vom Viehtritt entlang der zahlreichen, den Hang überziehenden Viegangeln (Kap. 4.2.4) überprägt wurden.

8 Gletscher

Wenn wir an Hochgebirge denken, so haben wir meist vergletscherte Gipfel und Bergmassive vor Augen. Und tatsächlich sind Gletscher in zahlreichen Hochgebirgen unseres Globus ein wesentliches Landschaftselement. Viele Hochgebirgslandschaften erhielten erst in der jüngeren geologischen Vergangenheit durch fließende Eismassen ihr heutiges Erscheinungsbild. Im Pleistozän, das vor rund 2 Millionen Jahren begann und vor etwa 10.000 Jahren endete, führten die eiszeitlichen Gletscherströme zu gewaltigen Veränderungen. Sie nagten an Bergen, schürften Täler aus und lagerten große Schuttmengen ab. Gletscher sind für die Menschen der Hochgebirge ein gewaltiges Trinkwasserreservoir, ihr aufgestautes Schmelzwasser liefert Energie für Millionen, und ohne Gletscher würden viele Gebirgslandschaften ihren Reiz und ihre Faszination für Alpinisten, Wanderer und Naturfreunde verlieren.

Die Bezeichnung "Gletscher" wurde vom lateinischen Wort für Eis *glacies* abgeleitet. Im Englischen und Französischen schreibt man ganz ähnlich: *Glacier*. Im deutschsprachigen Alpenraum gibt es für Gletscher die Bezeichnungen: *Ferner* (von althochdeutsch firn = alt), *Firn* und *Kees* (von althochdeutsch Eis). In den italienischen Alpen heißen sie *Ghiacciaio*, im rhätoromanischen Alpenraum *Vedretta*. Die Gletscher Islands heißen *Jökull*, die Norwegens *Bre*. Im Russischen sagt man *Lednik* und im Spanischen *Glaciar* zu ihnen.

8.1
Die Entstehung von Gletschern

Gletscher (Bild 8.1.) bestehen aus Eis. Und Gletschereis bildet sich aus Schnee. Es gibt auf der Erde überall dort Gletscher, wo oberhalb der klimatischen Schneegrenze (Kap. 6.2) die Sonneneinstrahlung nicht mehr ausreicht, um den festen Niederschlag wegzuschmelzen. In den Polargebieten ist dies bereits in Meereshöhe der Fall. Jede *Neuschneedecke* erfährt nach ihrer Ablagerung eine Veränderung. Man bezeichnet diesen Vorgang als *Metamorphose* (von griechisch *metamorphóo* = umgestalten). Dabei wird zwischen der destruktiven oder der abbauenden und der konstruktiven oder der aufbauenden Metamorphose unterschieden. Bei der destruktiven Metamorphose werden die verzweigten Strukturen der hexagonalen Schneekristalle und der daraus gebildeten Schneeflocken durch Schmelzen und Verdunsten abgebaut. Verzweigte Kristalle erhalten dadurch eine Kornform und die Schneedecke verdichtet sich nach und nach (s. a. Kap. 6.1). Aus *Neuschnee* wird allmählich *Altschnee* (Bild 8.2.). Überdauert die Schneedecke eine Abschmelz- oder Ablationsperiode (von lateinisch *ablatio* = Wegnahme, Entwendung, Raub) - sie dauert in den Alpen in der Regel von Mai bis September - nennt man sie *Firn*. Die Umwandlung der Schneedecke wird insbesondere durch Schmelzvorgänge beschleunigt. Sie erfolgt daher in polaren Gebieten sehr viel langsamer als in wärmeren Regionen.

Bei der konstruktiven Metamorphose kommt es über *Sublimation*, dem unmittelbaren Übergang der Schneekristalle vom festen in den gasförmigen Zustand, zu Kristallneubildungen. Sie liegen in Form von Becherkristallen, Blättchen, Säulchen oder pyramidenähnlichen Strukturen vor. Eine daraus zusammengesetzte Schneeschicht bezeichnet man als *Schwimmschnee*. Denn aufgrund ihrer lockeren Lagerung spielt sie bei der Lawinenbildung (Kap. 6.3) eine entscheidende Rolle.

Schreitet die destruktive Metamorphose weiter fort, so wachsen die einzelnen Komponenten der Schneedecke über Eisbrücken zusammen, was zu einer stärkeren Verdichtung bei gleichzeitigem Abnehmen des Porenvolumens und der Luftdurchlässigkeit führt. Auch hierbei spielt die Sublimation neben Schmelzen und Wiedergefrieren, der sogenannten *Regelation* (vgl. Kap. 8.2), eine wesentliche Rolle. Man nennt diese Phase auch *Sinterung* der Schneedecke. Ab einer Dichte von 0,80 bis 0,85 g/cm^3 wird der Firn undurchlässig, es bildet sich weißes *Firneis*.

Für den Geologen ist Eis nichts anderes als ein monomineralisches Gestein wie Stein- bzw. Kochsalz, Marmor oder Gips. Reiner Marmor besteht nur aus Calzit, Kochsalz aus Natriumchlorid und Eis besteht aus kristallinen Körnern oder Stengeln des Minerals Eis. Ebenso wie vulkanische Gesteine entsteht das Gestein Eis aus einer Flüssigkeit - anstatt Magma ist es Wasser. Und ebenso wie Sedimente kann es in zahlreichen Schichten abgelagert werden. Beim Prozeß der Diagenese werden Lockersedimente unter Druck, Umkristallisation oder Verkittung zu Festgestein. Tonschlamm wird zu Tonschiefer, Kalkschlamm zu Kalkstein und Torf zu Braunkohle. Schnee wird zu Eis. Nur heißt es hier anstatt Diagenese: Metamorphose. Und eine Eigenschaft des Eises ist ungewöhnlich: Gegenüber den meisten anderen Mineralien hat das Mineral Eis eine extrem niedrige Schmelztemperatur. Denn bei den meisten Mineralien liegt der Schmelzpunkt bei über 1000° C.

Kommt Firneis auf geneigter Unterlage und bei weiterer Schneeüberlagerung in Bewegung, entstehen Druckschwankungen innerhalb der Ablagerung. Erhöhter Druck bedeutet Schmelzvorgänge, geringerer Druck führt zum Wiedergefrieren des Schmelzwassers. Durch die Regelation wird ein weiteres Wachstum der Eiskörner unter Abbau von Verbindungsbrücken und kleineren Firn- und Eiskörnern bewirkt. Sublimation tritt zurück, da die bis dahin noch enthaltene Luft durch Kompression weitgehend ausgepreßt wird. Zudem wirkt bei gerichtetem Druck im Eis die *Rekristallisation*. Hierbei handelt es sich um eine Verschiebung zwischen zwei beliebigen Moleküllagen im Eiskristall. Das Eis deformiert und verdichtet sich langsam aber fortschreitend ohne Schmelzprozesse. Aus weißem, luftreichem Firneis ist nun durchsichtiges *Gletschereis* (Bild 8.3.) enstanden. Das bläulich bis grünlich schimmernde Gletschereis ist luftundurchlässig, worauf noch eingeschlossene Luftblasen hinweisen. Die Dichte des Eises liegt nun bei 0,91 g/cm^3. Zum Vergleich: Die Dichte des Neuschnees beträgt rund 0,1 g/cm^3. Um 1 cm Gletschereis zu bilden, sind 80 cm Neuschnee erforderlich. Man hat beispielsweise errechnet, daß zur Bildung der ca. 3000 m dicken Eisdecke auf Grönland 240.000 m Neuschnee erforderlich waren. Zusätzlich zum gefrorenen Wasser besteht ein Gletscher aus unterschiedlichen Mengen an eingeschlossenen mineralischen und organischen Materialien wie Schutt, Sand, Staub und Pflanzenreste (Bild 8.4.). Den Eintrag von Staub auf einen Gletscher kann man gelegentlich in den Alpen gut beobachten, wenn sich die Gletscher durch Staub aus der Sahara, der bis in die skandinavischen Gebirge gelangen kann, gelb verfärben. Denn Höhenströmungen wie der Jetstream ziehen Staubwolken bis in Höhen von 10.000 Metern.

Bild 8.1. Khumbu Gletscher am Mount Everest (Khumbu Himal, Nepal)

Es dürfte wohl kaum einen Bergwanderer oder Alpinisten geben, der sich der Faszination der fließenden Eismassen eines Gletschers entziehen kann. Vor allem dann, wenn es sich um große Talgletscher (S. 237) handelt, die, umrahmt von steilen Wänden, als gewaltige Eisströme aus großen Höhen herabfließen. Und für viele Menschen sind die großen Talgletscher Sinnbild für Hochgebirge und unberührte Natur. Die Aufnahme entstand in der Lhotse-Westflanke in 7500 m Höhe und zeigt das berühmte Western Cwm (Tal des Schweigens) des Khumbu Gletschers. Es ist als Trogtal (Kap. 9.1) von Mount Everest (8848 m), Lhotse (8516 m) und Nuptse (7879 m) umgeben. Der Blick richtet sich gegen Nordwesten auf das Massiv des 7922 m hohen Gyachung Kang. Der von unzähligen gefährlichen Gletscherspalten durchzogene Khumbu Gletscher fällt im Bereich der Bildmitte zum berühmt-berüchtigten und wild zerrissenen Khumbu Eisbruch (Bild 8.22.) ab.

Bild 8.2. Altschneedecke

Gletschereis entsteht aus Schnee. Eine Neuschneedecke hat sich aus unzähligen hexagonalen Eiskristallen, die sich in der Atmosphäre zu Schneeflocken verhakt haben, gebildet. Im Innern der Neuschneedecke aus Lockerschnee (Pulverschnee) oder feuchtem Lockerschnee (Pappschnee) finden durch Temperaturunterschiede von Beginn an permanente Umwandlungsprozesse statt (s. a. Kap. 6.1). Die destruktive (abbauende) Metamorphose bewirkt einen Abbau der verzweigten Strukturen der Eiskristalle durch Schmelzen oder Verdunsten. Schneesternchen erhalten allmählich eine Kornform, die Schneedecke verdichtet sich. Aus Neuschnee wird körniger Altschnee. Die Dichte des Neuschnees liegt bei rund 0,1 g/cm^3, die Dichte von Altschnee erreicht je nach Wassergehalt bereits Werte von bis zu 0,5 g/cm^3. Im Gebirge trifft man auf Wanderungen und Bergtouren häufig bis in das späte Frühjahr oder in den Sommer hinein auf ausgedehnte Altschneefelder, die den Weg versperren. Beim Überqueren ist besondere Vorsicht geboten. Denn steil geneigte und sehr große Altschneefelder bergen eine erhöhte Unfallgefahr durch Ausrutschen. Vor allem dann, wenn sie am Morgen hart gefroren oder gegen Mittag aufgeweicht sind. Reicht die Sonnenenergie in großen Höhen oder in den polaren Regionen nicht mehr aus, um den Altschnee im Laufe des Sommers vollständig wegzuschmelzen, ist der erste Schritt zur Bildung von Gletschereis vollzogen. Überdauert Altschnee in geschützter Lage, oberhalb der klimatischen Schneegrenze (Kap. 6.2) oder oberhalb der Firnlinie (S. 205) eines Gletschers, eine Ablationsperiode (S. 199), wird er als Firn bezeichnet. Das Wort *Firn* entstammt dem Althochdeutschen und bedeutet alt.

Bild 8.3. Gletschereis

Während der Altschnee als Firn eine Ablationsperiode, etwa im Nährgebiet eines Gletschers (S. 205), überdauert, schreitet die thermisch und druckbedingte Umwandlung des Schnees weiter fort. Die einzelnen Komponenten der Schneedecke wachsen durch Schmelzvorgänge und Sublimation (= direkter Übergang vom festen in den gasförmigen Zustand) über Eisbrücken zusammen. Dies führt zu einer stärkeren Verdichtung bei gleichzeitigem Abnehmen des Porenvolumens und der Luftdurchlässigkeit. Man bezeichnet diesen Prozeß als Sinterung der Schneedecke. Ab einer Dichte von 0,80 bis 0,85 g/cm^3 wird die Firndecke undurchlässig und es bildet sich weißes Firneis. Durch den Vorgang der Rekristallisation (S. 200) entsteht schließlich aus Firneis durchsichtiges, grünlich bis bläulich schimmerndes Gletschereis mit einer Dichte von 0,91 g/cm^3. Insbesondere Schmelzvorgänge fördern die Umwandlung von Schnee in Gletschereis. Da der Prozeß der Metamorphose daher in starkem Maße temperaturabhängig ist, erfolgt er in den Polargebieten deutlich langsamer als in temperierten Breiten. So werden in Grönland mehr als 100 Jahre zur Gletschereisbildung benötigt. Im Bereich des 4275 km^2 umfassenden außerpolaren Seward-Malaspinasystems in Alaska, dauert die Umwandlung von Schnee zu Gletschereis lediglich 3 bis 5 Jahre.

Bild 8.2. Altschneedecke (Brunegghorn, Walliser Alpen, Schweiz)

Bild 8.3. Gletschereis (Hintereisferner, Ötztaler Alpen, Österreich)

Bild 8.4. Fremdbestandteile im Eis (Mittelbergferner, Ötztaler Alpen, Österreich)

Gletscher enthalten stets unterschiedliche Mengen an eingeschlossenen mineralischen und organischen Materialien wie Schutt, Sand, Staub und Pflanzenreste. Selbst Staub aus der Sahara findet sich gelegentlich auf und in einem Gletscher. Die Aufnahme zeigt, daß Fremdmaterial nicht nur die Oberfläche des Gletschers als dünne Obermoräne (Kap. 9.2) stellenweise überzieht, sondern auch im Eis selbst als Innenmoräne (Kap. 9.2) vorhanden ist. Häufig gelangt mineralisches, aber auch organisches Material durch Spalten in den Gletscherkörper hinein.

8.2
Eigenschaften der Gletscher

Gletscher sind geschlossene Eismassen, die aus Schnee entstehen und sich entsprechend dem Gefälle der Geländeoberfläche unter dem Einfluß der Gravitation voranbewegen. Die Eismassen fließen in Höhenlagen, in denen die Temperatur über dem Gefrierpunkt liegt. Dort schmilzt das Eis und der Gletscher verliert an Substanz. Ein Gletscher weist demnach eine Zone mit Massenzuwachs und eine Zone mit Massenverlust auf. Man nennt diese Zonen *Nähr-* und *Zehrgebiet* (Bild 8.5., Abb. 8.1.). Die Grenze zwischen beiden Bereichen ist die *Gleichgewichtslinie.* Im Nährgebiet ist der Gletscher in der Regel von Firn bedeckt, unterhalb davon apert er im Sommer aus (von lateinisch *apertus* = offen), so daß das blanke Gletschereis zu Tage tritt (Bild 8.8. und Bild 8.13.). Die Gleichgewichtslinie wird auch als *Firnlinie* bezeichnet, wobei es jedoch mitunter Abweichungen zwischen beiden Linien gibt. Und zwar dann, wenn zwischen Firn- und Gleichgewichtslinie eine Zone aus gefrorenem Schmelzwasser auftritt. Man bezeichnet dieses Eis aus wiedergefrorenem Schmelzwasser als *superimposed ice* (Bild 8.6.). Große Abweichungen zwischen Firn- und Gleichgewichtslinie finden sich vor allem bei subpolaren Gletschern.

Die Differenz zwischen Zuwachs und Massenverlust ergibt den *Nettohaushalt* eines Gletschers. Er bestimmt, ob sich ein Gletscher zurückzieht oder ob er vorstößt. Der äußerst komplexe *Massenhaushalt* eines Gletschers kann stark vereinfacht mit der Gleichung

$$b = c + a$$

dargestellt werden. Dabei ist b der Massenhaushalt, c die Akkumulation, also der Zuwachs durch Schneefall, Lawinen, gefrorenem Regen oder Treibschnee, und a die Ablation (von lateinisch *auferre* = wegtragen oder *ablatio* = Wegnahme, Entwendung, Raub) infolge von Schmelzen, Verdunsten, Winddrift oder durch *Gletscherkalben* (Bild 8.9.), fließt ein Gletscher in das Meer, einen Fjord (Kap. 9.1) oder einen See. Je nachdem, ob Akkumulation oder Ablation vorherrscht, verringert oder vergrößert sich die Masse des Gletschers. Ist die Akkumulation größer als die Ablation, ist der Massenhaushalt positiv; ansonsten ist er negativ. Das Zeitintervall zwischen zwei aufeinanderfolgenden Minima im Massenhaushalt bildet das Bilanzjahr für die Nettobilanz des Massenhaushaltes. Entscheidend für die Ernährung eines Gletschers ist der Verlauf der Witterung in der Abschmelzperiode. Kühle Sommer mit Schneefällen in den Hochlagen führen zum Massenzuwachs. Die winterlichen Temperaturen und Schneemengen sind von geringerer Bedeutung für das Gletscherverhalten. Jedoch begünstigen auch relativ milde Wintertemperaturen mit großen Schneemengen den Massenzuwachs, wenn ein kühler Sommer mit ergiebigen Schneefällen in der Höhe folgt. In den Tropen fehlen die Jahreszeiten. Dort bestimmen u. a. die Niederschläge der Regenzeiten den Massenhaushalt von Gletschern. Ablation findet täglich statt. Wegen der doppelten Regenzeit können bei tropischen Gletschern sogar zwei Bilanzjahre auftreten.

Gletscher der mittleren Breiten und der Tropen sind *warme* oder *temperierte* Gletscher mit Eistemperaturen um den *Schmelzpunkt.* Daß sie nicht kälter sind, hat folgende Gründe: Die Lufttemperatur liegt häufig über dem Gefrierpunkt, und durch das Wiedergefrieren von Schmelzwasser wird Wärme frei, die zur Temperaturerhöhung im Gletscher beiträgt. Ein Gramm gefrierendes Wasser gibt 80 Kalorien an das umgebende Eis ab. Trotzdem werden warme Gletscher zur Tiefe hin kälter, weil mit zunehmender Eismächtigkeit und dem daraus folgenden Druck der Schmelzpunkt erniedrigt wird. Eis schmilzt durch den Druck zu einem gewissen Anteil. Diese Zustandsänderung entzieht dem Eis Wärme. Die Temperatur des Eises sinkt dann im Verhältnis zum Druck. Da in temperierten Gletschern durch die Regelation stets ein Wasseranteil vorhanden ist, führen sie ganzjährig Schmelzwasser, das in einem *Gletscherbach* (Bild 8.10.), häufig durch ein *Gletschertor* (Bild 8.11.), austritt.

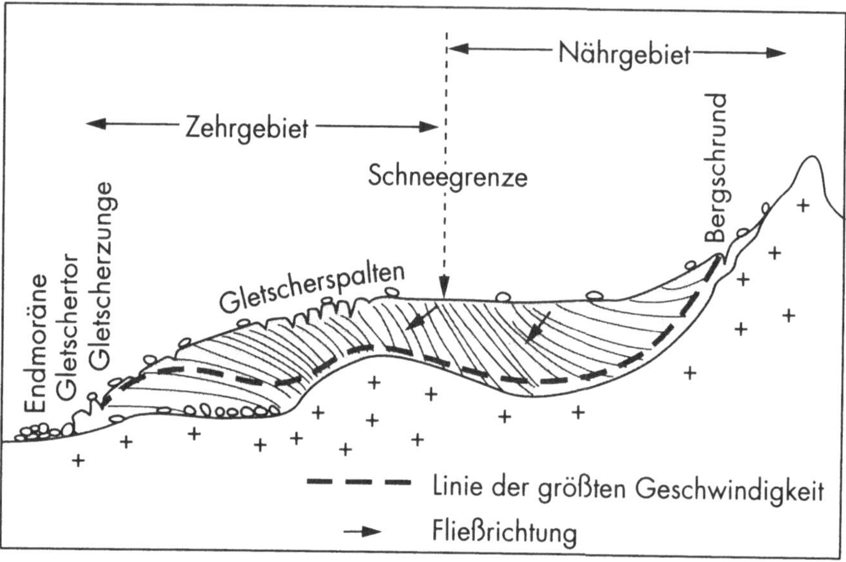

Abb 8.1. Schematisches Gletscherprofil. Aus Fraedrich (1996).

Warum fließt ein Gletscher? Gletschereis fließt aus zwei Gründen. Erstens durch interne Deformation, die man als plastisches Fließen bezeichnet. Und zweitens durch Gleiten seiner Basis. Unter hohem Druck innerhalb des Gletschers kommt es zu kleinen Verschiebungen im Kristallgitter des Eises, die sich insgesamt zu einer plastischen Bewegung der gesamten Eismasse summiert. Zusätzlich zum plastischen Fließen gleitet ein Gletscher durch Regelation über seine Sohle. An der Sohle des Gletschers steht das Eis unter hohem Druck, wodurch der Schmelzpunkt des Eises abnimmt. Das ist derselbe Effekt wie er beim Schlittschuhlaufen zu beobachten ist. Das Körpergewicht auf der schmalen Schlittschuhkufe bingt das Eis darunter durch Druck zum Schmelzen. Das Schmelzwasser wirkt dann als Schmierfilm, auf dem der Schlittschuhläufer gleitet. Auf diese Weise kann ein Gletscher auch Hindernisse an seiner Sohle überfließen, indem das Eis durch Druck vor dem Hindernis schmilzt und dahinter wieder gefriert. Diesen

Vorgang der Regelation kennt man auch von einem bekannten Experiment aus dem Physikunterricht: Ein mit Gewichten an beiden Enden belasteter Draht wird quer über einen Eisblock gelegt. Durch den Druck, den der belastete Draht auf das Eis ausübt, schmilzt es direkt unter ihm, gefriert aber unmittelbar über ihm sofort wieder zu Eis. So wandert der Draht von oben nach unten durch den Eisblock, ohne ihn in zwei Stücke zu zerschneiden. Bei Gletschern in den Polargebieten finden Gleitbewegungen durch Regelation kaum statt. Die Temperaturen sind dort so niedrig, daß das Gletschereis auch unter hohem Druck am Felsuntergrund festgefroren ist. Solche kalten Gletscher bewegen sich vorwiegend durch plastische Deformation oder plastisches Fließen. Ihnen fehlt auch ein für warme Gletscher typischer Gletscherbach. Ob ein Gletscher "kalt" oder "warm" ist, hängt ebenfalls von der Höhenlage ab. Daher können sehr hoch gelegene Alpengletscher in größeren Eistiefen Temperaturen erheblich unter dem Druckschmelzpunkt aufweisen.

Die Fließgeschwindigkeit eines Gletschers nimmt vom Rand zur Mitte und vom Untergrund zur Oberfläche hin zu. Auch im Längsprofil zeigt ein Gletscher eine charakteristische Geschwindigkeitsverteilung. Abgesehen von Störungen in Eisbrüchen (Bild 8.22.) nimmt die Geschwindigkeit vom Nährgebiet bis etwa zum mittleren Teil des Gletschers zu, um dann gegen das Gletscherende wieder abzunehmen. Hingegen steigt die Geschwindigkeit von Gletschern, die in das Meer münden, an ihrem Zungenende beträchtlich an. Auch das Talgefälle bestimmt letztendlich die Fließgeschwindigkeit. Gletscher können aber, anders als Wasser, auch bergauf fließen. Und zwar dann, wenn die als *Firnfelddruck* bezeichnete Schubkraft des Eises im Nährgebiet ausreicht, um eine Gletscherzunge (Bild 8.7.) aufwärts zu schieben. Alpengletscher bewegen sich in der Regel mit Geschwindigkeiten von 30-150 m pro Jahr talwärts. Im Karakorum und auf Spitzbergen wurden Werte für die Fließgeschwindigkeit von Gletschern von 130-800 m pro Jahr gemessen. Einige Gletscher auf Grönland erreichen Geschwindigkeiten von bis zu mehreren Kilometern im Jahr.

Wenn Gletscher plötzlich schneller werden: Ein typischer Alpengletscher bewegt sich jährlich etwa 50 m talwärts. Nach einer längeren Periode mit geringerer Bewegungsgeschwindigkeit kommt es bei einigen Gletschern zu einer plötzlich auftretenden schnellen Bewegung. Solch schnelle, oftmals katastrophale Vorstoßbewegungen von Talgletschern bezeichnet man als *Glacial Surge*. Im Volksmund spricht man von *galoppierenden Gletschern*. 1912 wurde bei einem Surge des Kolkagletschers im Kaukasus das Sanatorium von Kermadon im Genaldontal völlig zerstört. Hunderte von Menschen kamen dabei ums Leben. In den vergangenen drei Jahrhunderten sorgten Surges des Vernagtferners (Bild 8.12.) in den Ötztaler Alpen mehrfach für große Schäden im Tal.

Surge-Gletscher gibt es in allen vereisten Gebieten der Erde. Die meisten dieser Gletscher befinden sich jedoch in Alaska. Man hat dort mehr als 200 Eisströme als Surge-Gletscher eingestuft. Ein Surge des 130 km langen Hubbardgletschers am Golf von Alaska sorgte 1986 für gewaltige Veränderungen im Ökosystem und zu enormen wirtschaftlichen Schäden. Die Mechanismen derartiger Gletschervorstöße sind bislang noch nicht restlos geklärt. Jedoch scheint einem schnellen Gletschervorstoß ein Anstieg des Wasserdruckes in den *Schmelzwassertunneln* des Gletschereises vorauszugehen. Der Gletscher schwimmt sozusagen auf, die Reibung an der Sohle verschwindet fast völlig. Während die Geschwindigkeit eines Gletschers für gewöhnlich in seiner Mitte am größten ist und zum Rand hin stetig abnimmt, ist sie im Surge-Zustand von der Mitte der Eismassen bis zu ihrem Rand kaum verändert. Man spricht daher auch von einer *Blockschollenbewegung*. Ein Gletscher-Surge endet, wenn der Wasserdruck durch den Ausbruch der aufgestauten Wassermassen zusammenbricht.

Bild 8.5. Nähr- und Zehrgebiet

Hinsichtlich ihres Massenhaushaltes werden Gletscher in ein Nährgebiet und ein Zehrgebiet unterteilt. Die Grenze zwischen den beiden Gebieten ist die Gleichgewichtslinie, die der lokalen oder orographischen Schneegrenze (Kap. 6.2) entspricht. Sie ist die Grenze zwischen Bereichen mit positiven und negativen Bilanzwerten. Oberhalb der Gleichgewichtslinie nimmt ein Gletscher an Masse zu, unterhalb davon schmilzt er langsam wieder ab. Man kann dies bei vielen Alpengletschern gut beobachten. Dort, wo der Gletscher auch im Sommer von Firn bedeckt ist, befindet sich das Nährgebiet. Darunter folgt oft mit scharfer Begrenzung blankes, aperes Gletschereis (Bild 8.8.), das Zehrgebiet. Die optische Trennungslinie wird auch als Firnlinie bezeichnet. Im gleichen Gebiet liegt die Firnlinie jedoch deutlich tiefer als die orographische Schneegrenze im Bereich der den Gletscher umgebenden Felsregionen. Dies ist auf die abkühlende Wirkung des Gletschereises zurückzuführen. In den östlichen Schweizer Alpen beträgt der Unterschied z. B. rund 300 m, im Kaukasus sogar 800 m. Bei vielen Alpengletschern fällt die Firnlinie mit der Gleichgewichtslinie zusammen. In den randarktischen Bereichen wie in Grönland weichen beide Linien deutlich voneinander ab. Denn die Gleichgewichtslinie ist eine Massenhaushaltsgrenze zwischen Eiszuwachs und Eisverlust. Bei grönländischen Gletschern findet sich zwischen Firnlinie und Gleichgewichtslinie eine Blankeiszone aus aufgefrorenem Schmelzwasser, das als superimposed ice kein eigentliches, also metamorph entstandenes Gletschereis darstellt und trotz fehlender Firnbedeckung noch zum Nährgebiet eines Gletschers gerechnet wird. Im Vordergrund des Bildes sieht man den aperen Gletscherbereich des Vadret Pers, das Zehrgebiet. Dahinter folgt unterhalb der Piz Palü Nordwand das firnbedeckte Nährgebiet.

Bild 8.6. Schmelzwasserrinne

Die Aufnahme zeigt eine markante Schmelzwasserrinne durch oberflächlich abfließendes Schmelzwasser, auch supraglaziäres Schmelzwasser genannt (von lateinisch *supra* = oben), auf der aperen, d. h. aus Blankeis bestehenden Gletscheroberfläche im Zehrgebiet (S. 205). Gefriert das Schmelzwasser auf dem Gletscher wieder, so entsteht eine Eisschicht, die sich deutlich vom metamorph gebildeten Gletschereis unterscheidet. Wiedergefrorenes Schmelzwasser kann mitunter größere Bereiche zwischen der Firnlinie (S. 205) und der Gleichgewichtslinie (S. 205) einnehmen. Daher kommt es nicht selten zu beträchtlichen Abweichungen beider Linien. Das durch Wiedergefrieren entstandene Eis wird als "aufgelegtes", als "superimposed ice" bezeichnet.

Bild 8.5. Nähr- und Zehrgebiet (Vadret Pers, Berninagruppe, Schweiz)

Bild 8.6. Schmelzwasserrinne (Baltschieder Gletscher, Berner Oberland, Schweiz)

Bild 8.7. Gletscherzunge

Ein Talgletscher läßt sich in ein Nährgebiet und ein Zehrgebiet unterteilen (Bild 8.5.), wobei letzteres in typischer Weise die Gletscherzunge umfaßt, die an ihrem Ende in sich zusammengesackt oder hoch aufgewölbt sein kann. Denn je nach Jahreszeit und klimatischen Verhältnissen stößt die Gletscherzunge vor oder weicht zurück. Fließt durch verbesserte Ernährungsbedingungen des Gletschers mehr Eis in das Zehrgebiet, als im Laufe der Jahre abschmelzen kann, schwillt die Gletscherzunge an und rückt vor. Im Bereich des Zungenendes können bei Alpengletschern in warmen, sonnenscheinreichen Sommern mehrere Meter Eis abschmelzen. So zeigten beispielsweise Messungen am 2200 m hoch gelegenen Zungenende des Schlatenkees in den Hohen Tauern (Zentralalpen) einen sommerlichen Eisverlust von bis zu 7 Metern. In neuschneereichen, kühlen Sommern hingegen schmilzt das Zungenende lediglich um etwa die Hälfte ab. Gletscher, deren Zungenenden sehr steil sind oder über ausgeprägten Steilabbrüchen liegen, bergen die nicht zu unterschätzende Gefahr eines Eisabbruches. Am 30. August 1965 kam es im Schweizer Kanton Wallis oberhalb der Baustelle des Mattmarkstaudammes im Saaser Tal zu einem katastrophalen Abbruch der Zunge des Allalingletschers. Gegen 17.15 Uhr stürzten etwa 500.000 m^3 Eis in 30 Sekunden rund 300 m in die Tiefe und zerstörten Teile der Baustelle. Da die Größe der Eismassen nie genau festgestellt wurde, wird von verschiedener Seite sogar von mehr als einer Million m^3 gesprochen. Der Abbruch forderte zahlreiche Todesopfer unter den Bauarbeitern.

Bild 8.8. Aperes Gletschereis

In den Sommermonaten schmilzt auf den Alpengletschern und vielen anderen Gletschern der Welt die winterliche Schneedecke im Zehrgebiet ab. Man spricht vom Ausapern. Aper stammt vom lateinischen Wort *apertus* für offen und wird im Sinne von schneefrei oder blank verwendet. Das blanke Gletschereis oder Blankeis tritt zum Vorschein. Das Begehen des aperen Gletschers erfordert vom Alpinisten die Verwendung der Steigeisen, ohne die ein sicheres Vorankommen in steileren Passagen kaum möglich ist. Ausnahmen bilden natürlich abgesteckte Schaupfade zum "Eisschnuppern" für Touristen, wie z. B. derjenige auf der aperen Zunge der Pasterze am Großglockner. Der Vorteil des aperen Gletschers ist die Tatsache, daß Gletscherspalten nicht von Schnee bedeckt und somit für den Bergsteiger leicht erkennbar sind.

Bild 8.7. Gletscherzunge (Hintereisferner, Ötztaler Alpen, Österreich)

Bild 8.8. Aperes Gletschereis (Mittelbergferner, Ötztaler Alpen, Österreich)

Bild 8.9. Gletscherkalben

Bei Gletschern, die im Meer, in einem Fjord (Kap. 9.1) oder in einem See enden, erfolgt der Eisverlust vor allem durch Kalben, wodurch die bekannten Eisberge entstehen. Das Ende kalbender Gletscher bezeichnet man als Kalbungsfront. Als wesentliche Ursachen des Gletscherkalbens werden der Auftrieb von Eismassen, das Abbrechen des Eises entlang von Schwächezonen wie z. B. an Querspalten (S. 225), die Einwirkung der Schwerkraft oder die Krafteinwirkung der Brandung angesehen. Sobald das Gletschereis in tieferes Wasser gelangt und die Verbindung zum Untergrund verliert, erfährt das Zungenende einen Auftrieb. Wird dabei die Festigkeit des Eises überschritten, kommt es zum Abbruch von Eismassen, zum Kalben. Schmelzwirkung und Abbrechen entlang von Gletscherspalten oder Wasserwellen tragen zusätzlich zur Instabilität der Kalbungsfront bei. Die Aufnahme zeigt einen der zahlreichen Gletscher des Eisstromnetzes auf Spitzbergen (Bild 8.44.) mit seiner Kalbungsfront in das Meer.

Bild 8.10. Gletscherbach

Das Schmelzwasser eines Gletschers speist den Gletscherbach, der an der Gletscherstirn austritt. In vielen Hochgebirgsregionen besitzen Gletscherbäche eine hohe wirtschaftliche Bedeutung. Sie werden in den Trockenräumen für die Bewässerung genutzt, und sie liefern Energie für Kraftwerke. Bei den Gletschern der mittleren Breiten bis hin zu den Gletschern der Randarktis kommt der Abfluß des Gletscherbaches auch im Winter nicht zum Erliegen. Dies ist zum einen darauf zurückzuführen, daß durch die Regelation (S. 206) bei temperierten Gletschern (S. 205) stets ein Wasseranteil vorhanden ist. Zum anderen wird aus Hohlräumen des Gletschers langsam Wasser abgegeben, das während der Ablationsperiode (S. 199) gespeichert wurde. Das Bild zeigt die Rofenache bei ihrem Austritt aus der mit Obermoräne (Kap. 9.2) völlig bedeckten Gletscherzunge des Hintereisferners in den Ötztaler Alpen.

Bild 8.9. Gletscherkalben (Magdalenenbucht, Spitzbergen, Norwegen)

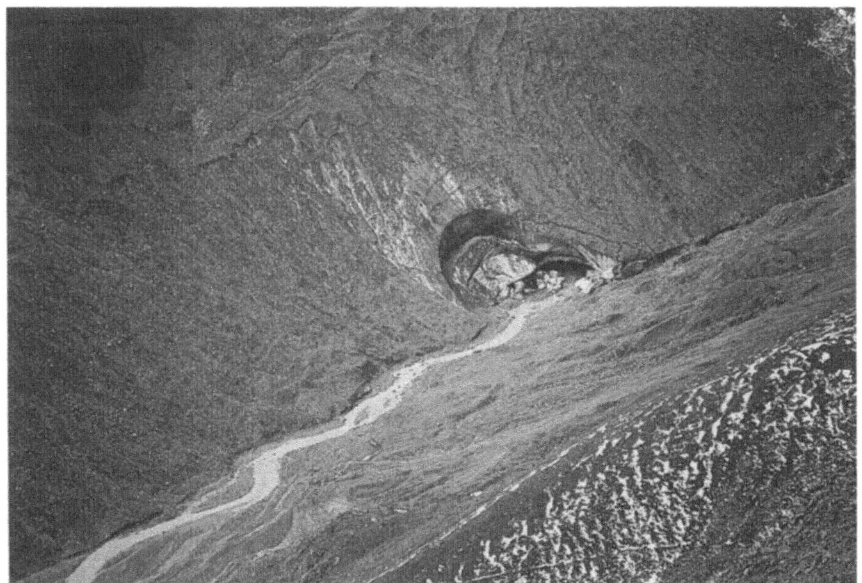

Bild 8.10. Gletscherbach (Rofental, Ötztaler Alpen, Österreich)

Bild 8.11. Gletschertor

Schmelzwasser, das im Gletscher versickert oder in Spalten nach unten stürzt, bildet im Eiskörper ein sogenanntes subglaziales (subglaziäres) Schmelzwassersystem. In einem vorgegebenen Gerinne an der Gletschersohle versammelt, verlassen die subglazialen Wassermassen den Gletscher durch ein Gletschertor. Mittransportiertes Feinmaterial färbt das Schmelzwasser auffällig weißlichgrau. Man spricht daher von Gletschertrübe oder Gletschermilch. Gletschertore sind typisch für temperierte oder warme Gletscher (S. 205). Sie treten jedoch auch bei subpolaren Gletschern während des Schmelzwasserabflusses im Sommer auf. Nicht selten stürzen die Eisgewölbe, die das Gletschertor bilden, wie auf der Aufnahme deutlich erkennbar, ein. Man sollte sich daher, auch wenn es noch so faszinierend ist, nicht zu nahe an ein Gletschertor heranwagen.

Bild 8.12. Surge-Gletscher

Nach einer längeren Periode mit geringerer Bewegungsgeschwindigkeit kommt es bei einigen Gletschern zu einer plötzlich auftretenden schnellen Bewegung. Solch schnelle, oftmals katastrophale Vorstoßbewegungen von Talgletschern bezeichnet man als Glacial Surge. Im Volksmund spricht man auch von "galoppierenden" Gletschern. Um 1600, 1680, 1770 und 1845 sorgten Surges des abgebildeten und historisch bestdokumentierten Gletschers der Ostalpen, des Vernagtferners in den Ötztaler Alpen, für große Schäden im Tal. Beim gemeinsamen Vorstoß mit dem benachbarten Guslarferner (linke Bildhälfte) wurde das querliegende Rofental vom Eis abgeriegelt. Durch den damit verbundenen Aufstau der Rofen-Ache enstanden jeweils Eisstauseen, deren durchbrechende Wassermassen katastrophale Schäden im Ötztal verursachten. Die meisten Surge-Gletscher gibt es in Alaska, wo man mehr als 200 Eisströme als Surge-Gletscher eingestuft hat. Wenngleich die Mechanismen derartiger Gletschervorstöße bislang noch nicht restlos geklärt sind, scheint einem schnellen Gletschervorstoß ein Anstieg des Wasserdruckes in sogenannten Schmelzwassertunneln des Gletschereises vorauszugehen. Der Gletscher schwimmt auf, und die Reibung an seiner Sohle geht gegen Null. Während die Geschwindigkeit eines Gletschers normalerweise in seiner Mitte am größten ist und zum Rand hin abnimmt, ist sie im Zustand eines Surge von der Mitte der Eismassen bis zu ihrem Rand kaum verändert. Ein Gletscher-Surge endet, wenn der enorme Wasserdruck nach einem Ausbruch der vom Eis aufgestauten Wassermassen schlagartig abnimmt. Der Black Rapids Glacier in Alaska stieß beispielsweise in den dreißiger Jahren durch einen Surge in 5 Monaten um 5 km vor, der 130 km lange Hubbardgletscher sorgte 1986 mit einem Vorstoß von 100 m/Tag für katastrophale Verhältnisse am Golf von Alaska.

Bild 8.11. Gletschertor (Hintereisferner, Ötztaler Alpen, Österreich)

Bild 8.12. Surge-Gletscher (Vernagtferner, Ötztaler Alpen, Österreich)

Bild 8.13. Ablation (Mittelbergferner, Ötztaler Alpen, Österreich)

Unter Ablation (von lateinisch *auferre* = wegtragen oder *ablatio* = Wegnahme, Entwendung, Raub) versteht man den Massenverlust von Gletschereis oder Schnee durch Abschmelzung und Verdunstung. Auf den Alpengletschern führt starke Sonneneinstrahlung in der Ablationsperiode, d. h. in der Zeitspanne des Jahres, während der ein Abschmelzen stattfinden kann, zu einer blanken Eisoberfläche im Zehrgebiet (S. 205).

8.3
Ablationsformen auf Gletschern

Ablationsformen auf Gletschern werden in *Ablationsvollformen, Ablationshohlformen* und *Strukturlinien* unterschieden. Zu ersteren gehören die eindrucksvollen *Gletschertische* (Bild **8.14.**). Eine größere Gesteinsplatte schützt dabei das darunterliegende Gletschereis vor der Sonneneinstrahlung oder der Insolation. Allmählich entsteht dadurch unter der Platte eine Eissäule, die vor der Sonneneinstrahlung geschützt und daher vorübergehend erhalten wird. Auch durch Lawinenabgänge und anschließende Abschmelzprozesse können Gletschertische entstehen, die ausschließlich aus Schnee und Firn bestehen. Infolge der höheren Albedo des frischen Lawinenschnees gegenüber dem Altschnee oder Firn auf der Gletscheroberfläche schützt die Lawine den darunterliegenden Schnee vor dem Abschmelzen, ähnlich wie eine Steinplatte.

Gesteinsbruchstücke, Feinsediment oder anderes Fremdmaterial organischen Ursprungs sinken durch ihre stärkere Erwärmung und geringere Albedo gegenüber dem Gletschereis in das Eis ein. Es bilden sich kleinere Ablationshohlformen, unter ihnen die auffälligen *Kryokonitlöcher* (Bild **8.15.**). Ihre Füllung weist oft eine lehmige Kornzusammensetzung auf, häufig auch vermischt mit organischen Anteilen. Bei genügend großer Ansammlung eines derartigen Materials in einem Kryokonitloch kehren sich die Verhältnisse interessanterweise um. Nun schützt die relativ mächtig gewordene Füllung das darunter befindliche Eis vor dem Abschmelzen. Während die umgebende Gletscheroberfläche unter dem Einfluß der Sonneneinstrahlung langsam niedertaut, verbleibt unter der feinkörnigen Kryokonitansammlung ein Kern aus Eis. In diesem Fall kann man von einer *Kryokonitpyramide* (Bild 8.16.) sprechen, die eine Reliefumkehr darstellt.

Der höheren Dichte und Widerstandsfähigkeit von Blaublättern steht die größere Albedo von Weißblättern (S. 226) gegenüber. Dadurch bilden sich langgezogene Strukturlinien oder Kämme aus Weißblättern heraus, die auch als *Reidsche Kämme* bezeichnet werden. Eine weitere sehr auffällige Ablationsform stellt der *Büßerschnee* oder *Nieve de los Penitentes* dar (Bild 8.17.). An steilen, vereisten Wänden sieht man in tropischen Hochgebirgen häufig den sogenannten *Riffelfirn* (Bild 8.18.).

Bei stagnierenden Gletschern, die weder vorrücken, noch einen merklichen Zungenrückgang erkennen lassen, treten Ablationsformen auf, die *Gletscher-* oder *Thermokarst* (Bild 8.19.) genannt werden. Die Zungen dieser Gletscher sind stark mit Schutt bzw. Obermoräne (Kap. 9.2) bedeckt und weisen zahlreiche trichterförmige Hohlformen, Kessel und karrenähnliche Strukturen auf. Somit erinnern sie in ihrem Aussehen an eine verkarstete Kalksteinoberfläche (Kap. 4.1). Diese selektive Ablation kommt durch die unterschiedliche Zusammensetzung des bedeckenden Schuttes und durch die inneren Strukturen des Eises zustande. Ebenfalls durch selektive Ablation bleiben beim Eisrückzug einzelne Gletscherzungenabschnitte zurück, die ihre Verbindung zum Eisstrom verloren haben. Bei diesen unbeweglichen Eisresten handelt es sich um sogenanntes *Toteis* (Bild 8.20.).

Bild 8.14. Gletschertisch

Als Gletschertisch bezeichnet man eine von einem breiten Gesteinsblock gekrönte Eispyramide auf der Oberfläche eines Gletschers. Der Gesteinsblock schützt das unter ihm liegende Gletschereis vor Ablation, also vor dem Abschmelzen. Daher überragt die geschützte Eissäule nach geraumer Zeit die ungeschützte Umgebung auf dem Gletscher und bildet eine der auffälligsten Ablationsformen. Gelegentlich entstehen Gletschertische auch durch Neuschneelawinen, die auf einem Gletscher niedergehen. Im Bereich von Lawinenrestblöcken vermindert die wesentlich größere Albedo von Neuschnee gegenüber Gletschereis oder Firn die Ablation und verursacht dadurch die Bildung von Gletschertischen, deren Deckplatte anstatt eines Steines aus einem Lawinenrest besteht.

Bild 8.15. Kryokonitlöcher

Gelegentlich kann man auf Gletschern eine Ansammlung von kleineren Hohlformen mit Durchmessern von etwa 1 bis 10 cm beobachten, an deren Grund sich dunkles, schlammiges Material angesammelt hat. Es handelt sich dabei um sogenannte Kryokonitlöcher. Kryokonit (von griechisch *krýos* = Frost und *konía* = Staub) setzt sich aus herangewehtem mineralischem Staub und teilweise aus organischen Materialien zusammen. Da sich die Ansammlungen von dunklem Material schneller erwärmen als das umgebende Eis, sacken sie nach und nach tiefer. Da mit zunehmender Tiefe jedoch der in die Löcher eindringende Strahlungsanteil geringer wird, ist ihrer Tiefenentwicklung eine Grenze gesetzt, die auch als Kryokonithorizont bezeichnet wird.

Bild 8.14. Gletschertisch (Vernagtferner, Ötztaler Alpen, Österreich)

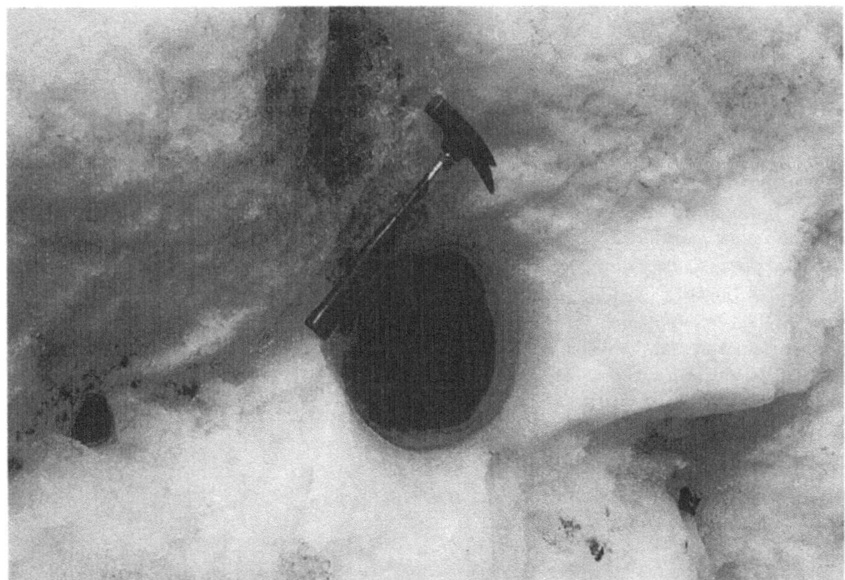

Bild 8.15. Kryokonitlöcher (Vernagtferner, Ötztaler Alpen, Österreich)

Bild 8.16. Kryokonitpyramide

Der Tiefenentwicklung von Kryokonitlöchern (S. 217, Bild 8.15.) ist von vorneherein eine Grenze gesetzt, da der eindringende Strahlungsanteil der Sonne mit zunehmender Tiefe geringer wird. Bei fortgesetzter Akkumulation von Kryokonit in der Hohlform setzt schließlich ein umgekehrter Prozeß ein. Unterlag das Gletschereis durch die Bedeckung mit dunklem Kryokonit, der eine geringere Albedo oder ein geringeres Rückstrahlvermögen aufweist, einer verstärkten Abschmelzung, so schützt nun die mächtiger gewordene Sedimentlage das Eis vor der Sonnenstrahlung. Folglich schmilzt das umgebende Eis rascher ab. Zurück bleibt eine Pyramide aus kryokonitbedecktem Gletschereis.

Bild 8.17. Büßerschnee

Büßerschnee oder *Nieve de los Penitentes* ist eine auffällige Erscheinungsform der Ablation (S. 217), die vor allem in tropischen und subtropischen Hochgebirgen auftritt. Büßerschnee besteht aus regelmäßig in nahezu Ost-West-Richtung verlaufenden Zacken und Pfeilern aus Gletschereis, Firn oder Schnee, die gegen die einfallenden Sonnenstrahlen geneigt sind. Diese bizarren Formen erinnern an die Gestalt von "Büßern" in ihren weißen Hemden, die noch heute in Spanien während der Osterwoche in Prozessionen umherziehen. Die Zacken aus Gletschereis können mitunter bis zu 30 m hoch werden, wie am Khumbu Gletscher des Mount Everest beobachtet wurde. In der Regel jedoch sind Zacken von mehr als 6 m Höhe eher die Ausnahme. Bei der Entstehung von Büßerschnee hat die Verdunstung einen hohen Anteil. Weiterhin ist bedeutend, daß die Eis- oder Schneezacken während ihrer Bildung hart und trocken bleiben. Vollendet ausgebildet finden sie sich daher in subtropischen Hochgebirgen mit hoher Strahlungsenergie, kalten Schönwetterperioden von längerer Dauer und geringer Luftfeuchtigkeit. Die Aufnahme zeigt Büßerschnee auf dem Khumbu Gletscher am Mount Everest in 5400 m Höhe. Die abgebildeten Ablationsformen sind im Durchschnitt etwa 2 m hoch.

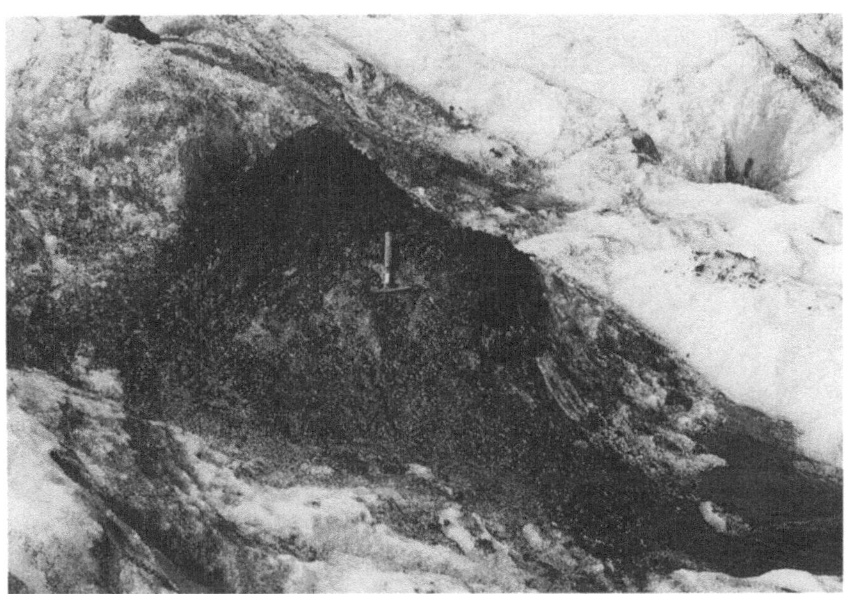

Bild 8.16. Kryokonitpyramide (Vernagtferner, Ötztaler Alpen, Österreich)

Bild 8.17. Büßerschnee (Khumbu Gletscher, Khumbu Himal, Nepal)

Bild 8.18. Riffelfirn

Der auffällige Riffelfirn oder Rillenfirn ist häufig auf steilen vereisten Flanken an Hochgebirgsgipfeln der Subtropen und Tropen zu beobachten. Die nahezu senkrecht herabbrennende Tropensonne formt im Zusammenwirken mit aufsteigenden feuchten Luftmassen aus den Urwäldern die faszinierenden Rillen. Das Foto zeigt die Südwestwand des 5947 m hohen Nevado Alpamayo in der Cordillera Blanca (Peru). Der Alpamayo gilt als der schönste Berg der Welt.

Bild 8.19. Thermokarst

Die Zungen (Bild 8.7.) stagnierender Gletscher zeigen bei hinreichend mächtiger Obermoräne (Kap. 9.2) mitunter auffällige Ablationsformen. Ihre unruhige Oberfläche ist durch eine Vielzahl an trichterartigen Hohlformen, Kesseln und karrenähnlichen Strukturen charakterisiert und erinnert an die Oberfläche verkarsteter Kalksteinfelsen (Kap. 4.1). Dieses Erscheinungsbild einer stagnierenden Gletscherzunge wird dementsprechend als Gletscher- oder Thermokarst bezeichnet (von griechisch *thermós* = warm). Ursache dafür ist eine selektive Ablation. Sie beruht auf der inneren Struktur des Eises sowie auf unterschiedlichen Schuttmächtigkeiten und der kleinräumig variierenden Schuttzusammensetzung der Obermoräne. Der abgebildete Zungenbereich des Chogolungma Gletschers (Karakorum) ist völlig mit Obermoräne bedeckt und zeigt mit seiner stark in Voll- und Hohlformen gegliederten Oberfläche das typische Erscheinungsbild von Thermokarst.

Bild 8.18. Riffelfirn (Alpamayo, Cordillera Blanca, Peru)

Bild 8.19. Thermokarst (Chogolungma Gletscher, Karakorum, Pakistan)

Bild 8.20. Toteis (Baltschieder Gletscher, Berner Alpen, Schweiz)
Das Zurückweichen eines Gletschers führt oft dazu, daß Teile der Gletscherzunge den Kontakt zum Eisstrom verlieren. Sie bleiben als unbewegliches Eis, als Toteis zurück. Die Aufnahme zeigt das Zungenende des Baltschieder Gletschers in den Berner Alpen. Unterhalb der Felsstufe in Bildmitte erkennt man völlig mit Schutt bedecktes Toteis. Es wird vom Schmelzwasser, das vom Zungenende die Felsstufe hinunterstürzt in einem Schmelzwassertunnel durchflossen, was zur Ausbildung eines Gletschertores führte. Die Schuttbedeckung schützt das Toteis vor einem raschen Abschmelzen. Über dem Gletscher erhebt sich der markante Gipfelaufbau des 3934 m hohen Bietschhorns.

8.4
Das Gletschergefüge

Gletscherspalten und *Schichtung* sind die vorherrschenden und uns bekanntesten Formenelemente des *Gletschergefüges* (Bild 8.21.). Hinzu kommen Elemente wie *Bänderung* und *Scherflächen*. Im oberen Bereich eines Gletschers ist der Überlagerungsdruck des Eises im Vergleich zu seiner Basis gering. Dort verhält sich das Eis je nachdem, ob es sich um einen temperierten oder polaren Gletscher handelt (S. 205) bis in eine Tiefe von etwa 30-80 m als spröder Körper. An Stellen mit großen Geschwindigkeitsunterschieden benachbarter Eismassen kommt es daher zur Spaltenbildung, wenn der obere Bereich des Gletschers durch das plastische Fließen des darunterbefindlichen Eises mitgeschleppt wird. Das geschieht vor allem dann, wenn sich der Gletscher über Felskuppen oder um Kurven bewegt. Im Extremfall entsteht ein wild zerrissener Eisbruch (Bild 8.22.), in dem der Gletscher in regelrechte Eistürme, sogenannte Séracs (Bild 8.23.), aufgelöst wird.

Da das Gletschereis mit zunehmender Tiefe durch den Überlagerungsdruck viel leichter plastisch reagiert als näher zur Oberfläche hin, ergibt sich eine maximale Spaltentiefe. Bei temperierten Gletschern, wie sie in den Alpen zu finden sind, werden, abgesehen von einigen Ausnahmen, Spaltentiefen von rund 30 Metern erreicht. Die Intensität der plastischen Reaktion des Gletschereises ist auch temperaturabhängig. Deshalb findet man bei den kalten Gletschern Grönlands oder der Antarktis Spalten von 80 Metern Tiefe und mehr.

Gletscherspalten (Bild 8.24.) sind ortsfest und an die Ausprägung des Untergrundes gebunden. *Querspalten* treten dort auf, wo im Längsprofil des Gletschers große Geschwindigkeitsunterschiede innerhalb der Eismassen auftreten. Nach der Überwindung einer solchen Zone schließen sich die Spalten wieder. Fließt das Eis über eine Gefällsversteilung, reißen die Querspalten an der Gletscheroberfläche weit geöffnet auf und werden zur Tiefe hin enger. Man spricht daher von sogenannten *V-Spalten*, weil sie im Querprofil dem Buchstaben V ähneln. In Mulden wird der Gletscher gepreßt. Kommt es dort durch Differenzen der Fließgeschwindigkeit zum Aufreißen von Querspalten, werden diese zur Tiefe hin in Form eines umgedrehten V oder des Großbuchstabens A breiter. Man spricht deshalb von *A-Spalten* oder Grundspalten. Ein derartiger Spaltenquerschnitt, der häufig in alpinen Lehrbüchern als Umkehrform zur V-Spalte beschrieben wird, ist den oberen Ausführungen zufolge jedoch nur in Verbindung mit geringen Eismächtigkeiten zu sehen. Denn bei großer Eisdicke sind solche Spaltenbildungen durch die Plastizität des Gletschers sehr unwahrscheinlich. Gerät man jedoch als Mitglied einer Seilschaft in eine A-Spalte, ist das recht unangenehm, denn man hängt sofort in der Luft.

Am Ende des Gletschers, an dem sich die Gletscherzunge nach allen Seiten ausdehnt, entstehen *Radialspalten*, die fächerartig um das Zungenende verlaufen und dieses gelegentlich wie eine gewaltige Raubtiertatze erscheinen lassen. *Längsspalten* treten dort auf, wo quer zum Gletscher Bewegungsunterschiede vorkommen. Das ist z. B. dann der Fall, wenn sich das Eis über einen konvexen Felsrücken fließt und parallel zur Hauptbewegungsrichtung an seiner Oberfläche aufreißt. Fließt der Gletscher über eine Felskuppe, so reißt er in allen Richtungen auf.

Es entstehen *Kreuzspalten* (Bild 8.25.), die sich gegenseitig durchdringen und eine vom Felsuntergrund abhängige Geometrie erhalten. Da Gletscherspalten immer senkrecht zu den vorherrschenden Zugspannungen aufreißen, bilden sich im Übergangsbereich von niedrigen zu hohen Geschwindigkeiten *Randspalten* aus, die mit rund 30°-45° vom Rand gletscheraufwärts gerichtet sind. Sie sind im ufernahen Bereich des Gletschers weit aufgerissen und schließen sich mit zunehmendem Randabstand.

Gletscherspalten bilden eine immer wieder unterschätzte, tödliche Gefahr für Touristen oder Freizeit-Alpinisten, die ohne Begleitung eines ausgebildeten Bergführers oder erfahrenen Bergsteigers einen Gletscher betreten. Vor allem dann, wenn die Spalten unter einer Schneedecke verborgen sind oder eine *Schneebrücke* (Bild 8.28.) ohne richtige Sicherung betreten wird. Um schwerwiegende Unfälle zu vermeiden, sollte man sich unbedingt einer kundigen Führung anvertrauen, die für die notwendigen Sicherheitsvorkehrungen sorgt. Hierzu gehören das korrekte Anseilen und Gehen am Seil sowie das Einhalten der bekannten und sicheren Route, auch unter schlechten Witterungsbedingungen bei Nebel oder Neuschneefall. Auskünfte und Beratung erhält man weltweit bei den örtlichen Bergführerbüros.

Das höchstgelegene ortsfeste Spaltensystem stellt der *Bergschrund* (Bild 8.26.) dar. Er reißt an einer Stelle des Gletschers auf, an der sich ein tieferer, stärker bewegter Gletscherteil von dem an der Karumwandung (Kap. 9) festgefrorenen Teil absetzt. Für Kletterer, die vom Gletscher in eine darüber befindliche Wand einsteigen wollen, stellt er ohne vorhandene Schneebrücken nicht selten ein Problem dar. Grundsätzlich ist der Bergschrund von der *Randkluft* (Bild 8.27.) zu unterscheiden. Denn die Randkluft ist keine Gletscherspalte, sondern eine Abschmelzfuge an der Grenze zwischen Firn und Fels, der sogenannten *Schwarz-Weiß-Grenze*. Diese Schmelzfuge entsteht durch die stärkere Erwärmung des Gesteins und die damit verbundene Wärmeabgabe an das Eis. Die Randkluft bereitet dem Kletterer häufig vergleichbare Probleme wie der Bergschrund.

Die *Schichtung* (Bild 8.29.) im Gletschereis entsteht im Nährgebiet. Sie ist eine Folge von primären Unterschieden in der Dichte der Schneedecke. Winterschichten sind lockerer gepackt als die wasserhaltigeren festen Niederschläge des Sommers. Durch Schmelzvorgänge, Windverfrachtung, Abgleitvorgänge oder Schneerutsche und Lawinen werden ehemals gleichmäßig auf dem Gletscher verteilte Neuschneedecken umverteilt. Wenn diese Schichten an der Oberfläche ausbeißen, werden sie aufgrund ihrer unterschiedlichen Beschaffenheit (Winter- oder Sommerschichten, Verunreinigungen) als *Schichtflächenogiven* (Bild 8.30.) sichtbar. Das Wort "Ogiven" stammt vom französischen Wort *ogival*, das spitzbogig bedeutet und auf den Verlauf der Strukturen hinweist.

Im blanken Gletschereis wechseln Millimeter bis Dezimeter starke Schichten aus weißem, lufthaltigem Eis mit bläulichem bis grünlichem Eis ab. Man bezeichnet dies als *Bänderung* oder Weiß- und Blaublätter. Die Lage dieser Blätter zeigt eine deutliche Beziehung zur Druckverteilung im Gletscher. Sie streichen an den Rändern uferparallel und fallen steil gegen das Gletscherinnere ein. Im Bereich der Gletscherzunge beißen sie umlaufend aus und werden als *Bänderogiven* bezeichnet. Wenn die Beanspruchung von Gletschereis durch Zerr- und Schubspannungen zu groß wird, um sie über Formänderungen auszugleichen, vollzieht sich die Bewegung entlang von *Scherflächen*. Nach Überwindung einer Zone mit unterschiedlichen Geschwindigkeiten schließt sich die Scherfläche.

Bild 8.21. Gletschergefüge (Vadret Pers, Berninagruppe, Schweiz)

Das Gletschergefüge wird durch Gefüge- oder Formenelemente wie Gletscherspalten, Schichtung oder Bänderung bestimmt. Vor allem weit klaffende Gletscherspalten wie in der oberen Bildhälfte und gewaltige Eistürme in Gletscher- oder Eisbrüchen treten als vorherrschende Formen hervor.

Bild 8.22. Eisbruch

Eis- oder Gletscherbrüche sind durch einen extrem zerrissenen Gletscherkörper gekennzeichnet, der über eine Steilstufe oder einen Felsriegel talwärts fließt. Der Gletscher ist in ein nahezu unüberschaubares Labyrinth aus Séracs (s. unteres Bild), Spalten, Nadeln und Grate zerbrochen. Eisbrüche findet man in allen vergletscherten Hochgebirgen, sofern das Relief die notwendige Mindeststeilheit von 25° bis 30° zur Bildung eines Eisbruches aufweist. Gewaltige Eisbrüche, wie der abgebildete Khumbu Eisbruch (auch Eisfall genannt) am Mount Everest, sind vor allem im Himalaya und im Karakorum zu finden. Größere Eisbrüche gibt es in den Alpen beispielsweise in der Mont Blanc-Gruppe, der Berninagruppe und in den Zillertaler Alpen. Die Fließgeschwindigkeit des Gletschers im Bereich eines Eisbruches kann beträchtlich sein. So bewegt sich der Khumbu Eisbruch am Mount Everest 30-50 m im Monat talwärts. Erdbeben oder klimatische Einflüsse können die Fließgeschwindigkeiten in Eisbrüchen erheblich beschleunigen. Im "Chaos" eines Eisbruches entstehen die gefürchteten Séracs, welche mitunter die Höhe und den Umfang eines mehrstöckigen Wohnhauses erreichen. Eisbrüche, die sich in kürzester Zeit verändern können, bergen daher für Alpinisten und Expeditionsbergsteiger eine große Eisschlaggefahr. Ein sicherer Aufstieg durch einen Eisbruch ist keine Garantie für einen sicheren Abstieg des Bergsteigers. Man sollte Eisbrüche meiden, oder, wenn dies auf der Route nicht möglich ist, nur unter kundiger Führung und sehr rasch passieren. Der Normalanstieg zum Mount Everest führt mitten durch den berühmt-berüchtigten Khumbu Eisfall, der eine Gefällstrecke von 700 Höhenmetern aufweist. Um diesen Eisbruch gangbar zu machen, benötigen die Expeditionsgruppen in der Regel eine Woche. Spalten werden zum Teil mit Aluminiumleitern überbrückt, und es werden Fixseile installiert. Im Khumbu Eisbruch haben bereits weit über 100 Menschen ihr Leben verloren.

Bild 8.23. Séracs

In Eisbrüchen (s. oberes Bild) ist der Gletscher häufig in einzelne Eistürme aufgelöst. Man bezeichnet diese Eistürme als Séracs. Sie können mehr als 20 m hoch werden und bergen durch ihre Instabilität eine hohe Eisschlaggefahr. Nicht selten löst ihr Einsturz gewaltige Eislawinen aus. Der Umstand, daß erfahrene Alpinisten mitunter an haushohen Séracs die Technik des Eiskletterns für Filmaufnahmen oder alpine Lehrbücher demonstrieren, darf nicht über ihre Gefährlichkeit hinwegtäuschen. Der Name "Sérac" wurde 1779 von dem schweizerischen Naturforscher und Begründer des Forschungsalpinismus Horace Bénédict de Saussure (1740-1799) in die wissenschaftliche Literatur eingeführt. Saussure, der als einer der ersten den 4807 m hohen Mont Blanc bestieg (1787), übernahm den Begriff "Sérac" in Anlehnung an eine Form für Weichkäse aus dem Gebiet von Chamonix.

Bild 8.22. Eisbruch (Khumbu Gletscher, Khumbu Himal, Nepal)

Bild 8.23. Séracs (Chonbaraon Gletscher, Dhaulagiri Himal, Nepal)

Bild 8.24. Gletscherspalten

Die Fließgeschwindigkeit eines Gletschers ist über die Gesamtfläche sehr unterschiedlich. An Stellen, wo durch Bewegungsänderungen Zerrungen auftreten, brechen Spalten auf, sobald die entstehenden Spannungen die Festigkeit des Eises überschreiten. Gelegentlich hört man die Entstehung von ersten feinen Rissen durch einen deutlich wahrnehmbaren Knall. Da die Spaltenbildung durch die Gegebenheiten des Gletscherbettes bestimmt wird, weisen Gletscherspalten eine regelhafte Verteilung auf. Bei Gefällszunahme treten Querspalten auf. Sie bilden sich kurz vor der Versteilung als schmale Fugen. Im Bereich stärkster Dehnung sind sie weit geöffnet und schließen sich danach wieder. Daher sind Querspalten wie auch andere Arten von Gletscherspalten ortsgebunden. Längsspalten treten vorwiegend nach Engstellen auf, wenn nach seitlicher Pressung eine verstärkte Querbewegung einsetzt. An Gletscherrändern treten Randspalten auf, da sich dort der Übergang von langsamer Eisbewegung am Rande zur schnelleren Bewegung in der Gletschermitte vollzieht. Dort, wo am Zungenende des Gletschers das Eis in alle Richtungen divergiert, finden sich Radialspalten. Dieser Spaltentyp ist besonders bei vorstoßenden Gletschern ausgebildet.

Bild 8.25. Kreuzspaltensystem

Fließt ein Gletscher über eine Kuppe, ein Hindernis, das also nach allen Seiten abfällt, entstehen Spalten, die sich gegenseitig durchdringen. Man nennt diese Spalten Kreuzspalten. Was das Ausmaß der Zerrissenheit eines Gletschers betrifft, stellen Kreuzspaltensysteme die Vorstufe zum Eisbruch (Bild 8.22.) dar. Sind Querspalten und deren Überwindung oftmals schon ein Problem für den Bergsteiger, so fordern ausgeprägte Kreuzspaltensysteme den erfahrenen Alpinisten vor allem dann, wenn sie von Schnee bedeckt sind. Ein versehentliches Hineingeraten kann unter Umständen sehr zeitintensiv und somit gefährlich sein, denn Kreuzspalten verlaufen labyrinthisch ohne klar erkennbaren Zusammenhang. Das Foto zeigt ein charakteristisches Kreuzspaltensystem auf dem Gliederferner in den Zillertaler Alpen.

Bild 8.24. Gletscherspalten (Khumbu Gletscher, Khumbu Himal, Nepal)

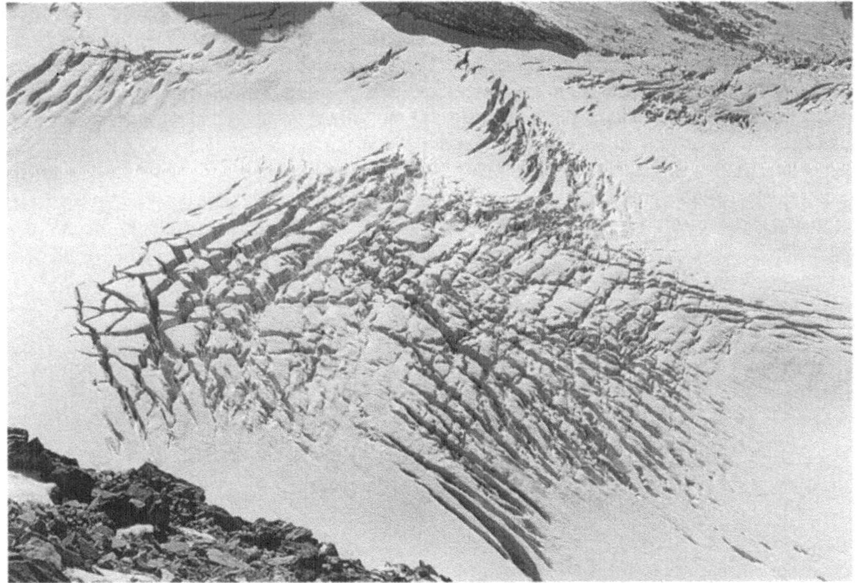

Bild 8.25. Kreuzspaltensystem (Gliederferner, Zillertaler Alpen, Südtirol/Italien)

Bild 8.26. Bergschrund

Der Bergschrund ist das höchstgelegene ortsfeste Spaltensystem. Er reißt an einer Stelle des Gletschers auf, wo sich ein tieferer gelegener, stärker bewegter Gletscherteil von dem an der Karumwandung (Kap. 9.1) festgefrorenen Teil absetzt. Beim alpinen Gletschertyp (Bild 8.34.) erstreckt sich der Bergschrund innerhalb des Nährgebietes (S. 205) parallel zur Karrückwand um das gesamte Einzugsgebiet. Im Winter wird der Bergschrund von kräftigen Schneefällen und Lawinen verfüllt. Er ist dann bis in den Sommer hinein bei hinreichender Sicherung über Schneebrücken (Bild 8.28.) gefahrlos zu queren. Im Hoch- und Spätsommer hingegen ist diese Spalte meist ausgeapert. Sie bildet dann für den Bergsteiger häufig ein nur schwer zu überwindendes Hindernis auf dem Weg zur darüber befindlichen Eisflanke. Da sich der Bergschrund über das gesamte Einzugsgebiet erstreckt, kann er auch nicht einfach umgangen werden.

Bild 8.27. Randkluft

Die Randkluft ist grundsätzlich vom Bergschrund zu unterscheiden. Denn die Randkluft ist keine Gletscherspalte im eigentlichen Sinn. Sie ist vielmehr eine Abschmelzfuge oder offene Kluft an der Grenze zwischen Firn und Fels, der sogenannten *Schwarz-Weiß-Grenze*. In der Randkluft kann die Frostverwitterung (Kap. 4.1) bis in größere Tiefen vordringen. Daher spielt die Randkluft bei der Entstehung von Karen (Kap. 9.1) eine wichtige Rolle. Ebenso wie der Bergschrund ist die Randkluft für Bergsteiger oft ein schwer zu überwindendes Hindernis, will man vom Gletscher aus in eine darüber befindliche Wand einsteigen. Berühmte Beispiele aus den Alpen finden sich in der "Eiskapelle" und im "Schöllhorneis" im unteren Bereich der 1900 m hohen Watzmann Ostwand. Wie die beiden Beispiele zeigen, gilt das Prinzip der Randkluftentstehung nicht nur für Gletschereis, sondern auch für perennierende Firnfelder (von lateinisch *perennis* = beständig), um die es sich in beiden Fällen, wie auch beim abgebildeten aus dem Wilden Kaiser, handelt.

Bild 8.26. Bergschrund (Piz Palü, Berninagruppe, Schweiz)

Bild 8.27. Randkluft (Scheffauer, Wilder Kaiser, Österreich)

Bild 8.28. Schneebrücke

Sehr weit klaffende Gletscherspalten können von Seilschaften mitunter nur über Schneebrücken überwunden werden. Dabei sollte man die Schneebrücken möglichst am frühen Morgen oder Vormittag passieren. Denn mit zunehmender Sonneneinstrahlung im Laufe des Tages wird der Schnee weich, und es besteht die Gefahr des Einbrechens. Der Rückweg sollte daher auch über eine andere Route erfolgen.

Bild 8.29. Schichtung

Die Schichtung ist eines der vorherrschenden Formenelemente des Gletschergefüges. Sie entsteht im Nährgebiet (S. 205) eines Gletschers infolge der Anreicherung von festem Niederschlag. Dabei entsteht die auffällige Abfolge von unterschiedlich erscheinenden Schichten durch primäre Dichteunterschiede der Schneedecke, durch Harschbildung aufgrund von Schmelzvorgängen und Wiedergefrieren des Schmelzwassers. Hinzu kommt die phasenweise Einwehung von dunklen organischen Materialien und von mineralischen Stäuben. Im allgemeinen sind die im Winter gebildeten Schichten lockerer gelagert als die wasserreicheren Niederschläge der Sommermonate. Die Schichtung kann besonders gut im Bereich von wild zerrissenen Spaltensystemen beobachtet werden, wie auf dem Foto ersichtlich.

Bild 8.28. Schneebrücke (Umbalkees, Venedigergruppe, Österreich)

Bild 8.29. Schichtung (Piz Palü, Berner Alpen, Schweiz)

Bild 8.30. Schichtflächenogiven (Mittelbergferner, Ötztaler Alpen, Österreich)
Eine Schneedecke wird auf einem Gletscher durch Windverfrachtung, Lawinenabgänge und Abschmelzen in der Art verändert, daß die Ablagerungen und Schichten nicht mehr gleichmäßig horizontal und in chronologischer Abfolge aufeinanderfolgen. So werden die Schneeablagerungen in konvexen Gletscherabschnitten sicherlich im Scheitelbereich vom Wind verblasen und im Lee akkumuliert. Im Sommer werden dann die unterschiedlich im Raum orientierten Schichten aus Schnee, Firn, Staubeinlagerungen und Eis durch senkrecht erfolgende Abschmelzprozesse an der Gletscheroberfläche als Strukturen mit gewundenem Verlauf sichtbar. Man nennt diese Strukturen dann Schichtflächenogiven. Die Aufnahme zeigt im Mittelgrund mehrere Schichtflächenogiven auf dem Mittelbergferner in den Ötztaler Alpen.

8.5
Gletschertypen

Zur Typisierung von Gletschern können bestimmte Merkmale oder eine Kombination dieser Merkmale herangezogen werden. Dabei wurde in den vergangenen Jahrzehnten eine Vielzahl von unterschiedlichen Typisierungen mit einer verwirrenden Fülle an Bezeichnungen vorgenommen (reliefbedingte Gletschertypen, geodätische Klassifikation, usw.). Im folgenden werden die Gletschertypen nach der gängigsten Klassifikation unterschieden. Sie basiert auf der Lage der Gletscher im Relief (geomorphologische Klassifikation) und ihrer Ernährungsweise.

Dabei sind prinzipiell eine dem Relief übergeordnete und eine dem Relief untergeordnete Vergletscherung zu unterscheiden. Im Fall der übergeordneten Vergletscherung bedecken die Eismassen das Relief weitgehend. Hierzu gehört das *Inlandeis*. Es bedeckt große Flächen in Grönland, in Patagonien oder in der Antarktis (Schelfeis 14,1 Millionen km^2, Inlandeis 10,4 Millionen km^2). Es sind die größten zusammenhängenden Eisdecken mit den größten Eismächtigkeiten der Erde. Wesentlich kleiner sind *Eisschilde* wie der Vatnajökull auf Island (Bild 8.31.), der größte Gletscher Europas und größte außerarktische Gletscher der Welt. Zu den *Plateaugletschern* (Bild 8.32.) gehört der Jostedalsbre in Norwegen, der größte Gletscher auf dem europäischen Festland. Von den Eisschilden und Plateaugletschern strömen zahlreiche Gletscherzungen weit über die Plateauränder in die Tiefe. In den Alpen gehört zu diesem Gletschertyp der Gletscher der "Übergossenen Alm" in den nördlichen Kalkalpen (Steinernes Meer). Eine dem Relief übergeordnete Vergletscherung im Miniaturformat sind die *Eiskappen* oder *Eiskalotten* einiger tropischer Bergmassive oder Vulkane (Bild 8.33.).

In den meisten Hochgebirgen ist der *Talgletscher* (Bild 8.34.) der vorherrschende Gletschertyp. Der längste, dieser dem Relief untergeordneten Gletscher, ist der 77 km lange Lednik Fedcenko im Pamir. In Europa ist es der Aletschgletscher in der Schweiz mit 26 km Länge.

Je nach Ausprägung des Nährgebietes (S. 205) spricht man bei Talgletschern von Firnstrom- (Lednik Fedcenko) oder Firnmuldengletschern (Bild 8.38.), zu denen der Aletschgletscher gehört. Beim Firnstromgletscher liegt die Firnlinie so tief, daß sie noch zur Gletscherzunge gehört. Manche großen Gebirgsgletscher wie der Malaspinagletscher in Alaska breiten sich im Vorland fächerförmig aus. Man nennt sie *Piedmontgletscher*. Nach der Art ihres Nährgebietes unterscheidet man bei Talgletschern noch *Firnkesselgletscher* (Bild 8.40. und Bild 8.45.), *Kargletscher* (Bild 8.35.), *Flankenvereisung* (Bild 8.36.), *Hängegletscher* (Bild 8.37.) sowie *Lawinenkesselgletscher* (Bild 8.41.) und *regenerierte Gletscher* (Bild 8.42.). Für den Typus des Lawinenkesselgletschers findet sich gelegentlich auch die Bezeichnung *Wandfußgletscher*. Gletscher, die ganze Talsysteme über Transfluenzpässe (Kap. 9.1) hinweg durchfließen und sich dabei gegenseitig ernähren, bezeichnet man als *Eisstromnetze* (Bild 8.44.). Sie waren typisch für die Eiszeiten und finden sich heute noch in Alaska oder Spitzbergen. Kümmerformen von Gletschern, infolge eines starken Abschmelzens, nennt man *Gletscherflecken* (Bild 8.43.).

Bild 8.31. Eisschild

Eisschilde besitzen ein zentrales Nährgebiet, von wo aus die einzelnen Gletscherzungen (Bild 8.7.) nach verschiedenen Seiten zu Tal fließen. Andere Bezeichnungen für diesen Gletschertyp sind zentrale Firnhaube, Hochland- und Inseleiskappe. Bei diesem Gletschertyp handelt es sich um eine dem Relief übergeordnete Vergletscherung. Der Gletscher bedeckt das präglazial geformte Relief nahezu vollständig und folgt keinen Talverläufen, wie es beispielsweise bei den meisten Alpengletschern der Fall ist. Die Aufnahme zeigt den Vatnajökull auf Island. Mit einer Fläche von 8456 km^2 und einer Eismächtigkeit von bis zu 1000 m ist er der größte Gletscher Europas. Am 30. September 1996 fand unter seinem Eis ein Vulkanausbruch statt. Er führte zu einem sogenannten Gletscherlauf und einer riesigen Flutwelle. Dem Ausbruch ging am 29. September ein einstündiges Beben im Bereich des Bárdarbunga-Vulkans mit einer Magnitude von 5,0 auf der Richterskala voraus. Die Eruption fand im Bereich eines Rückens unter dem Vatnajökull statt, der von den Calderen der Vulkane Bárdarbunga, Hamarinn und Grímsvötn umgeben ist. Das durch den Ausbruch geschmolzene Eis floß innerhalb von kurzer Zeit unter dem Gletscher ab. Dadurch entstand ein Gletscherlauf. Die Flutwelle ergoß sich über das Vorland, beschädigte die Ringstraße um Island und zerstörte oder beschädigte mehrere Brücken und Versorgungsleitungen.

Bild 8.32. Plateaugletscher

Plateaugletscher, wie der abgebildete Jostedalsbre in Westnorwegen, werden wegen ihres gehäuften Auftretens in den Skanden auch als skandinavischer oder norwegischer Gletschertyp bezeichnet. Auch hierbei handelt es sich, wie bei den Eisschilden, um eine dem Relief übergeordnete Vergletscherung. Mit rund 1000 km^2 Fläche ist der Jostedalsbre zwar deutlich kleiner als das oben abgebildete Eisschild des Vatnajökull, aber immer noch der größte Gletscher auf dem europäischen Festland. Mehr als 20 Gletscherzungen schickt der Jostedalsbre zu Tal. Auch bei diesem Gletschertyp fließen die Eismassen von einem zentralen Nährgebiet herab, das sich im Bildhintergrund als weißer Rücken abzeichnet. Ein weiteres Beispiel für einen Plateaugletscher liefert der Hardangerjökul in Südnorwegen. Die "Übergossene Alm" im Steinernen Meer in Österreich (nördliche Kalkalpen) ist ein Beispiel für einen alpinen Plateaugletscher.

Bild 8.31. Eisschild (Vatnajökull, Breidamerkurjökull, Island)

Bild 8.32. Plateaugletscher (Jostedalsbre, Sogn og Fjordane, Norwegen)

Bild 8.33. Eiskappe

Für viele hohe Bergmassive oder Vulkane der Tropen sind Eiskappen charakteristisch. Dabei handelt es sich um eine, dem Relief übergeordnete Vereisung im Kleinformat. Ein Paradebeispiel für diesen Gletschertyp ist die Eiskappe, Eishaube oder Eiskalotte des 6768 m hohen Nevado Huascaran in der Cordillera Blanca Perus. Die Vergletscherung am Gipfel erreicht eine Stärke von mehreren hundert Metern. In nahezu regelmäßigen Abständen gehen dort Eismassen ab, die als Eislawinen zu Tal donnern. Am 10. Januar 1962 fiel ein Riese aus Eis und Schnee vom Berg, dessen Volumen man auf 3 Millionen m^3 schätzte. Die Stadt Ranrahirca und 6 weitere Orte wurden dabei fast völlig zerstört. Die Eis- und Schneemassen zerbrachen nach rund einem Kilometer Fall in kleinere Bruchstücke. Die erzeugte Lawine aus Eis, Schnee, Fels und Erdmassen schwoll auf 13 Millionen m^3 an, nachdem sie einen Höhenunterschied von 4000 m überwunden hatte. Nach der Verwüstung von Ranrahirca und mehrerer Dörfer kam die Mischung aus Eislawine und Schlammstrom in einem Flußtal zum Stehen. Ein ähnlich verheerendes Ereignis fand am Huascarán im Mai 1970 statt.

Bild 8.34. Talgletscher

Talgletscher gehören zur dem Relief untergeordneten Vergletscherung. Ihre Eismassen bewegen sich im Gegensatz zu Eisschilden oder Plateaugletschern in Tälern und werden durch das Relief gesteuert. Der Vergletscherung ging meist eine lineare Erosion durch Bäche und Flüsse voraus. Talgletscher sind für die meisten Menschen der klassische Typ eines Gletschers. Da er in den Alpen den überwiegenden Gletschertyp darstellt, wird er auch als Alpiner Typ bezeichnet. Bekannte Beispiele aus den Alpen sind der 26 km lange Aletschgletscher und die 10 km lange Pasterze am Großglockner. Der längste Talgletscher ist der 77 km lange Lednik Fedcenko im Pamir. Gletscher dieses Typs zeigen eine deutliche Trennung in Nähr- und Zehrgebiet (S. 205) bzw. in Firnfeld und Gletscherzunge (Bild 8.7.) im Längsprofil. Je nach ihrer Ernährungsweise und Lage im Relief werden Talgletscher nochmals in Firnstromgletscher, Firnmuldengletscher, Firnkesselgletscher, Kargletscher, Flankenvereisung, Hängegletscher, Lawinenkesselgletscher und in regenerierte Gletscher differenziert (Bilder 8.35. bis 8.42.). Talgletscher, die Talsysteme über sogenannte Transfluenzpässe (Kap. 9.1) hinweg durchfließen, nennt man Eisstromnetze (Bild 8.44.).

Bild 8.33. Eiskappe (Nevado Huascarán, Cordillera Blanca, Peru)

Bild 8.34. Talgletscher (Morteratsch Gletscher und Vadret Pers, Berninagruppe, Schweiz)

Bild 8.35. Kargletscher

Kargletscher sind in einer Nische im Fels eingelassen, in sogenannte Kare (Kap. 9.1). Vom Prinzip her handelt es sich bei diesem Gletschertyp um einen relativ kleinen, dem Relief untergeordneten, Talgletscher. In der Regel reicht die Gletscherzunge bei typischen Kargletschern nicht weit aus dem Kar heraus oder sie ist nicht deutlich ausgebildet. Viele größere Gletscherströme nehmen jedoch ihren Ausgangspunkt in Karen. Eine große Anzahl von Kargletschern findet sich in der Schobergruppe in den Hohen Tauern (Zentralalpen). Sie bilden dort den vorherrschenden Gletschertyp.

Bild 8.36. Flankenvereisung

Flankenvereisung ist eine Vergletscherung von steilen Bergflanken und Wänden. Charakteristisch für diese Vergletscherung ist die Tatsache, daß zumeist kein ausgeprägtes Firnsammelbecken vorhanden ist. Häufig kommt diese Form der Vergletscherung im Himalaya, im Karakorum und in den Anden vor. Man spricht daher von einem zentralandinen Gletschertyp oder von tropischer Kegelbergvergletscherung. Flankenvereisungen sind jedoch auch in den Alpen sehr oft anzutreffen. Die Aufnahme zeigt ein Paradebeispiel einer Flankenvereisung in den Schweizer Alpen: Die 500 m hohe Nordostwand der 4294 m hohen Lenzspitze. Die 50° bis 55° geneigte Eisflanke ist ein Klassiker und eine Herausforderung für jeden erfahrenen Eiskletterer und Alpinisten. Im Frühsommer noch eine rassige Firnflanke, im Spätsommer ein nicht zu unterschätzendes Blankeisabenteuer.

Bild 8.35. Kargletscher (Namenloser 6000er, Karakorum, Pakistan)

Bild 8.36. Flankenvereisung (Lenzspitze, Walliser Alpen, Schweiz)

Bild 8.37. Hängegletscher

Eine besonders auffällige Form der Flankenvereisung stellen Hängegletscher dar. Mitunter sind derart mächtige Eiswulste in steilen Flanken ausgebildet, daß die Vergletscherung schon als dem Relief übergeordnet bezeichnet werden kann. Zahllose Hängegletscher finden sich beispielsweise im Himalaya oder im Karakorum. Gewaltig sind diejenigen am 8046 m hohen Broad Peak oder am zweithöchsten Berg der Welt, dem 8611 m hohen K2. In den Alpen finden sich beeindruckende Eiswulste in der Nordwand der 3859 m hohen Königsspitze in der Ortlergruppe, "Schaumrolle" genannt, oder etwa in der Nordwand des 3435 m hohen Hochgall in der Rieserfernergruppe in Südtirol. Einen gewaltigen Hängegletscher weist auch das 4505 m hohe Weißhorn im schweizer Kanton Wallis auf. Als Geisel Gottes wurde der Gletscher oberhalb des Ortes Randa bezeichnet. In den Jahren 1637, 1720, 1735, 1737, 1819, 1857 und 1937 stürzten gewaltige Eislawinen vom Hängegletscher auf den Eisstrom des Bisgletschers und schließlich nach Randa hinunter und lösten Katastrophen aus. So wie das Schwert am Pferdehaar über dem Kopf von Damokles, ist das Gletschereis eine ständige Gefahr hoch oberhalb des Mattertals (s. Bild). Wissenschaftler beobachten daher jede Veränderung des Gletschers. Im Jahr 1972 befürchtete man eine weitere Katastrophe. Man beobachtete eine riesige Spalte im Hängegletscher des Weißhorns. Mit einer automatischen Kamera wurde der Gletscher dreimal täglich fotografiert, um Veränderungen festzustellen. Zum Glück brach die labile Eismasse noch vor dem möglichen Absturz auseinander und kam in kleineren Stücken auf dem Bisgletscher zum Stehen. Dabei sind rund 100.000 Kubikmeter Eis abgestürzt. Das Foto zeigt den imposanten Hängegletscher in der Nordwand der 3544 m hohen Vertainspitze im Laas-Marteller Kamm der Ortlergruppe. Der 60° und mehr geneigte Hängegletscher ist eine Herausforderung für engagierte Eiskletterer.

Bild 8.38. Firnmuldengletscher

Beim Firnmuldengletscher findet die Umwandlung von Firn zu Gletschereis (S. 199) in einer dafür geeigneten Flachform des Reliefs über der Schneegrenze (Kap. 6.2) statt. Dies kann eine Senke, eine Mulde, ein Kar (Kap. 9.1) oder eine Hangstufe sein. Gletscherzunge (Bild 8.7.) und Sammelbecken für den Firn werden durch die Firnlinie (S. 205) getrennt. Es ist der klassische Vertreter eines, dem Relief untergeordneten, Talgletschers. Beispiele aus den Alpen sind der 26 km lange Aletschgletscher im schweizer Berner Oberland, der Gornergletscher im Schweizer Kanton Wallis oder die Pasterze im österreichischen Bundesland Tirol. Wegen ihres häufigen Auftretens in den Alpen, wird dieser Gletschertyp auch "alpiner Typ" genannt. Talgletscher dieses Typs, deren Zunge noch die einzelnen Teilströme erkennen lassen, werden auch als Himalaya-Typ bezeichnet. Das Foto zeigt die höchste Erhebung der westlichen Hohen Tauern, den 3674 m hohen Großvenediger mit dem Dorferkees als typischen Firnmuldengletscher vom Gipfel des Großen Geigers (3360 m).

Bild 8.37. Hängegletscher (Vertainspitze, Ortlergruppe, Südtirol/Italien)

Bild 8.38. Firnmuldengletscher (Dorferkees, Venedigergruppe, Österreich)

Bild 8.39. Firnstromgletscher

Viele der Gletscherriesen in Zentralasien gehören dem Typ des Firnstromgletschers an. Hierzu gehört auch der längste Gletscher außerhalb der Polarregionen, der 77 km lange Lednik Fedcenko im Pamir. Charakteristisch für diesen Typ des Talgletschers ist der Umstand, daß ein großer Teil des Nährgebietes (S. 205) noch der Gletscherzunge (Bild 8.7.) angehört, die permanent von Firn (S. 199) bedeckt ist. Das Foto zeigt den Chogolungma-Gletscher im Karakorum. Dieser Firnstromgletscher ist mit rund 50 km Länge einer der größten Talgletscher im Karakorum. Auch das Seward-Malaspina-System in Alaska gehört diesem Gletschertypus an.

Bild 8.40. Firnkesselgletscher

Firnkesselgletscher weisen zahlreiche kleinere Nährgebiete (S. 205) über der Firnlinie (S. 205) auf. Diese sogenannten Firnkessel sind jedoch allein für die Ernährung des Gletschers zu klein. Firnkesselgletscher werden daher durch häufige Lawinenabgänge von den Bergflanken und Gipfelkämmen gespeist. Gletscher dieses Typs gibt es vor allem im Himalaya, im Karakorum, im Hindukusch, in den neuseeländischen Alpen und im Kaukasus. Dieser Gletschertyp wird auch als "Mustaghtyp" bezeichnet.

Bild 8.39. Firnstromgletscher (Chogolungma Gletscher, Karakorum, Pakistan)

Bild 8.40. Firnkesselgletscher (Pucahirca-Gruppe, Cordillera Blanca, Peru)

Bild 8.41. Lawinenkesselgletscher

Lawinenkesselgletscher liegen unterhalb der klimatischen Schneegrenze (Kap. 6.2). Ihre Ernährung erfolgt ausschließlich durch Eis- und Schneelawinen. Man sprach früher auch vom "turkestanischen Gletschertyp". Jedoch treten diese Gletscher nicht nur im Pamir-Gebirge und in den zentralasiatischen Hochgebirgen auf. Sie finden sich genauso im Himalaya und im Karakorum. Ein typisches Beispiel für einen Lawinenkesselgletscher aus dem Karakorum ist der Shispargletscher. Auch in den Alpen gibt es diesen Gletschertyp. Ein bekantes Beispiel ist der Höllentalferner an der 2964 m hohen Zugspitze, Deutschlands höchster Gipfel. Die Aufnahme zeigt einen kleineren Lawinenkesselgletscher im Berner Oberland.

Bild 8.42. Regenerierte Gletscher

Regenerierte Gletscher können prinzipiell auch zum Typus des Lawinenkesselgletschers gerechnet werden. Dieser Gletschertyp entsteht, wenn ein Eisstrom über einer Felsstufe abbricht und sich unterhalb der Stufe ein neuer Gletscher aus dem Sturzmaterial bildet, wenn er sich somit regeneriert. Das Bild zeigt einen regenerierten Gletscher an der Westseite des 8172 m hohen Dhaulagiri in Nepal. Unterhalb der Felsstufe baut sich der, zum Teil mit Schutt oder Obermoräne (Kap. 9.2) bedeckte, Gletscher erneut auf.

Bild 8.41. Lawinenkesselgletscher (Balmhorn, Berner Alpen, Schweiz)

Bild 8.42. Regenerierter Gletscher (Dhaulagiri-West, Dhaulagiri-Himal, Nepal)

Bild 8.43. Gletscherflecken

Die Überreste eines ehemals größeren Gletschers oder eines sehr kleinräumig ausgebildeten Eisfeldes bezeichnet man als Gletscherflecken. Es ist der kleinste auszuweisende Typ eines Gletschers. Man findet solche Miniaturgletscher weltweit. Auch in den Alpen sind viele ehemals größeren Kargletscher (Bild 8.35.) im Zuge des allgemeinen Gletscherschwundes zu Gletscherflecken degeneriert. Auf dem Bild ist ein stark zurückgeschmolzener Gletscher in der nordöstlichen Ortlergruppe in den italienischen Alpen zu sehen, der lediglich noch als Gletscherflecken zu bezeichnen ist.

Bild 8.44. Eisstromnetz

Eisstromnetze entstehen, wenn Firnstromgletscher (Bild 8.39.) oder Talgletscher (Bild 8.34.) im allgemeinen stark anschwellen und über Transfluenzpässe (Kap. 9.1) hinweg in Verbindung stehen. Die Firnlinie (S. 205) verlagert sich dabei sehr weit auf der Gletscheroberfläche abwärts. Einzelne Teilgletscher des Eisstromnetzes können somit zu den Firnstromgletschern gerechnet werden. Die einzelnen Gletscherströme ernähren sich über die Pässe hinweg gegenseitig. In den quartären Kalt- oder Eiszeiten waren Eisstromnetze in vielen Hochgebirgen der mittleren Breiten entwickelt. Auch in den Alpen bestimmten Eisstromnetze die glaziale Abtragung und Formung des Gebirges. Heute finden sich Eisstromnetze in Form des Seward-Malaspina-Systems im südlichen Alaska oder auf Spitzbergen. Für diesen Typ der Vergletscherung findet man daher auch die Bezeichnung "Spitzbergen-Typus".

Bild 8.43. Gletscherflecken (Zaytal, Ortlergruppe, Südtirol/Italien)

Bild 8.44. Eisstromnetz (Magdalenenbucht, Spitzbergen, Norwegen)

Bild 8.45. Gletschertypen (Laila, Karakorum, Pakistan)

Im Bildhintergrund sieht man die steile Flankenvereisung am Gipfelaufbau der 6859 m hohen Laila im Karakorum. In der Bildmitte erstreckt sich ein Firnkesselgletscher, über dem sich ein Hängegletscher mit mächtigen Eiswülsten unterhalb des Gratverlaufes befindet. Es ist in Anbetracht der Reliefverhältnisse an diesem Berg leicht vorstellbar, daß die Ernährung des Firnkesselgletschers weniger unmittelbar durch feste Niederschläge, als vielmehr durch Schnee- und Eislawinen erfolgt.

8.6
Gletscherschwankungen

Gletscher müssen sich den Umweltbedingungen anpassen. Kühle Klimaphasen verursachen eine Massenzunahme der Gletscher, warme hingegen einen Massenverlust. Wenn diese Perioden lang genung andauern, reagieren die Gletscher mit einem Vorstoß oder mit einem Zurückschmelzen, mit Gletscherschwankungen. Dabei unterscheidet man jahreszeitliche, kurz-, mittel- und langfristige Schwankungen. Jahreszeitliche Gletscherschwankungen sind auf den Wechsel von winterlicher Akkumulationsperiode und sommerlicher Ablationsperiode (S. 199) zurückzuführen. Die *Oszillationen* (von lateinisch *oscillatio* = Schwingung) sind also witterungsbedingt. In den Hochlagen der inneren Tropen fehlen die Jahreszeiten. Tageszeitliche Änderungen der Witterung werden dort durch die Trägheit des Gletschereises weitgehend ausgeglichen, so daß Oszillationen kaum merklich sind.

Kurz-, mittel- und langfristige Gletscherschwankungen werden durch Klimaschwankungen und Klimaänderungen hervorgerufen. Kurzfristige Klimaschwankungen führten um 1820, 1850, 1870, 1900, 1920 und 1965 zu Vorstößen der Alpengletscher. Ein Beispiel für mittelfristige Gletscherschwankungen ist das *little ice age*. Waren die Alpengletscher im Mittelalter kleiner als heute, so kam es im 17. Jahrhundert zu einem allgemeinen Kälterückfall und einem kräftigen Gletschervorstoß, der seinen Höhepunkt um 1850 erreichte. Während dieser Zeit waren die Jahresmitteltemperaturen um etwa 1° C tiefer als heute. In den Ostalpen stießen die Gletscher um 1600, 1640 und 1680 tief in die Waldregionen vor. In den Hohen Tauern wurden dadurch Bergwerksstollen vom Gletschereis überfahren. Die Endmoränen dieser Vorstöße werden nach dem *locus typicus*, dem Fernaugletscher in den Stubaier Alpen, als *Fernaustadium* zusammengefaßt. Langfristige Gletscherschankungen durch globale Klimaveränderungen führten im Pleistozän zum mehrfachen Wechsel von Kalt- und Warmzeiten.

Seit dem neuzeitlichen Höchststand der Alpengletscher um 1850 weichen sie mit den genannten kurzen Unterbrechungen zurück (Abb. 8.2.). Dieser Trend ist weltweit zu beobachten. Lediglich die Gletscher Westnorwegens wachsen derzeit schneller als je zuvor, was von Glaziologen auf die dort häufig auftretenden Niederschläge zurückgeführt wird. Hingegen wird von US-Forschern als Folge des Treibhauseffektes ein völliges Verschwinden der Gletscher im Glacier Nationalpark im US-Bundesstaat Montana innerhalb der nächsten 70 Jahre prognostiziert. In vielen zentralalpinen Tälern ist der letzte Gletscherhöchststand von 1850 an einer noch auffallend frisch ausssehenden Ufermoräne (Kap. 9.2) erkennbar (Bild 8.46.). Bei Gletscherschwankungen verändern Gletscher auch ihr Aussehen an der Oberfläche. Bei *vorrückenden Gletschern* (Bild 8.47.) läßt sich bereits zu Beginn dieser Phase eine schwache Aufwölbung des Eiskörpers im Nährgebiet beobachten, die sich später nach unten fortpflanzt. Die Gletscherstirn ist meist angeschwollen und die Zunge nicht selten in viele Séracs (Bild 8.23.) aufgelöst. Bei *zurückgehenden Gletschern* (Bild 8.48. und Bild) ist der unterste Zungenabschnitt flach. Häufig läuft ihr Zungenende spitz zu oder wirkt in sehr steiler Lage durch Auflösung in einzelne Abschnitte regelrecht zerfranst (Bild 8.49.).

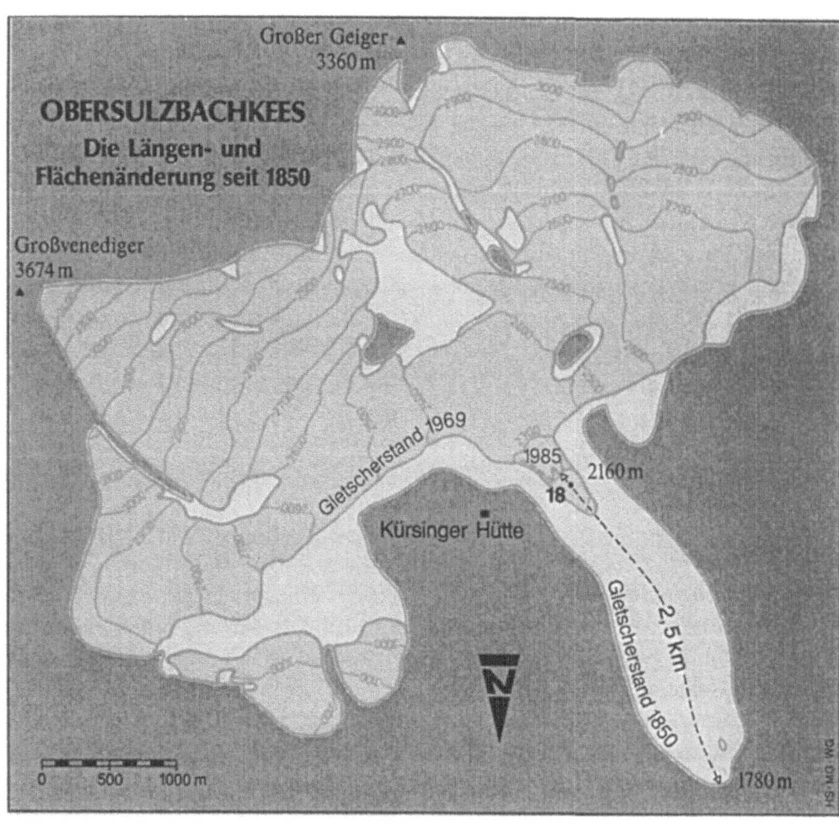

Abb. 8.2. Längen- und Flächenänderung des Obersulzbachkeeses seit dem letzten Höchststand 1850. Das Obersulzbachkees in den Hohen Tauern ist ein Beispiel für den starken Rückzug vieler Alpengletscher, ein Trend, der auch weltweit zu beobachten ist. Von ca. 1850 ist das Gletscherende bis 1985 um 2,5 km zurückgeschmolzen. Die Eismächtigkeit hat sich im Zungenbereich um mehr als 140 m verringert. Aus Slupetzky (1986).

Bild 8.46. Zeugnisse des Gletscherhochstandes (Grand Combin-Gebiet, Wallis, Schweiz)

Vergleichsweise frisch erscheinende, unbewachsene Ufermoränen (Kap. 9.2), die sich weit entfernt vom heutigen Gletscherzungenende erstrecken, zeugen in vielen Regionen der Alpen vom Gletscherschwund seit ihrem Höchststand um 1850.

Bild 8.47. Vorrückender Gletscher

Charakteristisch für einen vorrückenden Gletscher ist die mehr oder weniger aufgewölbte, zerrissene Gletscherzunge (Bild 8.7.). Sie ist meist von zahlreichen Radialspalten (S. 225) durchzogen und stark gegliedert. Beim Vorstoß schiebt der Gletscher Moränenmaterial vor sich her und staucht es zu einem bogenartig geschwungenen Wall auf. Man bezeichnet diesen Vorgang des Aufstauchens oder Auffaltens von Lockermaterial als Exaration (Kap. 9.1). Dadurch entsteht an der Stirn vieler vorrückender Gletscher eine Stauchendmoräne. Die Aufnahme zeigt eine der zahlreichen Gletscherzungen des rund 1000 km^2 umfassenden Jostedalsbre in Westnorwegen. Im Gegensatz zum weltweiten Trend stoßen die Gletscher im Westen Norwegens derzeit rasch vor.

Bild 8.48. Zurückgehender Gletscher

Die Zunge eines zurückgehenden Gletschers ist vergleichsweise flach und oft spitz zulaufend. Nicht selten werden Teile der Gletscherzunge bei ihrem Rückzug vom restlichen Eiskörper abgetrennt. Diese zurückbleibenden Eismassen tragen die Bezeichnung "Toteis" (Bild 8.20.). Dabei handelt es sich um Blankeis oder um völlig schuttbedecktes Eis. Im letzteren Fall wird das Eis durch die Bedeckung vor Abschmelzung geschützt, so daß es nur langsam abtaut. Im Bereich einsedimentierter Toteisblöcke stürzt das bedeckende Lockermaterial mit dem Abschmelzen des Eises allmählich nach, und es entsteht ein auffälliges Toteisloch. Derartige Hohlformen am unteren Ende eines zurückgehenden Gletschers sind oft mit Grund- bzw. Schmelzwasser gefüllt. In den österreichischen Alpen kann man zahlreiche Toteisblöcke und Toteislöcher sehr schön im Vorfeld der abschmelzenden Gletscherzunge der Glockner-Pasterze beobachten. Die Aufnahme zeigt das Schlatenkees in der Venediger-Gruppe in den Hohen Tauern (Osttirol/Österreich). Im Jahre 1857 erreichte der Gletscher noch den Talboden. Innerhalb von rund 140 Jahren zog das Schlatenkees seine Zunge um mehr als 1,5 km und rund 500 Höhenmeter aus dem Tal zurück. In der Bildmitte sind die blankgehobelten, vegetationsfreien Felsen erkennbar, welche die ehemalige Lage des Gletschers dokumentieren.

Bild 8.47. Vorrückender Gletscher (Jostedalsbre, Sogn og Fjordane, Norwegen)

Bild 8.48. Zurückgehender Gletscher (Schlatenkees, Venedigergruppe, Österreich)

Bild 8.49. Abgeschmolzenes Zungenende (Weißhorn, Walliser Alpen, Schweiz)

Die Aufnahme zeigt den Bisgletscher unterhalb des 4505 m hohen Weißhorngipfels. Die kahlen, vegetationsfreien Felspartien unmittelbar unterhalb der in einzelne Teilstücke aufgelösten Gletscherzunge weisen darauf hin, bis wohin der Gletscher vor noch gar nicht langer Zeit reichte (s. a. Anmerkungen S. 244).

9 Gletscher formen die Landschaft

Fließendes Gletschereis ist eine landschaftsformende Kraft, die unterschiedliche Prozesse der Abtragung und Ablagerung bewirkt. Vom Gletschereis mitgeführte Gesteinstrümmer unterschiedlichster Größe beanspruchen den Felsuntergrund. Sie schleifen ihn ab und glätten ihn. Man bezeichnet diesen Prozeß als *Detersion* (von lateinisch *deterere* = zerreiben). In den heute eisfreien Gebieten weisen die polierten und von mitgeführten Gesteinsbrocken gekritzten Felsen darauf hin, wo und in welche Richtung Gletscher einst strömten. Am Grunde eines Gletschers angefrorene Gesteinspartien werden durch *Detraktion* (von lateinisch *detrahere* = abreißen) herausgebrochen (Abb. 9.1.). An seiner Stirnseite schiebt der Gletscher Lockermaterial zusammen und staucht es auf. Dabei können ganze Gesteinsschollen herausgestemmt werden. Man nennt dies *Exaration* (von lateinisch *exarare* = durchfurchen). Zurück bleibt eine Vielzahl von charakteristischen Landschaftsformen wie Kare, übertiefte Täler, glattpolierte Felsen, Gletscherschrammen und Moränen (Kap. 9.2). Die Gesamtheit dieser Landschaftsformen wird unter dem Begriff glazialer Formenschatz zusammengefaßt.

9.1
Glaziale Abtragungsformen

Beobachten wir vom Eis geformte Hochgebirgslandschaften (Bild 9.1.) von oben nach unten, fallen uns zuerst die lehnsesselartigen Formen im Fels auf, die oft unmittelbar von hohen Gipfeln umrahmt werden: die *Kare* (Bild 9.4.). Kare sind die Formen im Hochgebirge, an welchen Gletscher ihren Ursprung nahmen und nehmen. Die Entstehung eines Kars beginnt mit einer Schneeansammlung, einem Schneefleck, in einer Geländedepression. Das kann im Bereich einer Hangleiste, einer kleineren Hangverflachung oder einer Verebnungsfläche erfolgen. Durch die größere Schneemächtigkeit an dieser Stelle gegenüber der Umgebung, dauert die Schneebedeckung bis weit in das Jahr hinein an. Der durch Frostverwitterung (Kap. 4:1) stets anfallende, feine Verwitterungsschutt wird vom Schmelzwasser aus diesem Bereich abgeführt. Die Hangverflachung oder Hangleiste vergrößert sich dadurch allmählich. Ab einer gewissen Größe verweilt der Schneefleck bei entsprechenden Klimaverhältnissen das ganze Jahr über. Er wird zum perennierenden Schneefleck (von lateinisch *perennis* = beständig) aus Firn. An seinen Rändern nimmt die Frostverwitterung zu, so daß sich ein sogenanntes *Frostkliff* mit einer Unternagungskehle bildet. Das erste Stadium der Karbildung, die *Nivationsnische* (vgl. Kap. 7.1), ist entstanden.

Die Frostverwitterung wird im Übergangsbereich zwischen Firn und Fels durch die ständige Durchfeuchtung des Gesteins im Sommer gefördert. Vor allem in Nordexposition trocknen die

Felsen auch am Tage nur schlecht ab, so daß sie permanent feucht sind. Am Tage dringt die Feuchtigkeit des Schmelzwassers in Spalten und Klüfte der Felsen ein, bei Nacht gefriert es wieder, wodurch die Frostsprengung wirksam wird.

Mit zunehmender Schneemächtigkeit erhält ein Schneefleck immer mehr Ähnlichkeit mit einem Gletscher. Die Erosionsleistung nimmt zu. Vor allem der Verwitterungsschutt, der in die Randspalte am Oberrand des Schneeflecks gerät und langsam mitgeschleift wird, ist für die Detersion verantwortlich. Im Laufe der Zeit entsteht aus dem Schneefleck Gletschereis (Kap. 8.1). Die Abtragsleistung verstärkt sich dadurch immer mehr. Wenn die den Kargletscher (Kap. 8.5) umgebenden Felspartien intensiv unter Bildung von steilen Rück- und Seitenwänden ausgeräumt wurden, liegt schließlich ein typisches Kar vor.

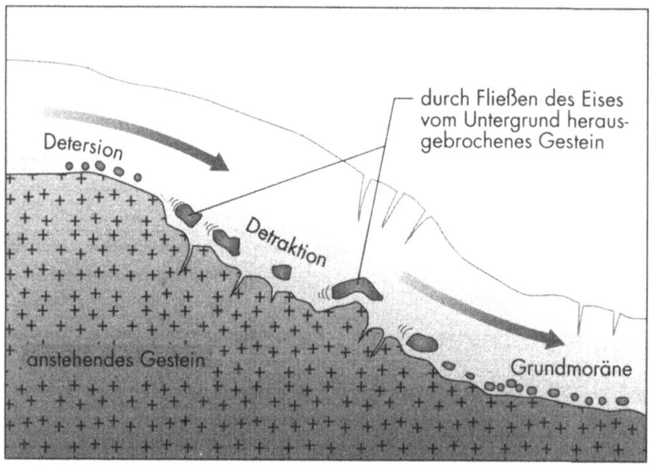

Abb 9.1. Schematische Darstellung von Detersion und Detraktion. Aus Fraedrich (1996).

Mitunter kann man beobachten, daß mehrere Kare treppenartig übereinander folgen. Man spricht dann von einer *Kartreppe*, einem Stufenkar oder einem Treppenkar (Bild 9.5.). Die von den Rändern eines Kars in die Mitte drückenden Eismassen führen zu einer Übertiefung des Karbodens und zur Ausbildung einer charakteristischen *Karschwelle* (Bild 9.9.). Nach Abschmelzen des Eises bildet sich hinter der Karschwelle nicht selten ein *Karsee* (Bild 9.6.). Die Karschwelle selbst ist oft vom Gletschereis poliert (Bild 9.2.) und läßt eine deutliche Striemung (Bild 9.3.) erkennen, sofern sie nicht weitgehend von Moräne bedeckt ist. Wachsen benachbarte Kare allmählich durch die fortschreitende Glazialerosion zusammen, so entstehen langgestreckte scharfe *Felsgrate* (Bild 9.7.). Während der Eiszeiten waren zahllose Bergstöcke der Alpen, des Himalaya und anderer Gebirge allseitig von Karen umgeben. Es blieben folglich Berge zurück, die heute rundum von scharfen Graten begrenzt werden. Derartig auffällig geformte Berge werden als *Karlinge* bezeichnet (Bild 9.8.). Diese Berge sind oft durch steile und nicht selten verfirnte oder vergletscherte Wände charakterisiert; lohnende Ziele für Extremkletterer.

Während der eiszeitlichen Vergletscherung der Hochgebirge überflossen die Eismassen selbst hochgelegene Pässe. So finden wir heute im Gratverlauf hoher Bergkämme U-förmige Einschnitte, sogenannte *Transfluenzpässe* (Bild 9.15.), die den ehemaligen Übertritt eines Gletscherstromes in ein benachbartes Tal belegen.

Das Überfließen von Pässen und Talscheiden ist charakteristisch für die Eisstromnetze (Kap. 8.5) der eiszeitlichen Gletscher. Auf Spitzbergen finden wir Eisstromnetze auch heute noch. Dabei werden Talzüge ohne Rücksicht auf ihre ursprüngliche Abflußrichtung erodiert. Das Ergebnis ist eine regelrechte "Vergitterung" des Talnetzes. Man kann dies gut im schottischen Hochland oder in den skandinavischen Gebirgen beobachten.

Berge, von denen nur noch die Spitzen aus den eiszeitlichen Gletschermassen herausragten, nennt man *Nunatak* (Bild 9.20.). Das Wort "Nunatak" (Plural: Nunatakker oder Nunatakr) stammt aus der Sprache der Eskimos und bezeichnet ursprünglich Bergspitzen, die aus dem grönländischen Inlandeis hervorschauen. Im Gegensatz dazu werden vollständig vom Eis überflossene Felserhebungen zu abgeschliffenen *Rundhöckern* (Bild 9.19.) oder *roches moutonnées* (französisch für Hammelrücken) umgestaltet.

Unterhalb der Karschwelle folgen Talgletscher (Kap. 8.5) dem Verlauf von bereits präglazial durch tektonische Prozesse und Fließgewässer angelegten Talstrukturen. Infolge von Detersion und Detraktion wurden die ehemals V-förmigen Fluß- oder Kerbtäler durch Tiefen- und Seitenerosion über Jahrhunderte und Jahrtausende zu U-förmigen *Trogtälern* (Bild 9.10.) umgestaltet und übertieft. Die felsigen Hänge dieser Täler sind in der Regel sehr steilwandig und weisen an ihrer Basis ein gerundetes Querprofil auf. Die Obergrenze der Glazialerosion in einem Trogtal wird *Schliffgrenze* (Bild 9.12.) genannt. Da im Grenzbereich zwischen Gletscher und Fels, ähnlich wie bei einem Kar, eine "Schwarz-Weiß-Grenze", also eine Randkluft (Kap. 8.4) vorhanden ist, kann dort die Frostverwitterung verstärkt ansetzen. Es bildet sich eine Hohlkehle, die sogenannte *Schliffkehle* (Bild 9.12.). Darunter folgt der flach abgeschliffene *Schliffbord* (Bild 9.12.). Es ist der Bereich, der zwischen dem Auffüllen des Tales mit Gletschereis und dem Abschmelzen am kürzesten der Glazialerosion unterworfen war.

Neben den Prozessen der Detersion und Detraktion durch fließende Eismassen, spielt bei der Trogtalbildung und der Übertiefung des Talbodens auch das Gletscherschmelzwasser eine nicht zu unterschätzende Rolle. Infolge der hohen Fließgeschwindigkeit des gespannten, unter hohem hydrostatischen Druck stehenden Wassers wird der Prozeß der *Kavitation* (von lateinisch *cavare* = aushöhlen) oder *Kavitations-Korrasion* (von lateinisch *corrodere* = zerfressen) wirksam. Fließt Wasser sehr rasch, also unter einem Gletscher oder im Fall von Stromschnellen, nimmt sein statischer Druck soweit ab, daß sich im Innern mit Dampf gefüllte Hohlräume bilden. Läßt die Fließgeschwindigkeit, etwa nach einem Hindernis, nach, implodieren die Wasserdampfblasen mit großer Gewalt. Dabei entstehen Stoßwellen, die den Fels im Lee des Schmelzwasserstromes hammerschlagartig beanspruchen und ihn damit erodieren.

Im Prinzip genügt somit allein schon die Kavitation, um den Untergrund eines Gletschers nach und nach zu erodieren. Dieser Prozeß erfolgt jedoch linear. Erst gemeinsam mit Detersion und Detraktion durch das Eis selbst entsteht der U-förmige Querschnitt und die Übertiefung eines Trogtales.

In manchen Hochgebirgstälern ist der Bereich des Schliffbordes durch eine auffällige Geländeverflachung mit abgerundetem, steilem Abfall zum Trogtal hin charakterisiert. Diese *Trogschulter* (Bild 9.13.) markiert den Bereich eines alten Talbodenrestes (Kap. 2.3). Das obere Ende eines Trogtales oder sein Anfang ist häufig durch eine hohe Geländestufe, den *Trogschluß* (Bild 9.14.), begrenzt. Es ist der Bereich des Tales, in dem präglazial die Kerbtalbildung durch Fließgewässer einsetzte. Sehr stark übertiefte Trogtäler, die nach dem Eisrückzug vom Meer überflutet wurden, bezeichnet man als *Fjorde* (Bild 9.17.).

Seitentäler, die in ein Trogtal münden, enden oft hoch über dem Talboden des Haupttales. Dieses Phänomen ist darauf zurückzuführen, daß die Erosionskraft der Gletscher in den Seitentälern geringer war als im Haupttal. Folglich fiel die glaziale Übertiefung wesentlich geringer aus. Der oft gewaltige Höhenunterschied zwischen der Einmündung eines glazialen *Hängetales* und dem Haupttalboden wird vom Bach des Hängetales im Wasserfall oder in einer engen Klamm überwunden.

In seinem Längsverlauf kann jedoch auch das glazial überprägte Haupttal erhebliche Steilstufen aufweisen. Dafür kommen im wesentlichen zwei Gründe in Betracht. Zum einen wird bei der Einmündung eines größeren Seitengletschers der Eisdruck auf den Untergrund lokal verstärkt. Dies bedeutet eine größere Erosionsleistung und stärkere Übertiefung im Bereich des Zusammenflusses beider Eisströme. Folglich bleibt vor der Einmündung des ehemaligen Seitengletschers eine Talstufe zurück. Man bezeichnet diese Stufe auch als *Konfluenzstufe* (Bild 9.21.). Zum anderen muß ein Talgletscher häufig Gefällsversteilungen im Talverlauf überwinden, die bereits vor der Vergletscherung vorhanden waren. Über solchen Steilstufen bewegen sich Gletscher nicht nur schneller, sie üben auch einen wesentlich höheren Druck auf den Talboden unterhalb der Steilstufe aus. Somit wird das Tal an dieser Stelle viel stärker übertieft als oberhalb der Stufe und eine bereits vorhandene Geländestufe vergrößert. Das Ergebnis dieser Prozesse ist das charakteristische, gestufte Längsprofil eines Trogtales.

Neben dem "klassischen" U-förmigen Trogtal als Ergebnis glazialer Talüberprägung, finden sich in vielen Hochgebirgen auch *glazigene Kerbtäler* (Bild 9.11.) mit nahezu V-förmigem Querprofil. Gletscherschliffe und Schrammen an völlig gestreckten, unverwitterten Talwänden belegen die glazigene Kerbtalbildung. Eine solche Talform entsteht, wenn sehr große Talbodengefälle bestehen. Dann herrscht der Zug im Gletscherkörper vor und die Flankenreibung tritt stark zurück. Solange keine subglaziäre Schmelzwassererosion einsetzt, dies ist im Bereich des Nährgebietes (Kap. 8.2) eines Gletschers der Fall, zeigt der Talgrund eines glazigenen Kerbtales ein Rest-U-Profil, denn an der Gletscherbasis erodiert Eis flächiger als Wasser. Im weiteren Verlauf unterhalb der Schneegrenze dominiert die einschneidende Wirkung des subglaziären Schmelzwassers, das unter hohem hydrostatischen Druck abfließt. Hier treten Rest-U-Profile zugunsten von kerbartigen Taleinschnitten zurück. Zwischen der glazigenen Trogtalbildung bei flacherem Talgefälle und der glazigenen Kerbtalbildung bei steilem Talgefälle sind natürlich alle Übergangs- und Mischformen möglich. Ein typisches glazigenes Kerbtal in den Alpen ist das untere Lötschental im Berner Oberland.

In den pleistozänen Eiszeiten, die vor rund 10.000 Jahren endeten, erreichten die mächtigen Gletscherzungen (Kap. 8.2) die Vorländer der Hochgebirge. Auch hier folgten die teils mehrere hundert Meter hohen Eismassen im wesentlichen bereits existierenden Hohlformen im Gelände und übertieften diese. Auf diese Weise entstanden die sogenannten *Zungenbecken*, die heute vielfach von Seen erfüllt und von markanten Endmoränenwällen umgeben sind. Bekannte *Zungenbeckenseen* (Bild 9.18.) sind beispielsweise der 538,5 Quadratkilometer große Bodensee oder der Starnberger See im nördlichen Alpenvorland mit einer Fläche von 57,2 Quadratkilometern.

Bild 9.1. Glaziale Hochgebirgslandschaft (Raintal, Rieserfernergruppe, Südtirol/Italien)

Durch Gletscher geprägte Hochgebirgslandschaften üben durch ihre Formenvielfalt auf engstem Raum einen unwiderstehlichen Reiz auf uns aus. Gewaltige Berge, die von den nagenden Gletschern ihre schroffen Felsgrate erhielten, und tief vom Eis eingeschnittene Täler ziehen alljährlich Millionen von Menschen weltweit in ihren Bann.

Bild 9.2. Gletscherschliff

Landschaftsbereiche im Hochgebirge, die ehemals vergletschert waren, zeigen auffällige Felsoberflächen. Denn die Felsen scheinen regelrecht poliert zu sein. Man spricht vom Gletscherschliff. Gut erhalten sind diese auffälligen Oberflächen jedoch nur in Bereichen unter der heutigen Schneegrenze (Kap. 6.2) oder in Gebieten über dieser Grenze, die erst vor wenigen Jahren oder einigen Jahrzehnten eisfrei geworden sind. Denn in Höhenlagen, in denen die Frostverwitterung (Kap. 4.1) wirksam ist, verschwinden die polierten Felsen nach und nach. Die abgerundeten und polierten Felsoberflächen finden sich in den Alpen nicht selten im unmittelbaren Bereich von Hütten, sei es an Karschwellen (Bild 9.9.) oder an exponierten Reliefpositionen, die vor vielen Jahrzehnten vom Eis freigegeben wurden. Mitunter dienen die polierten Felsen in Hüttennähe den Gipfelaspiranten als willkommener Klettergarten und Zeitvertreib am Vorabend der eigentlichen Hochtour. Schaut man einmal genauer hin, so erkennt man, daß die von weitem poliert anmutenden Felspartien eigentlich gar nicht so glatt sind. Sie werden zumeist von zahlreichen Kratzern und Schrammen überzogen, die auf die abschleifende Wirkung des Gletschereises, die Detersion (S. 259) hinweisen.

Bild 9.3. Gletscherschrammen

Gesteinsbrocken, die an der Basis eines Gletschers liegen, können nicht ohne weiteres nach oben in das darüber liegende Eis hineingepreßt werden. Sie werden vielmehr vom Gletscher mitgeschleift und kratzen eine lange Rille in das unterlagernde Festgestein. Der Gesteinsbrocken selbst wird dabei flach abgeschliffen. Die markantesten Merkmale der Glazialerosion und Verfrachtung von Gesteinsmaterial durch einen Gletscher sind daher die Kratzer und Striemen auf dem anstehenden Gestein. Wenn es nur haardünne Linien sind, spricht man von Schrammen. Ein regional verbreitetes Muster von Kratzern und Schrammen auf der Oberfläche der anstehenden Gesteine oder erratische Blöcke (Bild 9.30.) aus Gesteinen, die an ihrem Fundort nicht vorkommen, sind ein Beweis dafür, daß ein Gebiet, das heute nicht vergletschert ist, ehemals vom Eis eingenommen wurde. Zwar können zahlreiche Kräfte wie Lawinen, driftende Eisberge, die am Meeresboden schürfen, Schlammströme oder Flüsse, die eine Fracht aus scharfkantigem Sand befördern den Felsuntergrund bearbeiten, jedoch hinterläßt keine dieser Kräfte Kratzer und Schrammen in solcher Beständigkeit in Richtung und Form. Somit ist ein Muster aus Kratzern und Schrammen der beste Beweis für eine ehemalige Vergletscherung in der Landschaft. Der Verlauf der Kratzer und Schrammen weist auf die ehemalige Fließrichtung des Eises hin. Auf dem Foto sind deutlich Schrammen erkennbar, die diagonal zur Felsschichtung verlaufen.

Bild 9.2. Gletscherschliff (Brunegghorn, Walliser Alpen, Schweiz)

Bild 9.3. Gletscherschrammen (Rofental, Ötztaler Alpen, Österreich)

Bild 9.4. Kar

Ein Kar ist der Ursprungsort eines Gletschers. In einer Hangverflachung sammelt sich Schnee, der bei günstigen Klimabedingungen das ganze Jahr über verweilt. Schmelzwasser führt den feinen Verwitterungsschutt weg, der permanent durch Frostverwitterung anfällt. Bildet sich im Laufe der Zeit aus dem verweilenden Schnee allmählich Gletschereis, wird die Erosion verstärkt. Aus einer primären Nivationsnische (S. 259 u. Kap. 7.1) entsteht eine Form im Fels, die oft als lehnsesselartig beschrieben wird: ein Kar. Im Rücken und an beiden Seiten wird das Kar von steilen Wänden umgeben. Der Karboden ist wannenförmig vom Eis ausgeschliffen, das von allen Seiten in die Mitte des Kars drückte. Ein Kar wird oft von einer Karschwelle (Bild 9.9.) talwärts abgeschlossen. Gelegentlich ist die Karschwelle mit Moränenresten überdeckt. Häufig lassen sich jedoch auch Kare beobachten, deren Boden gleichsinnig zum Tal geneigt ist, d. h., eine ausgeprägte Karschwelle fehlt in diesen Fällen. Eine solche Karform wird als vorläufige Entwicklungsform zum Klimaxstadium der charakteristischen Karform mit übertieftem Boden und Karschwelle angesehen. Wenngleich es, wie immer in der Natur, zahlreiche fließende Formenübergänge gibt, kann man ganz bestimmte Kartypen unterscheiden. Wachsen benachbarte Kare infolge fortschreitender Erosion der trennenden Felsgrate zusammen, spricht man von einem Großkar. Sehr enge Kare unterhalb von hohen Felswänden heißen Wandnischenkare, von denen es sehr schön ausgeprägte Exemplare in der Glocknergruppe der österreichischen Zentralalpen gibt. Weitere Beispiele für Kartypen sind das Schlucht-Kar oder Couloir, das Talschlußkar, das Quelltrichterkar und das Wannenkar. Die Aufnahme zeigt ein Wannenkar kurz nach Neuschneefall in den Zillertaler Alpen.

Bild 9.5. Kartreppe

Gelegentlich kann man beobachten, daß mehrere Kare (s. oberes Bild) stufenartig übereinander folgen. Daher wird auch von der Kartreppe, einem Stufenkar oder einem Treppenkar gesprochen. Verbunden sind solche Treppenkare oft durch eine Schmelzwasserabflußbahn der jeweils höher gelegenen Hohlform. Häufig wächst eine Kartreppe nach und nach zu einem sogenannten Schlucht- oder Schlauchkar zusammen, das auch als Couloir bezeichnet wird. Da in einem Schluchtkar größere Schneeansammlungen rasch als Lawinen niedergehen können, sind sie beim Durchsteigen großer Wände schnell und frühmorgens zu queren, sollte keine andere Routenwahl möglich sein. Im Vordergrund des Bildes liegt ein typischer Karsee (Bild 9.6.). Unmittelbar oberhalb der Karrückwand folgt der nächste Karboden. Ihm folgt ein weiteres Kar, dessen Rückwand noch Altschneereste des vergangenen Winters trägt.

Bild 9.4. Kar (Naviser-Tal, Zillertaler Alpen, Österreich)

Bild 9.5. Kartreppe (Lasörlinggruppe, Hohe Tauern, Österreich)

Bild 9.6. Karsee

Hinter einer Karschwelle (Bild 9.9.) entstand nach dem Rückzug des Eises häufig ein Karsee. Der See wird durch den Felsriegel der Karschwelle oder durch auf ihr verbliebenes Moränenmaterial (Kap. 9.2) aufgestaut. In vielen Gebirgen sind die malerischen Karseen ein Anziehungspunkt und Wanderziel ersten Ranges für Touristen, Bergwanderer und Erholungssuchende. An vielen Karseen wurden daher in den Alpen bewirtschaftete Hütten errichtet, die zahlreichen Touristen als Tagesziel dienen. Häufig weisen diese Seen einen für Feinschmecker interessanten Fischbestand auf, der die Speisekarte der Hütten bereichert. Ruhiger als an vielen Alpenseen geht es sicherlich am abgebildeten, 2520 m hoch gelegenen Karagöl im türkischen Taurus-Gebirge zu.

Bild 9.7. Felsgrat

Durch das allmähliche Zusammenwachsen von benachbarten Karen (Bild 9.4.) bilden sich scharfe Felsgrate heraus. Sie sind in vielen ehemals und aktuell vergletscherten Hochgebirgsregionen eine charakteristische Landschaftsform. Für den Kletterer und Alpinisten bilden sie eine fast "magische" Aufstiegslinie auf die Gipfel der Hochgebirge der Welt. Grate sind häufig die logischste Aufstiegsroute und bieten weitgehend Sicherheit gegen Steinschlag und Lawinen. Viele klassische Aufstiegsrouten auf hohe Gipfel führen über markante Felsgrate, die nicht selten überfirnt sind. Bekannte Beispiele dafür sind der Biancograt auf den 4055 m hohen Piz Bernina, dem höchsten Berg der Ostalpen, der Bossesgrat am 4807 m hohen Mont Blanc, Europas höchstem Gipfel, der Jubiläumsgrat zwischen der 2628 m hohen Alpspitze und der 2962 m hohen Zugspitze, dem höchsten Berg Deutschlands oder der Abruzzigrat auf den zeithöchsten Gipfel der Welt, dem 8611 m hohen K2 im Karakorum. Das abgebildete 4477 m hohe Matterhorn wird von vier gewaltigen Graten begrenzt, die berühmte Aufstiegsrouten darstellen: Furggengrat (links), Hörnligrat (Mitte), Zmuttgrat (rechts) und Liongrat (verdeckt).

Bild 9.6. Karsee (Aladag Gebirge, Kilikischer Taurus, Türkei)

Bild 9.7. Felsgrat (Matterhorn, Walliser Alpen, Schweiz)

Bild 9.8. Karling

Karlinge sind Berge, die durch scharfe Felsgrate begrenzt sind. Sie wurden von allen Seiten durch Gletschereis regelrecht "abgenagt". Aus eher sanft geformten Massiven entstanden daher durch allseitige Glazialerosion und Karbildung (S. 259) allmählich schroffe Gipfel. Ein weltweit bekanntes Beispiel für einen Karling ist sicherlich das 4477 m hohe Matterhorn in der Schweiz (Bild 9.7.). Die Aufnahme zeigt den Blick auf die Ostwand des 8167 m hohen Dhaulagiri im Himalaya, einer der gewaltigsten Karlinge der Erde.

Bild 9.9. Karschwelle

Infolge des Eisdruckes und des damit verbundenen intensiveren Grundschliffes zur Mitte eines Kars (Bild 9.4.), kommt es zur Übertiefung des Karbodens. Zum talwärtigen Ende eines Kars bildet sich infolgedessen eine abgerundete Felsschwelle heraus, die Karschwelle. Häufig ist die Karschwelle noch von Moränenresten bedeckt. Dort, wo der gerundete, vom Gletscher polierte Fels der Schwelle zu Tage tritt, ist oft noch eine deutliche Striemung als Folge des Prozesses der Detersion (S. 259) zu erkennen. An einem heißen Sommertag ist die Karschwelle schon für manchen Bergwanderer in den Alpen ein Grund für Unmutsäußerungen geworden, stellt sie doch nach langem schweißtreibenden Anstieg ein letztes steiles Hindernis zum dahinterliegenden Hüttenziel am Karsee dar. Die Aufnahme zeigt den Schrecksee in den Allgäuer Alpen mit der Schreckenhütte im Bereich der Karschwelle (linke Bildmitte).

Bild 9.8. Karling (Dhaulagiri, Dhaulagiri Himal, Nepal)

Bild 9.9. Karschwelle (Schrecksee, Allgäuer Alpen, Deutschland)

Bild 9.10. Glazigenes Trogtal

Typisch für ein Trogtal ist die Steilwandigkeit der Talflanken und ein gerundetes Querprofil an seiner Basis. Man bezeichnet ein glazigenes Trogtal daher sinnigerweise auch als U-Tal. Trogtäler sind durch die Glazialerosion aus V-förmigen Kerbtälern hervorgegangen, die einst durch Fluvialerosion, also durch fließendes Wasser, entstanden. Jedoch spielt auch bei der Trogtalbildung fließendes Wasser eine nicht zu unterschätzende Rolle. Das Schmelzwasser am Grund eines Talgletschers strömt unter hohem hydrostatischen Druck zu Tale. Durch die hohe Fließgeschwindigkeit des gespannten Wassers wird die Kavitations-Korrasion (S. 261) wirksam, die den Fels hammerschlagartig beansprucht und erodiert. Die Obergrenze der Glazialerosion ist die Schliffgrenze, entlang derer es durch verstärkte Frostverwitterung (Kap. 4.1) zur Ausbildung einer Hohlkehle, der sogenannten Schliffkehle (Bild 9.12.) kommt. Unterhalb davon folgt der flach abgeschliffene Schliffbord (Bild). Es ist der Talabschnitt, der zwischen dem Auffüllen mit Eis und dem Abschmelzen des Gletschers die kürzeste Zeit von Glazialerosion betroffen war. Mitunter ist der Bereich des Schliffbordes alpiner Trogtäler durch eine auffällige Reliefverflachung mit abgerundetem, steilem Abfall zum Tal hin charakterisiert. Man bezeichnet dies als Trogschulter (Bild 9.13.). Dabei handelt es sich um glazial überformte Verebnungsflächen, die bereits präglazial im Zuge der phasenweisen Hebung der Alpen als alte Talböden angelegt wurden (Kap. 2.3).

Bild 9.11. Glazigenes Kerbtal

Überwiegt der Zug im Gletscherkörper den Druck auf seine Sohle, tritt die Glazialerosion an den Talflanken zurück. Es dominiert nun die Grundreibung, und das gletschererfüllte Tal wird eher V- als U-förmig übertieft. Solange keine nennenswerten Schmelzwasseranteile unter dem Eis auftreten, wie dies im Nährgebiet (Kap. 8.2) des Gletschers der Fall ist, verbleibt am Talgrund ein Rest-U-Profil. Denn das Eis erodiert trotz starkem Gefälle immer noch flächiger als flüssiges Wasser. Unterhalb des Nährgebietes wirkt die Schmelzwassererosion um so stärker, so daß hier mitunter klammartige Talgrundprofile entstehen. Besonders wirksam ist hierbei die Kavitations-Korrasion (S. 261). Werden die steilen Talwände gleichzeitig durch Erosion unterschnitten, entsteht eine klammförmige Kastenform des Tales. Glazialerosion mit Detersion, Detraktion und Exaration (S. 259) sind dabei gemeinsam mit der fluvialen Einschneidung wirksam. Zwischen typischen Trogtälern bei geringerem Talgefälle und glazigenen Kerbtälern bei starkem Gefälle gibt es zahllose Übergangsformen.

Bild 9.10. Glazigenes Trogtal (Baltistan, Karakorum, Pakistan)

Bild 9.11. Glazigenes Kerbtal (Dharakhola, Dhaulagiri Himal, Nepal)

Bild 9.12. Schliffkehle und Schliffbord

Im Grenzbereich zwischen Gletscher und Fels findet eine verstärkte Frostverwitterung (Kap. 4.1) statt. Entlang der Obergrenze der Vereisung eines Tales, der Schliffgrenze, bildet sich daher in der Regel eine Hohlkehle, die sogenannte Schliffkehle. Unterhalb der Schliffkehle folgt der gegenüber den steilen Trogwänden deutlich flacher abgeschliffene Schliffbord. Es ist der Bereich, der zwischen dem Auffüllen des Tales mit Gletschereis und dem späteren Abschmelzen der Eismassen am kürzesten von Glazialerosion betroffen war. Auf dem Foto bildet der flachere Wiesenbereich oberhalb der Felspartien in Bildmitte den Schliffbord. Unmittelbar am Übergang zwischen Schliffbord und der darüberfolgenden Felspartie ist die Schliffkehle eingelassen. Am oberen linken Bildrand erkennt man ein groß angelegtes Kar.

Bild 9.13. Trogschulter

Betrachtet man ein Trogtal (Bild 9.13.) näher, so fällt auf, daß sich zwischen den steil vom Talboden aufsteigenden Felswänden und der Schliffgrenze mitunter eine talparallel verlaufende Hangverflachung erstreckt. Solche als Trogschultern bezeichneten Verflachungen folgen dem Verlauf alter Talböden (Kap. 2.3), deren ehemals relativ scharfer Übergang zu den steilen Talwänden vom Gletschereis rundgeschliffen wurde.

Bild 9.12. Schliffkehle und Schliffbord (Virgental, Hohe Tauern, Österreich)

Bild 9.13. Trogschulter (Karwendelgebirge, nördliche Kalkalpen, Österreich)

Bild 9.14. Trogschluß

Häufig wird der Talschluß eines glazigenen Trogtales durch eine hohe Felsstufe gebildet. Dieser Trogschluß ist der Bereich des Tales, in dem vor der Vereisung die Kerbtalbildung durch Fließgewässer verstärkt einsetzte. An dieser vorgeformten Felsstufe bewegte sich das Gletschereis aus dem Kar (Bild 9.4.) mit wesentlich höherer Geschwindigkeit zu Tale. Durch den erhöhten Eisdruck auf den Felsuntergrund unterhalb der Stufe wurde die Glazialerosion in diesem Bereich verstärkt. Die Folge ist eine stärkere Übertiefung des Talgrundes und somit eine Überhöhung der präglazial gebildeten Felsstufe. Die Aufnahme zeigt einen typischen Trogschluß in der Venedigergruppe der Hohen Tauern.

Bild 9.15. Transfluenzpaß

Während der eiszeitlichen Vergletscherung der Hochgebirge flossen die Eismassen über niedrigere Teile der Gletscherumrahmung oder der subglazialen Oberfläche im Nährgebiet (Kap. 8.2) hinweg. Ähnliches kann man beispielsweise heute noch auf Spitzbergen beobachten. Der überflossene Bereich ist heute vielfach durch U-förmige Einschnitte im Verlauf von hochgelegenen Graten und Bergkämmen weit über der derzeitigen Vergletscherungsobergrenze gekennzeichnet. Einen solchen U-förmigen Einschnitt erkennt man in der oberen Bildhälfte. Man bezeichnet diese Einschnitte als Transfluenzpässe (von lateinisch *trans* = über und *fluere* = fließen).

Bild 9.14. Trogschluß (Maurertal, Venedigergruppe, Österreich)

Bild 9.15. Transfluenzpaß (Venedigergruppe, Hohe Tauern, Österreich)

Bild 9.16. Hängetal

Kleinere Seitentäler münden weit oberhalb des Talbodens in das ehemals vergletscherte Haupttal. Die Ursache für diese teilweise sehr hohen Geländestufen, die vom Bach des Seitentales in einem Wasserfall oder einer tief eingeschnittenen Klamm überwunden werden, ist die geringe Erosionsleistung des ehemaligen Seitengletschers, dessen Oberfläche mit derjenigen des Hauptgletschers einst zusammenfiel. Hängetäler lassen sich an zahllosen Stellen in den Alpen und anderen Hochgebirgen beobachten. Heute winden sich oft Straßen vom Haupttal zum hochgelegenen Seitental in Serpentinen über die Steilstufe empor.

Bild 9.17. Fjord

Ein Fjord ist ein glazigenes Trogtal (S. 261), das vom Meer überflutet wurde und weit unter den Meeresspiegel herabreicht. Fjorde sehen daher aus wie tief in das Land hineingreifende Meeresbuchten mit überaus steilen Felswänden. Charakteristisch für ein Fjord ist seine geringste Wassertiefe kurz vor der Mündung in das offene Meer. Diese Schwelle resultiert, ähnlich einer Karschwelle (Bild 9.9.), aus der glazialen Übertiefung des Tales. Eiszeitliche Fjorde sind typische Landschaftsformen für die norwegische Westküste. Hier liegt auch der tiefste Fjord außerhalb der Antarktis, der 1308 m tiefe Sognefjord. Er erstreckt sich 204 km weit hinein ins Land und ist an seinem Eingang 847 m tief. Der tiefste Fjord der Erde ist der 2287 m tiefe antarktische Vanderfjord. Die große Tiefe der Fjorde ist auf den wesentlich niedrigeren Meeresspiegel während der Eiszeiten zurückzuführen, zu dem die Gletscher hinabflossen. Ausgeprägte Fjorde finden sich ebenfalls in Schottland, dort Firth genannt, in Alaska, Patagonien und Neuseeland. Einer der bekanntesten Fjorde Neuseelands ist der Milford Sound in den neuseeländischen Alpen.

Bild 9.16. Hängetal (Ötztal, Ötztaler Alpen, Österreich)

Bild 9.17. Fjord (Geirangerfjord, Møre og Romsdal, Norwegen)

Bild 9.18. Zungenbeckensee

Unter einem Zungenbecken wird eine Eintiefung des Gletscheruntergrundes im Bereich der Gletscherzunge (Kap. 8.2) verstanden. Zumeist handelt es sich bei diesen Eintiefungen im Relief um Hohlformen, die bereits vor der Eisbedeckung bestanden haben. Sie wurden vom Gletscher während des Eisvorstoßes übertieft. Die Beckenform wird durch die Vorlagerung der Endmoräne (Kap. 9.2) zusätzlich betont. Von einem solchen Stammbecken können radial kleinere Zungenbecken ausgegliedert sein, die auf die Verzweigung der ehemaligen Gletscherzunge hinweisen. Heute sind Zungenbecken nicht selten von Seen erfüllt. Im bayerischen Alpenvorland gibt es zahlreiche Zungenbeckenseen, die ihre Entstehung den weit ins Alpenvorland vorgestoßenen eiszeitlichen Gletscherströmen verdanken. Bekannte Seen dieses Typs sind der Bodensee, der Ammersee oder der abgebildete Starnberger See südwestlich von München. Im Bildhintergrund ist die Gebirgskette der Alpen erkennbar.

Bild 9.19. Rundhöcker

Rundhöcker sind vom strömenden Gletschereis abgerundete längliche Felshügel, die einst völlig vom Eis überdeckt waren. Im Französischen nennt man sie bezeichnenderweise *roches moutonnées,* Hammelrücken. Rundhöcker können etliche Dekameter hoch sein und sind in allen ehemals vergletscherten Gebieten anzutreffen. Im Gegensatz zu ähnlich erscheinenden länglichen glazialen Formen, den Drumlins (Bild 9.31.), haben Rundhöcker eine flach ansteigende Seite, die dem ehemaligen Eisstoß zugewandt war. Auf der gegenüberliegenden Seite findet sich ein steiler Abfall. Während der Gletscher auf der Stirnseite flach aufglitt, wirkte an der abgewandten Seite die Detraktion (S. 259). Aus dieser typischen Form der Rundhöcker kann man zusätzlich zur Analyse der Ausrichtung von Gletscherschrammen (Bild 9.3.) die Vorstoßrichtung des ehemaligen Gletschers rekonstruieren. Die Oberfläche des abgebildeten Rundhöckers aus Karbonatgestein ist infolge der ausgeprägten Gesteinsklüftung (Kap. 4.1) bereits stark von der Frostverwitterung angegriffen (Kap. 4.1).

Bild 9.18. Zungenbeckensee (Starnberger See, Oberbayern, Deutschland)

Bild 9.19. Rundhöcker (Pragser Dolomiten, Dolomiten, Südtirol/Italien)

Bild 9.20. Nunatak

Nunatak (Plural Nunatakker oder Nunatakr) stammt aus der Sprache der Eskimos und bezeichnet Bergspitzen, die aus dem Inlandeis Grönlands herausschauen, also allseitig von Eis umgeben sind. Hierzu gehörten während der pleistozänen Eiszeiten auch viele bekannte Alpengipfel. Nur die höchsten Punkte schauten aus dem gewaltigen Eisstromnetz (Kap. 8.5) hervor. Der Begriff wurde nach einer dänischen Grönlandexpedition in die wissenschaftliche Literatur eingeführt. Das Foto zeigt einen Felsgipfel in den Hohen Tauern, der während der pleistozänen Eiszeiten allseitig vom Eis umflossen und abgeschliffen wurde.

Bild 9.21. Konfluenzstufe

Durch die Einmündung eines größeren Seitengletschers wird der Eisdruck auf den Untergrund des Haupttalbodens örtlich verstärkt. Daraus folgt eine wesentlich größere Erosionsleistung und stärkere Übertiefung im unmittelbaren Bereich des Zusammenflusses beider Gletscherströme. Daher bleibt vor der Einmündung des ehemaligen Seitengletschers eine deutliche Talstufe zurück, die als Konfluenzstufe bezeichnet wird (von lateinisch *confluere* = zusammenfließen, zusammenströmen). Das Bild zeigt das steil aufragende südöstliche Ende des Königsseebeckens in den Berchtesgadener Alpen. Im Bereich dieser Stufe kam es während der Eiszeit zum Zusammenfluß von drei Gletschern aus dem Hagengebirge und dem Steinernen Meer, die den Talboden in gemeinsamer Arbeit stark übertieften.

Bild 9.20. Nunatak (Venedigergruppe, Hohe Tauern, Österreich)

Bild 9.21. Konfluenzstufe (Königssee/Obersee, Berchtesgadener Alpen, Deutschland)

9.2
Glaziale Ablagerungen

Gesteinstrümmer, die vom Gletscher aufgenommen, transportiert und abgelagert werden, bezeichnet man als *Moräne*. Prinzipiell werden *Endmoräne* (Bild 9.22.), *Ufermoräne* (Bild 9.24.), *Seitenmoräne* (Bild 9.23.), *Mittelmoräne* (Bild 9.25.), *Innenmoräne* (Bild 9.26.), *Untermoräne*, *Grundmoräne* (Bild 9.27.) und *Obermoräne* (Bild 9.28.) unterschieden. Hinzu kommen exotischere Moränenarten wie *Damm-Moränen* und *Podestmoränen* (Bild 9.29.). Moränenmaterial besteht in der Regel aus einem unsortierten Gemenge von Sand, Kies, Schottern, Erde, Lehm und Gesteinsbrokken unterschiedlichster Größe und wird auch als *Geschiebe* bezeichnet. Es gelangt durch Verwitterung der umgebenden Felswände und mit Lawinen auf den Gletscher oder wird durch den Eisstrom selbst als Folge von Detersion, Detraktion und Exaration (Abb.) ab- bzw. aufgeschürft.

Endmoränen - auch als *Stirnmoränen* bezeichnet - bilden markante Wälle an der Gletscherstirn. Nach dem Abschmelzen des Eises heben sich diese Wälle als Vollformen auffällig von der übrigen Geländeoberfläche ab und zeichnen die ehemalige Eisrandlage nach. Die Endmoräne besteht aus einem Sammelsurium von Material der Innenmoräne, der Obermoräne, der Grundmoräne und der Untermoräne. Die Innenmoräne ist nichts anderes als Gesteinsmaterial, das beispielsweise durch Gletscherspalten in den Eiskörper gelangt. Eine Obermoräne findet sich vor allem bei lawinenernährten Gletschern (Kap. 8.5) oder Gletscherzungen (Kap. 8.2) unter hohen Felswänden. Lawinen liefern dort stets frisches Material, das die Gletscheroberfläche in unterschiedlicher Mächtigkeit bedeckt. Typisch für die Obermoräne ist daher auch die scharfkantige Ausbildung des Schuttes. Da eine mächtige Obermoräne das Gletschereis vor Abschmelzung schützt, reicht der Moränenbedeckte Teil einer Gletscherzunge oft weiter talwärts als der unbedeckte. Man kann dies z. B. sehr schön an der Pasterze im Glocknergebiet (österreichische Zentralalpen) beobachten.

Die Grundmoräne besteht aus Gesteinsfraktion unterschiedlichster Größe, die am Grund des Gletschers abgelagert oder von diesem durch Glazialerosion abgeschürft wurden. Die gröberen Komponenten der Grundmoräne weisen im Gegensatz zur Obermoräne meist eine gute Kantenrundung auf. Untermoräne bezeichnet noch eingefrorenes Gesteinsmaterial an der Basis des Gletschers. Wegen der unklaren Abtrennung zur Grundmoräne, wird dieser Begriff jedoch kaum noch oder nur selten verwendet. Beim Abschmelzen einer Gletscherzunge wird die Obermoräne, aber auch die Innenmoräne allmählich auf der Grundmoräne abgelegt. Das abgesetzte Material wird somit zur *Ablationsmoräne*, d. h. zu einer Abschmelzmoräne. In einer Schürfgrube zeigt sich der Unterschied zwischen beiden Moränen sehr deutlich. Denn die Grundmoräne enthält mehr Feinsubstanz und ist infolge des Eisdruckes wesentlich dichter gelagert als die Ablationsmoräne.

Endmoränen lassen sich in weitere unterschiedliche Typen klassifizieren. Und zwar in Stapelendmoränen und Stauchendmoränen. Das Auftreten der beiden Typen ist abhängig vom Massenhaushalt (Kap. 8.2) eines Gletschers. Dort, wo die Gletscherzunge längere Zeit verweilt oder stagniert, bilden sich Stapelendmoränen. Abschmelzvorgänge und Eisnachschub halten sich dann die Waage. Vergleichbar einem Förderband stürzt, gerade an warmen Sommertagen, permanent Obermoränenmaterial über das steile Zungenende nach unten und baut so den Endmoränenwall allmählich auf. Hinzu kommt Material der Innenmoräne und partiell Geschiebe der Grundmoräne, welche an der Basis des Moränenwalles zur Ablagerung gelangen. Ist der Massenhaushalt des Gletschers positiv, stößt er vor und schiebt die Endmoräne gleich einer Planierraupe zusammen, staucht sie zur Stauchendmoräne auf. Unterschiedlich alte Rückzugsstadien eines Gletschers werden durch eine Abfolge mehrerer Endmoränenwälle markiert. Man spricht von staffelartigen Endmoränen.

Das am Rande eines Gletschers transportierte und abgesetzte Geschiebe bildet die Seiten- und Ufermoräne. Diese Begriffe werden oft synonym gebraucht, was jedoch nicht ganz korrekt ist. Die Seitenmoräne ist das am Gletscherrand transportierte Schuttmaterial und somit im Grunde genommen eine Sonderform der Obermoräne. Erst wenn das Schuttmaterial der Seitenmoräne am Eisrand austaut oder abgesetzt wird, bildet sich aus ihm die markante Ufermoräne (Bild 9.24.). Beim Zusammenfluß zweier Gletscher werden die jeweils zugewandten Seitenmoränen zur Mittelmoräne. Von der Lage des zusammentreffenden Moränenmaterials innerhalb des Gletschers her, ist die Mittelmoräne somit ebenso eine spezielle Obermoräne. Sehr schön kann man die Mittelmoräne bei den großen Gletscherströmen des Himalaya, des Karakorum oder Alaskas beobachten. In den Alpen zeigt z. B. der Aletschgletscher typische langgezogene Mittelmoränen. Bei vielen Alpengletschern tritt eine gut ausgeprägte, frisch erscheinende Ufermoräne im Gletschervorfeld als auffällige Landschaftsform in Erscheinung. Sie kennzeichnet den Höchststand der Alpengletscher zur Mitte des vorherigen Jahrhunderts, von wo an diese mit nur kurzen Unterbrechungen bis heute stets zurückgeschmolzen sind.

Damm-Moränen sind für die subtropischen Hochgebirge typisch. Im Prinzip sind diese Moränen nichts anderes als mächtige Grundmoränen, auf denen ein Gletscher wie auf einem Bahndamm abfließt. Intensive subtropische Frostverwitterung (Kap. 4.1) und häufige, abtragswirksame Lawinenabgänge aus hohen Steilwänden sind zur Bildung dieser Grundmoränenform notwendig. Sie finden sich daher insbesondere in Hochgebirgen wie dem Himalaya. Schöne Beispiele für Podestmoränen (Bild 9.29.) trifft man ebenfalls im Himalaya, aber auch in den Anden oder auf Grönland. Auch dieser Moränentyp ist prinzipiell eine Grundmoräne von spezieller Ausprägung. Ihre Entstehung wird auf die Überschiebung eines Hängetalgletschers auf die Haupttalufermoräne oder den Hauptgletscher selbst zurückgeführt. Im zweiten Fall bildet sich zwischen beiden Eiskörpern zuerst eine Zwischenmoräne, die mit dem Absinken der Oberfläche des Haupttalgletschers immer mächtiger und schließlich zur Überschiebungsrampe wird. Nach völligem Abschmelzen des überschobenen Gletschers verbleibt ein Moränenpodest, das sich vom Haupttalboden bis hinauf zum Boden des Hängetales erstreckt. Sehr eindrucksvolle Moränen dieses Typus lassen sich z. B. am Fuße der 4500 m hohen Rupal-Flanke, dem höchsten Wandabbruch der Erde, an der Südseite des 8125 m hohen Nanga Parbat im West-Himalaya beobachten.

In ehemals vergletscherten Landschaftsbereichen der Hochgebirge trifft man gelegentlich einzelne sehr große Gesteinsblöcke an, die sich auffällig vom Gestein der näheren Umgebung unterscheiden. Es sind Findlinge oder sogenannte erratische Blöcke (von lateinisch *errare* = sich verirren). Und verirrt haben sie sich tatsächlich, denn sie wurden mit dem Gletschereis teilweise über weite Distanzen transportiert und nach Abschmelzen des Eises abgesetzt. Erratische Blöcke sind daher meist mehr oder weniger zugerundet und vom Moränenmaterial, das an ihnen entlang bewegt wurde, gestriemt. Im Grunde genommen sind diese Gesteinsblöcke die größten Korngrößen, die vom Gletscher transportiert wurden.

Eine merkwürdige Form aus Grundmoränenmaterial stellen die Drumlins dar (von irisch *druim* = schmaler Rücken, das Wort wird ausgesprochen wie geschrieben). Es handelt sich dabei um eine stromlinienförmige glaziale Aufschüttungsform mit elliptischen Grundriß. Im Längsschnitt zeigt ein Drumlin die genau umgekehrte Form wie ein Rundhöcker. Die dem Eisstoß zugewandte Seite ist steil, die abgewandte Seite langgestreckt und abgeflacht. Drumlins kommen nicht einzeln, sondern in ganzen Gruppen vor. Drumlinfelder finden sich vor allem in den Vorländern der Hochgebirge. Ein berühmtes Beispiel aus dem Alpenvorland ist das Eberfinger Drumlinfeld zwischen Ammersee und Starnberger See südwestlich von München. Die subglaziale Formung der Drumlins, also die Formung unter dem Gletschereis, erklärt man durch verminderte Eisgeschwindigkeit in der inneren Randzone eines Gletschers. Wie genau jedoch ein Drumlin entsteht, ist bislang noch nicht hinreichend erforscht.

Bild 9.22. Endmoräne (Franz-Josef Gletscher, Neuseeländische Alpen, Neuseeland)
Endmoränen erheben sich als bogenförmige Wälle an der Gletscherstirn. Ihre Entstehung erfolgt bei vorstoßenden oder stagnierenden Gletschern. Bei Stillstand der Gletscherstirn bildet sich eine Stapelendmoräne, bei Vorstößen eine Stauchendmoräne. Das permanent aus dem Eis tauende Ober-, Innen- und Grundmoränenmaterial baut allmählich den markanten Wall auf. Das Foto zeigt den Blick von der Endmoräne des Franz-Josef-Gletschers zur Gletscherstirn.

Bild 9.23. Seitenmoräne (Mer de Glace, Mont Blanc-Gebiet, Frankreich)

Die Seitenmoräne ist wie die Mittelmoräne (Bild 9.25.) im Grunde genommen eine Obermoräne (Bild 9.28.). Sie besteht aus seitlich am Gletscherrand transportiertem Schutt, der nach dem Austauen oder Absetzen den markanten Wall der Ufermoräne (Bild 9.24.) aufbaut. Am Gletscherende vereinen sich Mittel- und Seitenmoräne häufig zur einer geschlossenen Obermoränendecke, die den Gletscher nun völlig bedeckt. Im Bild ist ein breiter Streifen aus Seitenmoräne zu erkennen. In der Mitte des Gletschers sieht man ein schmales Schuttband, die Mittelmoräne. Im Hintergrund erhebt sich über dem Mer de Glace die gewaltige Nordwand der 4208 m hohen Grandes Jorasses.

Bild 9.24. Ufermoräne

Der seitlich des Gletscher ausgetaute oder abgesetzte Schutt der Seiten- oder Obermoräne (Bild 9.28.) bildet den Wall der Ufermoräne. Anders als die Endmoräne, läßt die Ufermoräne nicht selten Ansätze zur Materialschichtung infolge des seitlichen, lagenweisen Abstreifens von Schutt durch das spitzwinklig auf den Ufermoränenwall auftreffende Eis erkennen. Auch die Überprägung einer älteren Ufermoräne durch einen erneuten Gletschervorstoß kann zur Schichtung führen. Häufig wird die Ufermoräne fälschlich als Seitenmoräne bezeichnet. Letztere wird jedoch noch durch das Eis transportiert und ist im Grunde genommen eine randliche Obermoräne, aus der nach Ablagerung die eigentliche Ufermoräne aufgebaut wird. Die langgezogenen Ufermoränen bilden in der Hochgebirgslandschaft eine recht auffällige Reliefform. Das Foto zeigt eine Ufermoräne des Chogolungma Gletschers im Karakorum, die vom linken Bildrand als mächtiger Wall quer über den Bildausschnitt verläuft. Die Personen auf dem Foto verdeutlichen als Größenmaßstab die Ausmaße der Moräne. Im Vordergrund erkennt man einen Ufersander (Kap. 10.2).

Bild 9.25. Mittelmoräne

Beim Zusammenfluß zweier benachbarter Gletscherströme wird aus den zusammentreffenden Seitenmoränen (Bild 9.24.) eine Mittelmoräne. Die Mittelmoräne ist zugleich auch Obermoräne (Bild 9.28.), betrachtet man ihre Lage auf der Gletscheroberfläche. Wie jede Obermoräne, ist auch die Mittelmoräne an die Schneegrenze gebunden. Oberhalb dieser Grenze wird auf den Gletscher gelangender Schutt von Firn bedeckt und im Laufe der Gletschereisbildung (Kap. 8.1) gemeinsam mit subglazial durch Detraktion (S. 259) an Felsriegeln entstandenem Schutt zur Innenmoräne. Resultiert eine Mittelmoräne aus dem lokal stark konzentrierten Schutt eines Bergsporns im Bereich des Nährgebietes (Kap. 8.2), wird dieser Schutt zuerst subglazial als Innenmoräne abgeführt. Gletscherabwärts taut dieser dann im Zehrgebiet (Kap. 8.2) als Mittelmoräne aus. So wird auch deutlich, daß oft mitten auf dem Gletscher ein Moränenstreifen austritt, ohne daß weit und breit Felsareale als Liefergebiet für den Schutt erkennbar sind. Das Foto zeigt den Gornergletscher im Schweitzer Kanton Wallis mit zwei typischen, parallel zueinander verlaufenden Mittelmoränen. Im Hintergrund links sieht man die zweithöchste Erhebung in den Alpen, das 4634 m hohe Monte Rosa-Massiv. Rechts oben geht der Blick in die mächtige Nordflanke des 4527 m hohen Lyskamm, der sich über den Grenzgletscher erhebt und dem erfahrenen Alpinisten eine der großartigsten Überschreitungen in den Westalpen bietet.

Bild 9.24. Ufermoräne (Chogolungma Gletscher, Karakorum, Pakistan)

Bild 9.25. Mittelmoräne (Gornergletscher, Walliser Alpen, Schweiz)

Bild 9.26. Innenmoräne

Innenmoräne ist der vom Gletscher transportierte Schutt, der sich innerhalb des Gletscherkörpers befindet. Er gerät durch Gletscherspalten oder durch Schmelz- und Gefrierprozesse an der Gletscheroberfläche in das Eis. Die Innenmoräne besteht demnach aus dem Material der Obermoräne (Bild 9.28.), das durch Hangabtragung und Lawinen auf den Gletscher gerät. Im Bereich von Felsspornen, die aus dem Gletscher ragen, kann Innenmoräne auch subglazial durch Detraktion (S. 259) gebildet werden. Das vom Gletscher am Felssporn herausgerissene Schuttmaterial wird dabei vom Eis eingeschlossen und abtransportiert. Geschieht dies im Nährgebiet des Gletschers (Kap. 8.2), taut der Schutt im Zehrgebiet (Kap. 8.2) wieder an der Gletscheroberfläche aus. Dadurch läßt sich auch erklären, daß gelegentlich mitten auf einem Gletscher ein Band aus Moräne austritt, das zur Mittel- oder Obermoräne wird. Dies ist demnach der genau umgekehrte Vorgang zu dem oben geschilderten: aus Innenmoräne wird Obermoräne.

Bild 9.27. Grundmoräne

Das Gesteinsmaterial, das der Gletscher an seiner Basis abschürft, abschleift (Detersion), herausreißt (Detraktion) oder ausschürft (Exaration), bildet die Grundmoräne. Hinzu kommt abgesetztes Material aus dem untersten Teil des Gletschers selbst. Das ist Innenmoräne, die sich zur Gletscherbasis hin zu Untermoräne ansammelt. Durch die starke Beanspruchung der Gesteinsfraktionen der Grundmoräne sind ihre Kanten meist gut zugerundet. Größere Komponenten lassen oft eine deutliche Striemung auf ihrer Oberfläche erkennen. Dieses Geschiebe ist infolge der hohen Druckbeanspruchung dicht gelagert und besteht aus gröberen Komponenten in einer feineren Matrix aus Lehm (Kap. 4.1). Der Lehm ist durch Zerreiben beim Transport des Schuttes entstanden. Bei vorhandenen Kalkanteilen spricht man von Geschiebemergel. Die Aufnahme zeigt einen Grundmoränenaufschluß mit deutlich kantengerundeten Blöcken in einer feineren Matrix aus Lehm.

Bild 9.26. Innenmoräne (Hintereisferner, Ötztaler Alpen, Österreich)

Bild 9.27. Grundmoräne (Venedigergruppe, Hohe Tauern, Österreich)

Bild 9.28. Obermoräne

Gesteinsschutt auf der Gletscheroberfläche bildet die Obermoräne. Es gibt Gletscherzungen, die völlig von Obermoräne bedeckt sind. Dadurch wird das Eis vor der Sonneneinstrahlung geschützt. So kann man bei teilweise schuttbedeckten Gletscherzungen, wie es bei der Pasterze am österreichischen Großglockner der Fall ist, gut beobachten, daß der mit Obermoräne bedeckte Bereich weiter vorstößt als der unbedeckte. Wenn man es genau nimmt, ist auch die Mittelmoräne (Bild 9.25.) und die Seitenmoräne (Bild 9.23.) eine Obermoräne. Obermoräne bildet sich intensiv unter steilen Felsflanken. Von dort gelangen Verwitterungsprodukte des Gesteins in den unterschiedlichsten Korngrößen durch Steinschlag, kleinere Felsstürze, Muren, Abspülung oder Lawinen auf den Gletscher. Das Material der Obermoräne besteht deshalb im Gegensatz zum Material der Grundmoräne aus scharfkantigem Schutt. Gelangt das Material der Obermoräne durch Spalten oder Schmelzprozesse in die Eismasse hinein, wird es zur Innenmoräne (Bild 9.26.). Am Zungenende eines stagnierenden Gletschers baut es nach und nach die Endmoräne auf (Bild 9.22.). Die Zunge eines abschmelzenden Gletschers sackt allmählich in sich zusammen. Nach ihrem völligen Verschwinden lagert die Obermoräne auf der Grundmoräne und wird dann Ablationsmoräne genannt. Das Foto zeigt einen Teil der stark mit Obermoräne bedeckten Zunge des Chogolungma Gletschers im Karakorum. Es ist anhand des Bildes gut nachvollziehbar, wie der kantige Schutt der Obermoräne u. a. durch Tauprozesse in die Spalte im Vordergrund gelangen kann und somit zur Innenmoräne wird.

Bild 9.29. Podestmoräne

Podestmoränen (in der rechten Bildmitte an der relativ kantigen, fast kastenförmigen Geländeform um den Gletscher zu erkennen), sind prinzipiell Grundmoränen, jedoch von spezieller Ausprägung. Das Foto zeigt die "Moränenrampe" des relativ schmalen Tsura Glacier, einem Lawinenkessel- oder Wandfußgletscher - in diesem speziellen Fall auch als Podestgletscher zu benennen (Kap. 8.5) -, die sich vom Vorbau der Ama Dablam in das Imja Khola Tal schiebt. Die Entstehung von Podestmoränen wird auf die Überschiebung eines Hängetalgletschers auf die Ufermoräne des Haupttalgletschers oder auf den Hauptgletscher selbst zurückgeführt. Im letzteren Fall kommt es zwischen den beiden Eiskörpern zuerst zur Ausbildung einer Zwischenmoräne. Mit dem Absinken der Oberfläche des Haupttalgletschers wird die Zwischenmoräne immer mächtiger und schließlich zur Überschiebungsrampe. Es verbleibt nach völligem Abschmelzen des Haupttalgletschers ein Moränenpodest, das sich vom Talboden bis hinauf zum Beginn des Hängetales erstreckt. Im Hintergrund der Aufnahme erkennt man den 6856 m hohen Hauptgipfel der Ama Dablam.

Bild 9.28. Obermoräne (Chogolungma Gletscher, Karakorum, Pakistan)

Bild 9.29. Podestmoräne (Imja Khola Tal, Khumbu Himal, Nepal)

Bild 9.30. Findling

Gelegentlich trifft man im Hochgebirge einzelne sehr große Gesteinsblöcke an, die sich völlig vom Gestein der unmittelbaren Umgebung unterscheiden. Es handelt sich dabei um Findlinge oder erratische Blöcke (von lateinisch *errare* = sich verirren). Sie wurden vom Gletschereis teilweise über weite Entfernungen transportiert und nach Abschmelzen des Gletschers abgesetzt. Findlinge sind folglich mehr oder weniger zugerundet. Sie zeigen deutlich Schrammen, die vom Moränenmaterial herrühren, das an ihnen entlang bewegt wurde. Diese ortsfremden Gesteinsblöcke haben nicht selten Durchmesser von mehreren Metern.

Bild 9.31. Drumlin

Drumlins sind Vollformen mit elliptischem Grundriß, die aus Grundmoränenmaterial bestehen. Ihre dem Eisvorstoß zugewandte Seite ist steil, die abgewandte hingegen langgestreckt und abgeflacht. Drumlins treten meist in Gruppen auf. Ausgedehnte Drumlinfelder finden sich vor allem in den Vorländern der Hochgebirge. Ein bekanntes Beispiel ist das Eberfinger Drumlinfeld zwischen Ammersee und Starnberger See im Südwesten von München. Wie Drumlins entstehen, ist bislang noch nicht hinreichend erforscht. Man geht bislang davon aus, daß die Formung unter dem Gletschereis durch verminderte Eisgeschwindigkeit in der inneren Randzone eines Gletschers erfolgt.

Bild 9.30. Findling (Rannoch Moor, Northwest Highlands, Schottland)

Bild 9.31. Drumlin (Eberfinger Drumlinfeld, Oberbayern, Deutschland)

Bild 9.32. Glaziale Ablagerungen (Mittelbergferner, Ötztaler Alpen, Österreich)

In Hochgebirgen, deren Landschaften von Gletschern geformt wurden, treffen wir fast überall auf die Hinterlassenschaften der Eisströme in Form von glazialen Ablagerungen. Moränen, Findlinge und andere Zeugnisse der Arbeit von Gletschern finden sich neben glazialen Abtragungsformen vom Vorland des Gebirges bis hinauf zur gegenwärtigen Gletscherhöhenstufe (Kap. 1.5).

10 Schmelzwasser und Landschaft

Neben dem Gletschereis selbst, ist das aus ihm freigesetzte Schmelzwasser eine bedeutende landschaftsformende Kraft. Das Schmelzwasser ist, ebenso wie der Gletscher, am Transport und an der Ablagerung von Gesteinsmaterial in den unterschiedlichsten Korngrößen beteiligt. Es erodiert aber auch das anstehende Gestein durch Kavitations-Korrasion (Kap. 9.1) und durch das Mitschleifen von verschieden großen Gesteinsbruchstücken, die am festen Fels für Abrieb sorgen. Folglich ist das Schmelzwasser unter dem Gletscher auch an der Glazialerosion beteiligt, indem es ihr Vorschub leistet, bzw. Hand in Hand mit ihr arbeitet. Es wird daher von *fluvioglazialer* Abtragung und Ablagerung gesprochen. Finden diese Prozesse außerhalb des eigentlichen Gletscherkörpers statt, heißt es *glazifluviatil*. In der wissenschaftlichen Literatur findet sich jedoch auch der synonyme Gebrauch beider Begriffe.

Prinzipiell wird beim Schmelzwasser zwischen dem oberflächlich auf der Gletscherzunge abfließenden Wasser, dem in Spalten des Gletschers fließenden Wasser, dem an seiner Basis unter hohem Druck strömenden Wasser und dem Wasser unterschieden, das den Gletscher durch den Gletscherbach verläßt. Man spricht in dieser Reihenfolge auch von *supraglaziärem*, *intraglaziärem*, *subglaziärem* und *proglaziärem* Wasser. Das Schmelzwasser fällt supraglaziär allein durch die Sonneneinstrahlung an. In allen anderen Fällen ist bei temperierten Gletschern zusätzlich die Regelation (Kap. 8.2) an der Schmelzwasserbildung beteiligt. Das supraglaziär anfallende Schmelzwasser sammelt sich auf der Eisoberfläche zu Rinnsalen, Bächen oder sogar zu regelrechten Flüssen. Selbst auf den vergleichsweise kleinen Alpengletschern kann es bis zu 10 m tiefe Schmelzwasserrinnen in das Eis einschneiden. Im nächstgelegenen Spaltensystem verschwindet ein solcher Schmelzwasserbach oder -fluß in einem sogenannten *Schluckloch* von der Gletscheroberfläche und wird, an der Gletscherbasis angelangt, zum subglaziären Schmelzwasserstrom. Untersuchungen in der kanadischen Arktis haben gezeigt, daß in den Schmelzwasserrinnen einer Gletscheroberfläche, in Abhängigkeit von der Jahreszeit, bis zu 1000 Liter Schmelzwasser pro Sekunde abfließen können.

10.1
Fluvioglaziale Abtragungsformen

Das an der Gletscherbasis abfließende Schmelzwasser sammelt sich zu größeren Strömen, die unter der Eisauflast hohen hydrostatischen Drucken ausgesetzt sind. Infolge der linear erfolgenden Kavitations-Korrasion entstehen nach und nach perfekt geglättete Röhren oder *Schmelzwasserrinnen* (Bild 10.2.) im Fels, die sich bei Gebirgsgletschern im Extremfall zu *subglazialen Klammen* (Bild 10.3.) entwickeln können. Dabei handelt es sich um mehr oder weniger tief in den Fels eingeschnittene enge Täler mit nahezu senkrechten Wänden infolge von rascher und kräftiger Tiefenerosion. Bei der Anlage von subglazialen Klammen wirkt auch die Glazialerosion mit. Gletscherschliffe, die in den oberen Bereich von Klammen hineingreifen, belegen dies. Sowohl das subglaziäre Schmelzwasser als auch das Gletschereis folgen bei ihrer Erosionsarbeit primär bereits vorhandenen Schwächezonen im Untergrund, etwa in Form von tektonischen Störungen (Kap. 5.1).

Recht auffällige fluvioglaziale Erosionsformen sind die *Gletschertöpfe* (Bild 10.1.). Die seltsamen Löcher, Wannen und Schächte im festen Gestein regten, mangels wissenschaftlicher Erklärungen, über Jahrhunderte die Phantasie der Menschen an (vgl. Kap. 1.1). So wurden diese Phänomene von den Alpenbewohnern in früheren Zeiten als Werke von Hexen und Riesen angesehen. Überlieferte Namen wie Teufelsmühlen, Hexenkessel, Teufelslöcher, Riesentöpfe oder Opferkessel zeugen hiervon. Es dauerte sehr lange, bis die merkwürdigen Formen mit der Vergletscherung der Alpen in Zusammenhang gebracht wurden. Dies geschah erst mit Beginn der Eiszeitforschung im vergangenen Jahrhundert, die vom schweizerisch-amerikanischen Geologen, Zoologen und Paläontologen Jean Louis Rodolphe Agassiz (1807-1873), dem Schweizer Geologen Albert Heim (1849-1937), dem deutschen Geographen und Meteorologen Eduard Brückner (1862-1927) und dem deutschen Geographen Albrecht Penck (1858-1945) grundlegend geprägt wurde.

Gletschertöpfe entstehen durch die abschleifende Wirkung von Gesteinsbruchstücken unterschiedlichster Größe wie Kies, Sand oder Schluff (Kap. 4.1), wenn diese am Felsgrund vom Schmelzwasser wirbelnd bewegt werden, das strudelartig in Gletscherspalten hinabstürzt. Im ortsfesten Wirbel schleift das sedimentbefrachtete Schmelzwasser mitunter viele Meter tiefe Hohlformen in den Fels ein. Dabei werden kleinere, vom Wasser mitgeführte Gesteinspartikel in den Turbulenzen mit Geschwindigkeiten von bis zu 200 km/h gegen die Wände des Topfes geschleudert.

Manchmal befindet sich am Grunde eines Gletschertopfes ein größerer gerundeter Stein. Solch einem, häufig als ”Mahlstein” bezeichneten Kiesel kommt aber im Zuge der Entstehung von Gletschertöpfen eine geringere Bedeutung zu als der feineren Sedimentfracht im Schmelzwasser. Nichtsdestotrotz findet sich für Gletschertöpfe die Bezeichnung *Gletschermühlen*. Unter Gletschermühlen sind jedoch vielmehr die zum Teil mehrere hundert Meter tiefen Schächte oder Spalten im Eis zu verstehen, in die das Schmelzwasser spiralförmig hineinstürzt. Weitere Bezeichnungen für die fluvioglaziale Form der Gletschertöpfe sind *subglazialer Strudeltopf* und *Strudelloch*.

Gletschertöpfe können als annähernd runde Wannen von teilweise mehreren Metern Durchmesser auf dem felsigen Talboden, als kleinere, schraubenartig in den Fels gewundene Hohlformen oder als seitlich in Felswände hineingreifende, schüsselförmige Ausbuchtungen in Erscheinung treten. Vergleichbare Formen sind die *Kolke*, die des öfteren entlang von tief eingeschnittenen Wildbächen zu beobachten sind (Kap. 11.2).

Bild 10.1. Gletschertopf (The great pot, Muir of Dinnet, Schottland)

Bei sommerlichem Schönwetter sammelt sich das Gletscherschmelzwasser in Rinnsalen und Bächen an der Eisoberfläche. Gelangt das Schmelzwasser in Bereiche wo Spalten aufreißen, verschwindet es in der Tiefe. Dabei werden sogenannte Gletschermühlen, senkrechte Röhren und Schächte im Eis gebildet, durch die das Wasser hinabstürzt. Das Wasser führt dabei Sand und Geröll mit. An manchen Stellen des Gletscheruntergrundes beginnt das turbulent strömende Wasser den Felsuntergrund auszukolken. Vergleichbar einem Sandstrahlgebläse können die mitgenommenen Gesteinsmaterialien mit Geschwindigkeiten von bis zu 200 km/h gegen die Wandungen des entstehenden Gletschertopfes geschleudert werden. Das Ergebnis sind waagerechte Gletschertöpfe im Felsuntergrund oder seitliche Formen an Felswänden, die in Abhängigkeit von den lokalen Entstehungsbedingungen Durchmesser von wenigen Dezimetern bis über weit über 10 m erreichen. Kleinere Hohlformen dieser Art können unter Umständen innerhalb weniger Wochen oder während eines Sommers entstehen. Hoch über dem Talboden gelegene Gletschertöpfe, die seitlich in Felswände geschliffen wurden, zeugen von ihrer fluvioglazialen Entstehung während einer mächtigen Eisbedeckung des Tales. Schöne Exemplare von Gletschertöpfen kann man sich z. B. im Gletschergarten von Luzern anschauen. Der abgebildete Gletschertopf erreicht gewaltige Ausmaße im Vergleich zu den Personen und ist mit über 30 m mächtigen Sedimenten verfüllt.

Bild 10.2. Subglaziale Schmelzwasserrinnen

Schmelzwasser sammelt sich im Zehrgebiet (Kap. 8.2) eines Gletschers auf der Eisoberfläche. Es bilden sich regelrechte Schmelzwasserbäche, die in Rinnensystemen auf der Gletscherzunge abfließen, um letztendlich in einer Spalte oder einem sogenannten Schluckloch im Gletscher zu verschwinden. Von nun an strömt das Schmelzwasser unter hohem hydrostatischen Druck zwischen Fels und Gletscherbasis in Schmelzwassertunneln talwärts. Mitgeführte Gesteinsfragmente schürfen am Untergrund entlang der Schmelzwasserbahnen. Hinzu kommt das Phänomen der Kavitations-Korrasion. Hierbei bilden sich durch die hohe Fließgeschwindigkeit des Schmelzwasserstromes und dem damit einhergehenden Druckabfall dampfgefüllte Hohlräume im fließenden Medium, die bei Geschwindigkeitsabnahme schlagartig implodieren. Brechen solche Hohlräume an der Felsoberfläche unter starker Geräuschentwicklung zusammen, so wird das Gestein derart beansprucht, daß es abschuppt oder abbricht. Man spricht daher auch von Hammerschlag-Korrasion. In der Technik ist diese Art der Korrasion seit langem bekannt. Sie kann Schiffsschrauben oder andere, einer Flüssigkeitsströmung ausgesetzte Metalloberflächen binnen kürzester Zeit zerstören. Kavitation und Abschleifen der Felsoberfläche durch die Sedimentfracht des Schmelzwassers wirken somit Hand in Hand. Im Bereich der Abflußbahnen bzw. der Schmelzwassertunnel entstehen allmählich gut geglättete Rinnen im Fels von unterschiedlichster Größe, die Schmelzwasserrinnen.

Bild 10.3. Subglaziale Klamm

Entlang einer geologischen Schwächezone am Talboden, etwa in Form einer Verwerfung oder einer senkrecht verlaufenden Klüftung des Gesteins, können Glazialerosion und fluvioglaziale Erosion verstärkt ansetzen. Es entsteht eine mehr oder weniger breite Vertiefung im Untergrund des Gletschers, ein Klammspalt. Am Oberrand vieler Klammen kann man heute noch polierte und gerundete Felsoberflächen beobachten, die auf die Tiefenerosion des Gletschereises in der Schwächezone hinweisen. Die subglazial angelegte Klammform wird nach dem Rückzug des Gletschers subaerisch (= unter der freien Atmosphäre) durch fluviatile Linearerosion, kurz durch den Gletscherbach, weiter eingeschnitten. Subglazial entstandene Klammen finden sich häufig an der Einmündung eines Hängetales (Kap. 9.1) in das Haupttal.

Bild 10.2. Subglaziale Schmelzwasserrinnen (Alpamayo, Cordillera Blanca, Peru)

Bild 10.3. Subglaziale Klamm (Rofental, Ötztaler Alpen, Österreich)

10.2
Fluvioglaziale und glazifluviatile Ablagerungen

Im unmittelbaren Vorfeld von Hochgebirgsgletschern, aber auch weiter talwärts im ehemals vergletscherten Gelände, finden sich vielfältige Landschaftsformen, die ganz oder zumindest teilweise aus Schmelzwasserablagerungen resultieren. Dabei ist es nicht immer einfach, den komplexen Entstehungsprozeß der jeweiligen Formen oder Ablagerungen im Gelände nachzuvollziehen. Denn bei der Entstehung vieler Geländeformen im Gletscherumfeld wirken, wie das verwendete Wort "teilweise" schon andeutet, neben dem Transport und der Ablagerung durch Schmelzwasser auch gravitative Vorgänge in Form von Steinschlag oder Murenabgängen mit.

Zudem sind Schmelzwasserablagerungen häufig mit glazialen Ablagerungen, den Moränen, verzahnt. Zahlreiche Ablagerungen und Geländeformen im Gletschervorfeld sind somit *polygenetische* Erscheinungen. Prinzipiell ist aber festzustellen, daß fluvioglaziale bzw. glazifluviatile Prozesse (S. 297) Ablagerungen unter dem Gletschereis, auf der Gletscheroberfläche, vor der Gletscherstirn und am Rande der Gletscherzunge bewirken können.

Der Grund einer Gletscherspalte kann eine Sedimentfüllung aus Ober- und Innenmoräne (Kap. 9.2) aufweisen, die das in die Spalte stürzende Schmelzwasser dort abgelagert hat. Voraussetzung dafür ist jedoch relativ ebenes Gelände am Spaltengrund und eine langsam abschmelzende Gletscherzunge oder gar ein Gletscherzungenabschnitt, der beim Eisrückzug den Kontakt zum restlichen Gletscher verloren hat. In solch einer Situation spricht man von Toteis (Kap. 8.3). Nach dem völligen Abschmelzen des Eises bleibt die fluvioglaziale Sedimentfüllung als isolierte Vollform auf der Grundmoräne (Kap. 9.2) zurück, die man als *Kame* bezeichnet (vom schottischen Wort *kame* = steiler Hügel aus Lockermaterial). Infolge der Ablagerung durch fließendes Wasser weisen derartige Formen meist eine erkennbare Schichtung und Materialsortierung auf. Eine Einschränkung hinsichtlich einer erkennbaren Schichtung ist deshalb vorzunehmen, da das Material nach Verschwinden des Eiswiderlagers randlich verstürzt und dann folglich mehr oder weniger chaotisch gelagert ist. Im Falle eines stagnierenden oder gar vorstoßenden Gletschers würde das Sediment wieder ausgeräumt, d. h., es käme, wie auch bei steilerem Gelände, erst gar nicht zu nennenswerten Ablagerungen am Spaltengrund. Auf diese Art und Weise sedimentiertes Material ist in den Hochgebirgen relativ selten und nur kleinräumig vorhanden. Dies ist auf die Steilheit des Geländes und die Enge der Täler zurückzuführen, in denen solche, in der Regel im Talbodenbereich sedimentierte Materialien von den hochwasserführenden Gebirgsbächen schnell wieder ausgeräumt werden. Im Gegensatz dazu sind solche Sedimentakkumulationen am Spaltengrund in den Gebieten der ehemaligen Flachland-Inlandeise, etwa im südlichen Skandinavien, sehr deutlich ausgeprägt. Sie erstrecken sich dort bahndammartig und gewunden über der Grundmoränenlandschaft, mitunter über viele Kilometer, und werden als *Oser* (sing. Os, auch Esker genannt) bezeichnet.

Die überwiegende Mehrzahl an Schmelzwasserablagerungen erstreckt sich im Gebirge am Gletscherrand und in seinem unmittelbaren Vorfeld. Auffällig sind terrassenartige Ablagerungen entlang der Talseiten, die den Namen Kamesterrassen tragen, wenngleich sie mit den oben beschriebenen Kames nur wenig gemein haben. Es sind *Eisrandsedimente*, die nach dem Abschmelzen des Gletschers zwar in Abhängigkeit von ihrer Zusammensetzung mehr oder weniger stark randlich verstürzen, jedoch eine deutliche Stufe im Gelände entstehen lassen. Solche Stufen oder Terrassen, die heute infolge postsedimentärer Abtragung und Zerteilung oft nur noch als Fragmente erhalten sind, können bisweilen Höhen von mehreren Dekametern erreichen. Im Hochgebirge entstehen sie durch mannigfaltige Prozesse und sind folglich polygenetische *Uferbildungen* unterschiedlichsten Charakters. Sie setzen sich aus Wandschutt, Kies und Sand zusammen. Häufig sind sie geschichtet, was auf die glazifluviatile Bildung verweist.

Ein wesentlicher Prozeß der Kamesterrassenentstehung verläuft über den Weg der Ufersanderbildung. Hierbei fließt das Schmelzwasser zwischen Ufermoräne (Kap. 9.2) und Talwand mäandrierend ab. Das im sogenannten *Ufertal* sedimentierte Material zeigt eine deutliche Schichtung und Sortierung. Schmilzt das Eis ab, besteht die verbleibende Terrassenform talseitig aus Ufermoräne und in Richtung Talhang aus glazifluviatilen Sedimenten. Oft wird die Ufermoräne beim Eisrückzug durch Unterschneiden abgetragen, so daß lediglich das Ufersandermaterial übrig bleibt. Es gibt auch die Möglichkeit, daß der Ufersander direkt zwischen Talwand und Gletscher aufgeschüttet wird.

Auch Schotter, die vom Schmelzwasser in randliche Spalten geschüttet werden, bilden nach dem Abtauen des Gletschers den Kamesterrassen vergleichbare Reliefformen. Es ist daher für den Beobachter, wie oben schon angedeutet, oft schwierig, den tatsächlichen Entstehungsprozeß einer fluvioglazialen Form nachzuvollziehen. Bei der Kamesterrassenbildung und -erhaltung ist wiederum ein vergleichsweise flacher Geländebereich und ein Gletscherrückgang Voraussetzung. Daher bilden sich Kamesterrassen auch bevorzugt im Umfeld von Toteisfeldern. Zu den genannten Bildungsmöglichkeiten von Kamesterrassen kommt die Materialzufuhr aus den Talhängen, sei es als Steinschlag, Lawinenschutt, oder Mure. Die durch gravitative Prozesse dem Eisrand zugeführten Materialien verzahnen sich mit dem Sediment des Ufersanders oder werden glazifluviatil vermischt. Dies weist auf die Problematik hin, den genauen Entstehungvorgang einer Uferbildung zu rekonstruieren. Hinzu tritt der Umstand, daß das Material nach dem Eisrückzug randlich verstürzt oder durch Zusammensacken verstellt wird. Es sei noch erwähnt, daß auch Einbrüche von Obermoräne oder von fluvioglazialen Sedimenten auf dem Eiskörper lokal Schutthügel entstehen lassen, die als Kames bezeichnet werden.

Vor den Austrittstellen eines Gletscherbaches aus der Gletscherzunge werden größere, flache Sedimentfächer aufgeschüttet, die man im Gebirge als Schotterfluren und in den Vorländern *Sander* (auch Sandr) nennt. Von der Gletscherfront bis zum Außensaum der Schotterflur erfolgt eine Korngrößensortierung von groben Schottern und Kiesen bis hin zu feinen Sanden. Noch feinere Partikel, welche im Schmelzwasser die Gletschermilch oder Gletschertrübe bilden, werden vom Gletscherbach weiter transportiert. Innerhalb der Schotterflur verläuft der Gletscherbach häufig in zahlreichen verzweigten Rinnen oder wird zu einem See (Sandersee) zurückgestaut. Sander nehmen den größten Flächenanteil fluvioglazialer bzw. glazifluviatiler Formen ein.

Bild 10.4. Kamesterrasse

Kamesterrassen (vom schottischen *kame* = steiler Hügel aus Lockermaterial) sind auffällige Vollformen, die durch die glazifluviatile Ablagerung von Sanden und Kiesen zwischen Gletscher und Talwand, dem sogenannten Ufertal entstanden. In der Regel ist das Sediment der Kamesterrasse daher deutlich geschichtet (Bild 10.6.). Kamesterrassen können Höhen von 20 Metern und mehr erreichen. Zur Bildung der Kames und ihrer Erhaltung ist ein vergleichsweise flaches Relief und ein Gletscherrückgang Voraussetzung. Folglich entstehen Kames bevorzugt im Umfeld von Toteisfeldern (Kap. 8.3). Durch Schotter, die von supraglaziärem Schmelzwasser in Randspalten geschüttet und dort akkumuliert werden, kommen nach dem Abtauen des Gletschers den Kamesterrassen vergleichbare Reliefformen zu Tage.

Bild 10.5. Schotterflur

Schotterfluren, in den Gebirgsvorländern Sander genannt, sind Schotterablagerungen, die von den Gletscherschmelzwasserabflüssen vor dem Eisrand sedimentiert wurden. Sie setzen am Gletschertor an, von wo aus sie vom austretenden Gletscherbach fächerförmig in das Vorfeld geschüttet werden. Die Schotterflur setzt sich weitgehend aus bereits subglazial transportiertem Moränenmaterial zusammen. Die Abfolge von Grundmoräne, Endmoräne und Schotter- bzw. Sanderflur wurde von dem deutschen Geographen Albrecht Penck (1858-1945) erstmals als "Glaziale Serie" beschrieben.

Bild 10.4. Kamesterrasse (Dhaulagiri-Region, Himalaya, Nepal)

Bild 10.5. Schotterflur (Baltschiedertal, Berner Alpen, Schweiz)

Bild 10.6. Aufgeschlossene Kamesterrasse (Pustertal, Deferegger Alpen, Österreich)

Zwischen dem Eiskörper oder der Ufermoräne (Kap. 9.2) eines zurückgehenden Gletschers und der Talwand kann das Schmelzwasser Schotter, Kiese und Sand aufschütten und einen sogenannten Ufersander bilden. Schmilzt der Gletscher ab, so bleibt eine auffällige Leiste aus Eisrandsedimenten und Ufermoräne zurück, die als Kamesterrasse bezeichnet wird. Zumeist zeigen diese glazifluviatil entstandenen Reliefformen in ihrem Innern eine deutliche Schichtung und Materialsortierung. Die talseitigen Ränder hingegen verstürzen je nach Materialzusammensetzung mehr oder weniger stark, nachdem das Eis als Widerlager abgeschmolzen ist. Vor allem dann, wenn zwischen Talwand und ehemaligem Gletscherkörper keine nennenswerte Ufermoräne zwischengeschaltet war oder diese während des Eisrückzuges infolge von Unterschneidung durch das Eis relativ rasch ausgeräumt wurde. Die Aufnahme zeigt den Rest einer mehrere Dekameter mächtigen Kamesterrasse im Osttiroler Pustertal. Deutlich ist die Schichtung und Sortierung des glazifluviatilen Sedimentes erkennbar. Es handelt sich dabei um ein Eisrandsediment, das im Zusammenhang mit der späteiszeitlichen Vergletscherung des Tales zu sehen ist.

11 Wasser und Hochgebirge

Wasser formt als Landschaftselement das Hochgebirge in allen Höhenstufen, gleich ob in flüssigem oder in festem Zustand. Unterhalb der Gletscherhöhenstufe (Kap. 1.5) wurden und werden alle Hochgebirge der Erde durch Fließgewässer geformt, die vom Schmelzwasser des Schnees und der Gletscher, von oberirdisch abfließenden Niederschlägen oder von Grundwasseraustritten, z. B. über Quellen, gespeist werden. Für den Menschen hat das Wasser im Hochgebirge die unterschiedlichsten Bedeutungen. Es waren nicht zuletzt die Bäche, Seen oder tief herabstürzenden Wasserfälle, die im 18. und 19. Jahrhundert das romantische Bild des Hochgebirges prägten (vgl. Kap. 1.1), das im Grunde genommen auch heute noch für viele Bestand hat. Für andere hingegen ist das Wasser des Hochgebirges eine unerschöpfliche Energiequelle, Trinkwasserreservoir für Millionen oder ein ideales Medium für Kajakfahrten oder River-Rafting. Große Höhenunterschiede in Verbindung mit tiefgründigen Lockersedimenten aus Hangschutt oder Moränen bedeuten aber auch eine gefährliche Wildbachtätigkeit, die schon seit altersher das Leben der Menschen im Gebirge und ihr Hab und Gut bedrohen. Um diesem, aber auch dem Hochwasser der größeren Fließgewässer in den Tälern zu begegnen, werden weltweit bautechnische Maßnahmen ergriffen. Der Formung des Hochgebirges durch Wasser folgt daher in vielen Regionen unmittelbar die Landschaftsformung durch den Menschen (Kap. 12).

11.1
Wildbäche

Unter einem *Wildbach* versteht man ein permanent oder zeitweise fließendes Gewässer mit streckenweise steilem Gefälle und mit rasch anschwellendem, jedoch nicht lange andauerndem Hochwasser, das gefährliche Mengen an Lockergestein oder *Wildbachgeschiebe* (kurz *Geschiebe*) mit sich führt und dieses entweder innerhalb oder außerhalb des Bachbettes ablagert oder einem anderen Gewässer zuführt. Daher kann sich auch ein noch so harmlos aussehender Gebirgsbach (Bild 11.1.) im Verlauf eines Gewitterregens urplötzlich in einen tosenden Wildbach mit Murenbildung verwandeln.

Entscheidend für ihre Gefährlichkeit ist vor allem die *Feststofführung* der Wildbäche, die zusammen mit abgerissenen Bäumen und Sträuchern (in Österreich ''Unholz'' genannt) das Ausgangsmaterial für Muren darstellt. Die Feststofführung kann aus der Verwitterung von Felswänden resultieren, so daß der Feststoffeintrag in konstanten Dosen erfolgt und kein Geschiebestoß zustande kommt. Erfolgt der Feststoffeintrag hingegen plötzlich und in sehr großen Mengen, sind oft Muren mit weitreichenden Verwüstungen die Folge. Zu einem schlagartigen Feststoffeintrag in einen Gebirgsbach kommt es während lang anhaltender Niederschläge oder bei heftigen Gewitterregen. Als *Feststoffherde* kommen die Lockermassen von Schutthalden, Moränen (Bild 11.2.) oder anderen glazialen und fluvioglazialen Ablagerungen (Kap. 10.2) in Frage (Bild 11.3.). Sie werden den Bächen häufig als Massenbewegungen in Form von Rotations- oder Translationsrutschungen (Kap. 4.2.2) zugeführt.

Die weltweit vorhandenen Klassifikationen von Wildbächen, es würde zu weit führen an dieser Stelle näher darauf einzugehen, erfolgen im wesentlichen vor dem Hintergrund der geologisch-morphologischen Verhältnisse im Einzugsgebiet. Im Alpenraum unterscheidet man beispielsweise Wildbäche in Talverfüllungen, Wildbäche in Restschuttkörpern oder Wildbäche in harten Sedimentgesteinen. Hinzu tritt als Kriterium die Möglichkeit der menschlichen Beeinflussung. Nur der Teil des Niederschlages, der vom Boden und der Vegetation nicht zurückgehalten bzw. verbraucht oder verdunstet wurde, kann zu Wildbachkatastrophen beitragen. Fichtenwälder verdunsten z. B. doppelt soviel Wasser wie unbewaldete Flächen und können demzufolge mehr Wasser im Falle eines Starkregenereignisses unschädlich aufnehmen. Dem Bergwald und dem pfleglichen Umgang mit ihm kommt daher eine vorrangige Stellung für den Schutz des Gebirges vor Hochwasser, Rutschungen und Muren zu (vgl. Kap. 4.2.2 u. 12.1).

Auch andere Einflüsse können das Wasserrückhaltevermögen von Vegetationsdecke und Boden verringern und den Hochwasserabfluß und die Murengefahr steigern. Hierzu zählen Bodenverdichtungen durch übermäßige Beweidung, durch schwere landwirtschaftliche Maschinen oder durch die Anlage von Skipisten. Alpiner Wintersport beinhaltet u. a. den Betrieb schwerer Kettenfahrzeuge wie Pistenraupen zur Präparierung der Abfahrten oder Schubraupen zum Bau und zur Erweiterung der Pisten. Die Folgen sind weitreichende Schäden an Vegetation und Oberboden. Bei nicht ausreichender Mächtigkeit der Schneebedeckung führt der Einsatz von Pistenraupen zu extremen Bodenverdichtungen und zur Zerstörung der natürlichen Bodenstruktur. Dadurch fließt mehr Niederschlag oberflächlich ab. Neben der dadurch geförderten Erosion gelangen größere Wassermengen in die Bäche und erhöhen somit bei Starkniederschlägen die Abtragungswirksamkeit des Gewässers und folglich seine Geschiebefracht. Durch Eingriffe in die Vegetation werden zudem Geschiebeherde direkt freigelegt und somit von der Abtragung durch Wassererosion, Rutschungen und anderen Massenverlagerungen erfaßt.

Kann der Niederschlagsanteil, der verstärkte Erosion und Rutschungen in Geschiebeherden zur Folge hat, im Einzugsgebiet von Wildbächen nicht durch waldbauliche oder ingenieurbiologische Maßnahmen (Lebend- oder Grünverbauung) vermindert werden, gilt es, die negativen Auswirkungen der Wildbachtätigkeit für das Kulturland zu begrenzen. Das ist zum Teil durch eine gezielte Entwässerung gefährdeter Bereiche möglich. Dort jedoch, wo zu steile Bachabschnitte dazu führen, daß das Wildwasser über seine gesamte Bettbreite die Bachsohle und die Hänge angreift, werden die bautechnischen Möglichkeiten der Wildbachverbauung eingesetzt. Durch Sperrenstaffelungen wird das Wildwasser seiner Energie beraubt, das zu steile Gefälle wird durch ein ungefährliches Verlandungsgefälle ersetzt (Bild 11.7.). In den Bereichen, wo derartige Maßnahmen nicht ausreichen oder unwirtschaftlich sind, dienen Rückhaltesperren zur unschädlichen Dosierung des Geschiebes.

Bild 11.1. Gebirgsbach (Bachertal, Rieserfernergruppe, Südtirol/Italien)

Für viele Menschen, die alljährlich ins Gebirge reisen, gehört das tosende Wasser des Gebirgsbaches ebenso zum wild-romantischen Bild des Hochgebirges, wie das Eis der Gletscher. Daher finden wir Fotos von Gebirgsbächen auch immer wieder in Reisebroschüren und Informationsblättern der Touristikbranche. Für die Menschen im Hochgebirge ist dies eher ein trügerisches Bild. Denn nicht selten wird der rauschende Gebirgsbach zum gefährlichen, murenbringenden Wildbach.

Bild 11.2. Eiszeitliches Moränenmaterial

Moränenablagerungen der eiszeitlichen Gletscher (Kap. 9.2) stellen häufige Feststoffherde für Wildbäche dar. Bei Starkregen gelangt das Moränenmaterial durch Abspülung, Rotationsrutschungen, Translationsrutschungen (Kap. 4.2.2) oder andere Arten der Massenverlagerung in das entsprechende hochwasserführende Fließgewäser. Die verstärkte Materialzufuhr aus einem Feststoffherd erfolgt nicht selten über menschliche Eingriffe in die Vegetation, vor allem in Waldbestände. Dadurch wird das Moränenmaterial unmittelbar freigelegt und der Erosion preisgegeben. Auf der anderen Seite werden bei Eingriffen in die Waldvegetation Oberflächenabfluß und Hangvernässungen gefördert und somit indirekt Erosion und Rutschungen Vorschub geleistet.

Bild 11.3. Eisrandsedimente

Schmelzwasserablagerungen (auf dem Foto deutlich an der Schichtung identifizierbar) erstrecken sich im Hochgebirge zumeist am Gletscherrand und in seinem unmittelbaren Vorfeld (Kap. 10.2). Auffällig sind terrassenförmige Ablagerungen entlang der Talseiten, die Kamesterrassen. Es sind Eisrandsedimente, die nach dem Abschmelzen der eiszeitlichen Gletscher in vielen Tälern eine deutliche Stufe im Gelände entstehen ließen. Solche Stufen oder Terrassen, die heute aufgrund postsedimentärer Abtragung und Zerteilung häufig nur noch als Fragmente erhalten sind, können bisweilen Höhen von mehreren Dekametern erreichen und setzen sich aus Wandschutt, Kies und Sand zusammen. Für die Wildbachtätigkeit stellen sie ebenso wie eiszeitliches Moränenmaterial mitunter gefährliche Feststoffherde für die Murenbildung dar (vgl. Kap. 4.2.3).

Bild 11.2. Eiszeitliches Moränenmaterial (Virgental, Hohe Tauern, Österreich)

Bild 11.3. Eisrandsedimente (Brennerstraße, Wipptal, Österreich)

Bild 11.4. Uferanbruch

Die Seitenerosion oder der Seitenschurf von Gebirgsbächen und -flüssen am Prallhang eines Mäanderbogens (S. 319), führt zum Abschürfen von Lockermaterial und zur Unterschneidung des Uferhanges. Häufig ist ein Nachbrechen von Böschungsmaterial zu beobachten. Bei Hochwasser und Murenbildung wird dem Wildbach auf diese Weise zusätzlich Material zugeführt, was seinen Feststoffanteil und seine Gefährlichkeit erhöht. Rutschungen, Abspülung oder Fließbewegungen (Kap. 4.2) können ebenfalls zur Erweiterung eines Uferanbruches beitragen.

Bild 11.5. Altschuttwildbach

Wildbäche, deren Feststoffherde aus pleistozänem bzw. eiszeitlichem Lockermaterial wie Moränen oder Schmelzwasserablagerungen hervorgehen, bezeichnet man im deutschsprachigen Alpenraum als Altschuttwildbäche oder Altschuttwildwässer. Im Gegensatz dazu stehen die Jungschuttwildbäche, deren Feststoffherde aus rezenten (von lateinisch *recens* = jüngst, neuerdings) Verwitterungsprodukten resultieren (Wandabgrusung, Steinschlag, Felsstürze, Bergstürze etc.).

Bild 11.4. Uferanbruch (Lainbachtal, bayerische Voralpen, Deutschland)

Bild 11.5. Altschuttwildbach (Montafon, Vorarlberg, Österreich)

Bild 11.6. Hangschutt als Geschiebeherd (Taboche, Khumbu Himal, Nepal)

Neben rein glazialen und fluvioglazialen Ablagerungen wie Moränen und Eisrandsedimenten (Kap. 9.2 u. 10.2) oder Material von Schutthalden und anderen Sturzprozessen (Kap. 4.2.1) bildet Hangschutt, der zumeist aus einer Vielzahl von unterschiedlichen Prozessen resultiert, den Geschiebe- oder Feststoffherd von Wildbächen. In der unteren Bildhälfte erkennt man eine mächtige Hangschuttbedeckung, die sich aus Material zusammensetzt, das durch das gemeinsame Wirken von Steinschlag, Abspülung und Glazialerosion (Moräne) akkumuliert wurde und dem Gletscherbach zugeführt wird.

Bild 11.7. Wildbachverbauung (Sarntal, Sarntaler Alpen, Südtirol/Italien)

Um die negativen Folgen der Wildbachtätigkeit für das Kulturland zu begrenzen, werden weltweit von den jeweiligen forsttechnischen Behörden neben waldbaulichen und ingenieurbiologischen Maßnahmen die bautechnischen Möglichkeiten der Wildbachverbauung eingesetzt. Durch Sperrenstaffelungen beispielsweise wird das Wildwasser seiner Energie beraubt; das zu steile Gefälle wird durch ein ungefährliches Verlandungsgefälle ersetzt.

11.2
Gebirgsflüsse

Fließgewässer sind ein wesentliches und nicht zuletzt wichtiges landschaftsformendes Element der Hochgebirgsökosysteme. Die erodierende und akkumulierende Wirkung des Flußwassers gestaltet sowohl das Flußbett selbst als auch die Landschaft der Hochgebirge. Bäche und Flüsse entstehen durch oberirdisch abfließende Niederschläge, durch Quellaustritte und durch das Schmelzwasser von Schnee und Gletschern. Es gibt dauernd fließende, periodisch trockenfallende und gelegentlich wasserführende Bäche und Flüsse. Man bezeichnet sie im Fachjargon als perennierende (von lateinisch *perennis* = dauernd), intermittierende (von lateinisch *intermittere* = dazwischenliegen) und episodische Flüsse (von griechisch *epeisódion* = Hinzukommendes).

Die Wasserführung der Hochgebirgsflüsse wird durch die klimatischen Verhältnisse bestimmt, im Rahmen derer besondere Wetterlagen oder Witterungsereignisse, wie z. B. extreme Starkregenfälle oder anhaltende Dürreperioden, aber auch der Verlauf von Schnee- und Gletscherschmelze, zu Hochwasser oder zu Trockenphasen mit Niedrigwasser oder gänzlich austrocknenden Bach- und Flußbetten führen. Hinzu treten Faktoren, die für die Rückhaltung von Niederschlägen bedeutsam sind. Dazu zählt die Ausprägung des oberflächennahen Untergrundes mit seinen Gesteinen und Böden ebenso wie die Art der Vegetationsbedeckung, die Intensität der Wassersättigung des Bodens und das Vorhandensein von Bodengefrornis vor einem Niederschlagsereignis. Sofern keine negativen menschlichen Einflüsse auf Vegetation und Boden vorliegen (S. 308), wird in den Hochgebirgen der mittleren Breiten das Wasser aus Regenfällen zügiger aufgenommen und länger vom Boden gespeichert als in Gebirgen der Wüsten und Halbwüsten. Denn nach ausgeprägten Trockenzeiten sind die Böden der Trockengebiete weitgehend luftgefüllt und mit Staub überzogen. Ihre Benetzungsresistenz verhindert zunächst ein rasches Versickern der Niederschläge und ruft dadurch einen starken Oberflächenabfluß bis hin zu katastrophalen Hochwasserwellen hervor. Obwohl in solch trockenen Gebirgen wie dem über 3400 m hohen nordafrikanischen Tibesti Niederschlag und Abfluß auf sporadische Ereignisse konzentriert sind, führt ihre Heftigkeit an manchen Orten zu einem ausgeprägten Schluchtrelief. Auch in den subtropischen Hochgebirgen sind die Hochwasser im Verlauf der ersten Monsungewitter auf völlig ausgetrocknete Böden nach länger andauernden Trockenzeiten zurückzuführen.

Für das Abflußregime von unzähligen Hochgebirgsflüssen haben Schnee- und Gletscherschmelze eine herausragende Bedeutung. Schnee speichert die Niederschläge jahreszeitlich, Gletschereis über Jahrzehnte, Jahrhunderte und mitunter über Jahrtausende. Daher hat das *Gletscherschmelzwasser* (Bild 11.9.) einen zentralen Stellenwert für die menschliche Nutzung, sei es zur Energiegewinnung (Kap. 12.2), als Trinkwasser oder als Wasser für die Bewässerung landwirtschaftlicher Anbauflächen.

Ein typischer Gletscherbach führt nicht nur nach Jahreszeiten mehr oder weniger Wasser. Auch während verschiedener Tageszeiten gibt es in den Sommermonaten auffallende Unterschiede in der Wasserführung. Am Morgen fließen die

Gletscherbäche noch relativ ruhig dahin, während sie am Abend eines heißen, strahlungsreichen Sommertages donnernd zu Tal stürzen. Mit steigender Temperatur und Sonneneinstrahlung nimmt die Wassermenge im Laufe des Tages also rasch zu und erreicht am späten Nachmittag bis frühen Abend ihre Höchstmenge. Bei kühlerem Wetter oder an einem Tag im Spätherbst fließt der Bach wieder ruhig daher. Diese charakteristischen Schwankungen der Wasserführung im Tages- und Jahresverlauf werden vor allem von den Schmelzvorgängen an den Gletschern bestimmt. In den Alpen fließen die größten Wassermengen der Gletscherbäche in den Sommermonaten Juni, Juli und August ab. Die Gebirgsbäche, die keinem Gletscher entstammen, zeigen ihre Abflußspitze im Mai und Juni während der Schneeschmelze.

Für gewöhnlich setzt die *fluviatile* Tätigkeit (von lateinisch *fluvius* = Fluß), also die Formung der Landschaft durch Fließgewässer, bereits in der periglazialen Höhenstufe der Gebirge an. Besonders deutlich wird dies bei vielen Gebirgsflüssen, die Gletschern entspringen. Schon auf der Gletscherzunge sammelt sich unterhalb der Firnlinie Schmelzwasser. Es stürzt, wie schon in Kapitel 10.1 näher erläutert, durch Spalten oder Schacklöcher zur Basis des Gletschers, wo es seine abtragende Arbeit beginnt und die verschiedenartigsten Formen, von Schmelzwasserrinnen über Gletschertöpfe bis hin zu tief eingeschnittenen subglazialen Klammen, in den Fels nagt. Der schließlich aus dem Gletschertor zu Tal fließende Gletscherbach transportiert Moränenmaterial, Verwitterungsschutt und feines Gesteinsmehl (Gletschertrübe, Gletschermilch) ab und erodiert mit Hilfe dieser Gesteinsfragmente den Untergrund seines Bettes. Unmittelbar vor dem Gletscherende werden grobe Kiese, aber auch Sand vom Gletscherbach abgelagert, welche die sogenannte Schotterflur bilden (Kap. 10.2).

Und während der Gletscherbach zu Tal strömt, stoßen andere Bäche aus Seitentälern zu ihm. Er wird allmählich zu einem Gebirgsfluß, dessen Transport- und Erosionskraft durch weitere Zusammenflüsse in seinem *Einzugsgebiet* immer mehr zunimmt. Das mit oft hörbarem Gepolter mitgeschleppte Geröll scheuert den Felsuntergrund ab, der dadurch stellenweise regelrecht poliert wird. Gröbere Bestandteile der Sedimentfracht werden entlang des Grundes *flotierend* bewegt. Das bedeutet, sie werden mitgeschleppt und am Grund des Bettes entlanggewälzt. Wenn sich Geröll hüpfend und springend im Flußbett bewegt, spricht man von *Saltation* (von lateinisch *saltare* = tanzen). Dabei wird das Flußbett aufgeschürft und feinste Körner, die durch die gegenseitige Abreibung von Geröll und Flußbett entstehen, werden zusätzlich zur *Gletschertrübe* (Kap. 8.2) als Schwebfracht oder sogenannte *Flußtrübe* mitgeführt.

Das Verhältnis von Flußtrübe zum Gerölltransport wechselt zum Teil sehr stark. Schnellfließende Gebirgsbäche transportieren relativ viel Schotter, wohingegen bei größeren Flüssen der Gebirgshaupttäler oder des Vorlandes häufig die Flußtrübe oder der *Schweb* dominiert. So beträgt beispielsweise das Verhältnis von Geröll zur Schwebfracht im Inn bei Kufstein 1:2.

Durch Hindernisse im Flußbett entstehen Wirbel oder Wasserwalzen, in denen das mitgeschleppte Geröll *Kolke* oder *Strudeltöpfe* in den Fels mahlt (Bild 11.10.). Da die fluviatile Tätigkeit im Hochgebirge, welches durch tektonische Hebung und einer damit verbundenen Absenkung der *Erosionsbasis* ausgezeichnet ist, noch nicht in der Lage war, ein ausgeglichenes Gefälle zu schaffen, treten an den zahlreichen konvexen Knickpunkten im Flußbett oder an höheren Gefällsbrüchen

Stromschnellen oder *Wasserfälle* auf. An letzteren überwindet der Gebirgsfluß entweder frei oder weitgehend frei fallend (Bild 11.11.) die Gefällsstufe z. B. von einem glazialen Hängetal zum Haupttal (Kap. 9.1) oder stürzt in mehreren kleinen Stufen als *Kaskade* herab (Bild 11.12.). In manch einem Alpental sehen wir im Winter an den steilen Talwänden gefrorene Wasserfälle, die zum Teil wie riesige Eiszapfen anmuten. Ein Eldorado für extreme Eiskletterer (Bild 11.13.).

Infolge der fluviatilen Erosion haben sich einige alpine Täler, unterstützt von der Glazialerosion, im Laufe von rund einer Million Jahren um ca. 1000 m tief eingegraben. Die Talbildung ist jedoch nicht allein durch die Erosionsarbeit der Bäche und Flüsse oder der Gletscher, sondern auch durch die flächenhafte Abtragung oder Denudation und die dadurch erfolgende Zurücklegung der Hänge bedingt. Ist die Zurücklegung der Hänge durch junge, kräftige Einschneidung eines Baches oder Flusses noch nicht erfolgt bzw. hält die Hangdenudation in sehr harten, widerständigen Gesteinen nicht mit der Tiefenerosion Schritt, so entsteht eine *Klamm* (Bild 11.14.) mit nahezu senkrecht aufsteigenden Talwänden und fehlender Talsohle. Der Fluß nimmt dann die gesamte Talbreite ein. Wie die meisten fluviatilen Talformen sind auch Klammen Kerbtäler mit mehr oder weniger deutlich ausgeprägtem V-Profil. Häufig folgt der Talverlauf geologischen Strukturen wie Klüften oder Verwerfungen (s. a. Kap. 4.1 u. 5.1), welchen das fließende Wasser ebenso wie Gletschereis bevorzugt nachtastet (Kap. 10.1).

Aufgrund der hohen Reliefenergie ist auch die Transportleistung der Hochgebirgsflüsse sehr hoch. Wenn nun die Transportkraft rasch nachläßt, erfolgt eine starke Akkumulation von Lockermaterial. Das ist vor allem in den glazial übertieften Trogtälern (Kap. 9.1) der Fall, die in den Alpen zum Teil mehrere 100 m hoch von spät- und nacheiszeitlichen Flußsedimenten aus Schottern, Sanden und Tonen aufgefüllt sind. Der dadurch entstandene *Aufschüttungstalboden* läßt häufig das ehemals U-förmige Trogtalprofil nur noch erahnen. Auffällige Formen der fluvialen Akkumulation, die in ihrem Grundriß dreiecksförmigen *Schwemmfächer* oder *Schwemmkegel* (Bild 11.15.), bilden sich ebenfalls dort, wo die Transportkraft eines Flusses plötzlich nachläßt. Dies geschieht in der Regel durch die Gefällsabnahme beim Austritt eines Flusses aus einem Seitental in ein Haupttal oder beim Austritt in eine Ebene. Die Aufschüttung erfolgt wie bei einem Aufschüttungstalboden, jedoch mit einem wesentlichen Unterschied. Im Talboden ist der Aufschüttungsbereich von den Talwänden begrenzt. Beim Schwemmfächer hingegen fehlt eine solche seitliche Begrenzung, so daß der Fluß seine Sedimentfracht von seinem Austrittpunkt aus dem Seitental oder hinaus in das Gebirgsvorland in alle Richtungen, die in die Ebene weisen, schütten kann. Daher auch die fächerartige Form dieser Akkumulationen. Einige Schwemmfächer, wie beispielsweise diejenigen im oberen Rhónetal sind so groß, daß sie ganze Siedlungen tragen. Da der Fluß, der einen Schemmfächer aufgeschüttet hat seinen abgelagerten Schottern ausweichen muß, wird sein Lauf häufig in viele kleinere Arme zerteilt. Sie verlagern sich auf der Oberfläche des Schwemmfächers immer wieder, vor allem bei jahreszeitlich wechselnder Wasserführung. Nicht selten sind große Schemmfächer Ausgangspunkte für Muren.

Verwandt mit dem Schwemmfächer ist das *Delta* (Bild 11.16.). Der Unterschied zwischen beiden Formen liegt vor allem darin, daß im Falle eines Schwemmfächers die Akkumulation in einer Ebene oder an der Einmündung eines

Seitentals in ein Haupttal stattfindet, während die Sedimentation bei einem Delta in das Meer oder einen See erfolgt.

Bei starker Schuttproduktion und Schuttauffüllung der Hauptgebirgstäler bildet sich der Aufschüttungstalboden eines *Sohlentals* (Bild 11.17.). Im Gegensatz zu typischen Kerbtälern, wo die Seitenhänge direkt an das Flußbett grenzen, erstreckt sich beim Sohlental zwischen Talhängen und Flußbett eine mehr oder weniger breite Talsohle mit der *Talaue* unmittelbar zu beiden Seiten des Gewässers. Bei Hochwasser werden die Flußufer aus Schotter- und Sandablagerungen zurückversetzt, wodurch das Flußbett breiter und der Fluß seichter wird. Die Folge ist eine verminderte Transportkraft des Fließgewässers. Die vom Ufer abgetragenen Lockermaterialien werden nun nach nur kurzem Transport als *Sand-* oder *Schotterbänke* (Bild 11.18.) vom Fluß wieder abgelagert. Dadurch werden sie selbst zu Transporthindernissen und fangen weiteres Material ab. Eine Erhöhung ihrer Oberfläche ist die unmittelbare Folge. Schließlich werden sie so hoch, daß der Fluß sie in mehreren Armen umfließt. Man spricht dann von einer *Verwilderung des Flusses* oder von seiner *Breitenverzweigung* (Bild 11.19.). Die Verschüttung eines Talbodens durch Schotter kann derartige Ausmaße erreichen, daß Bäche und kleinere Nebenflüsse völlig im Schutt versickern. Nur bei Hochwasser fließen sie dann oberflächlich ab und transportieren Schutt, Geröll und feinere Gesteinsfraktionen. In den nördlichen Kalkalpen bezeichnet man die verschütteten Talabschnitte als Gries (vom altgermanischen *Gries* = Kies), die bei starken Regenfällen als Schuttströme regelrecht aufschwimmen können (Kap. 4.2.3).

Durch die Bildung von *Mäandern* (von griechisch *Maiandros´* = Menderes-Fluß in Kleinasien, der in das Ägäische Meer mündet) fließen Bäche und Flüsse in weiten Schleifen durch die Auen der Sohlentäler (Bild 11.20.) und durch Felslandschaften. Ob ein Fluß mäandriert oder verwildert hängt insbesondere von der Anfälligkeit seiner Ufer gegenüber der Seitenerosion ab. Ufer aus Kiesen und Sanden mit mangelndem Feinerdeanteil (Schluff, Ton, s. Kap. 4.1) neigen eher zur Verwilderung bzw. zur Breitenverzweigung. Mäander können dadurch entstehen, daß Flüsse bei nachlassender Strömungsgeschwindigkeit gröbere und feinere Sedimente als Kies- und Sandbänke ablagern. Diese Ablagerungen, aber auch andere Störungen des *Stromstriches* wie die Einmündung eines Nebenflusses oder ein großer Felsbrocken zwingen das Flußwasser zum Ausweichen. Der Stromstrich beginnt zu pendeln. Für gewöhnlich jedoch bewirkt alleine schon die spezifische Dynamik des fließenden Wassers in Form des *turbulenten Fließens* ein Hin- und Herschwingen des Stromstriches und somit die Mäanderbildung. Der turbulente Abflußvorgang ist dadurch gekennzeichnet, daß die *Stromfäden* nicht einfach nebeneinander liegen, sondern wirbelartig verflochten sind und die Wasserteilchen auch senkrecht zur Hauptströmungsrichtung Bewegungen ausführen. Dort, wo die Wasserteilchen in einer Krümmung des Flußbettes durch die Zentrifugalbeschleunigung schneller gegen das konkave Ufer strömen, entsteht ein steiler, unterschnittener *Prallhang*. Die Flußschlingen weiten sich nach und nach aus. Im Innenbogen einer solchen Flußschleife ist die Strömung geringer. In diesem Bereich werden Sedimente abgelagert. Es bildet sich ein flach ansteigender *Gleithang*. Gelegentlich bricht bei Hochwasser eine solche Flußschleife durch. Zurück bleibt ein *Altarm*. Mäander in den Flußauen bezeichnet man als freie Mäander oder Flußmäander. Schneiden sich Flüsse tief in Felsformationen der Gebirge ein, entstehen eingesenkte Mäander, die auch Talmäander genannt werden. Im Unterlauf mäandrierender Flüsse ergießen sich große Mengen an Schwemmsedimenten über die Flußniederung. Dadurch wird das Flußbett im Verlauf seiner Entwicklung allmählich angehoben, und es bilden sich natürliche Hochwasserdämme. Zwischen ihnen bewegt sich der Fluß. Bei Hochwasser kommt es vor, daß diese Uferdämme aus Hochflutlehm brechen, wodurch die Talaue weiträumig überschwemmt wird.

In vielen Hochgebirgstälern fallen an den Talhängen Verebnungsflächen von unterschiedlicher Größe und Form auf, die einerseits hoch oben in verschiedenen Niveaus über dem Talboden ansetzen und sich andererseits unmittelbar über dem Flußbett (Bild 11.21.), manchmal stufenartig übereinander erheben. In den meisten Fällen handelt es sich dabei um Flußterrassen, welche die Reste alter Talböden repräsentieren. Ihre Entstehung durch die fluviatile Tätigkeit belegt, daß die Tiefenerosion im Zuge der Talentwicklung in mehreren hintereinanderfolgenden Phasen jeweils von der Seitenerosion oder von Aufschüttung unterbrochen wurde. Es kann aber durchaus vorkommen, daß es sich bei Verebnungen am Talhang um künstliche Terrassen des Acker- oder Weinbaus handelt (Kap. 12.1), die viele Jahre nach Aufgabe der landwirtschaftlichen Nutzung auf den ersten Blick oft kaum noch von natürlichen Flußterrassen zu unterscheiden sind. Hinzu treten mancherorts terrassenartige Hangverflachungen, die aus anstehendem Fels bestehen, der allein aufgrund seiner widerstandsfähigeren Gesteine durch Prozesse der Verwitterung und Abtragung ohne Mitwirkung eines Fließgewässers herauspräpariert worden ist. Derartig enstandene und strukturell bedingte Terrassen wurden bereits in Kapitel 5.1 als Denudationsterrassen erwähnt.

Bei den hoch über dem Talboden liegenden Flußterrassen handelt es sich um *Felssohlenterrassen* (Bild 11.22.), die, wie in Kapitel 2.3 erläutert, im Zuge der mehrphasigen tektonischen Heraushebung der jungen Orogene oder Faltengebirge entstanden. Tiefenerosion wechselte mit Seitenerosion mehrfach ab, so daß in den Alpen häufig eine Abfolge von unterschiedlich alten Felssohlenterrassen in den Tälern anzutreffen ist. Die Felssohle ist das Ergebnis von kräftiger Seitenerosion in Zeiten relativer tektonischer Ruhe, während derer die Schotterbedeckung des ehemaligen Felssohlentalbodens ausgeräumt wurde. Im Anschluß daran setzt erneut eine Phase der Einschneidung ein, so daß der ehemalige Talbodenrest als Terrasse in Erscheinung tritt. Auch in Ufernähe anzutreffende Felssohlenterrassen sind auf tektonische Hebungsvorgänge im Wechsel mit verstärkter Seitenerosion zurückzuführen (Bild 11.23.).

Demgegenüber stehen die *Aufschüttungsterrassen* (Bild 11.24.). Ihre Entstehung beruht darauf, daß sich der Fluß erneut in einen Aufschüttungstalboden einschneidet und der ehemalige Talboden nur noch als Rest in Gestalt von Terrassen unterschiedlichster Größe an den Talseiten erhalten bleibt. Der neben tektonischen Einflüssen vor allem auf Klimaschwankungen beruhende Vorgang von Aufschüttung und Tiefenerosion (tektonische und klimatische Einflüsse können sich auch überlagern) kann sich mehrfach wiederholen, wobei sich Sedimentlagen durch starke Seitenerosion und abermals erfolgende Aufschüttung in komplizierter Weise miteinander verzahnen können.

Bild 11.8. Gebirgsfluß (Zillertal, Zillertaler Alpen, Österreich)

Gebirgsflüsse sind in vielen Hochgebirgen ein wesentliches Landschaftselement, das entscheidend zur Formung der Oberfläche beiträgt. Für den Menschen sind sie Trinkwasserreservoir und als Grundlage zur Bewässerung von landwirtschaftlichen Anbauflächen sowie für die Energiegewinnung unverzichtbar.

Bild 11.10. Gletscherschmelzwasser

Viele Gebirgsflüsse entspringen im Hochgebirge den Gletschern. Schon auf der Gletscherzunge sammelt sich im Zehrgebiet (Kap. 8.2) Schmelzwasser, daß als supraglaziäres Schmelzwasser bezeichnet wird. Es vereint sich in größeren Rinnen auf der Eisoberfläche, um, wie schon in Kapitel 10.1 näher erläutert, durch Spalten oder Schlucklöcher zur Basis des Gletschers zu stürzen. Dort beginnt es seine abtragende Arbeit und nagt die verschiedenartigsten Formen, von Gletschertöpfen bis hin zu tief eingeschnittenen Klammen, in den Fels. Schließlich tritt das Schmelzwasser als Gletscherbach aus dem Gletschertor aus. Der zu Tal fließende Gletscherbach transportiert Moränenmaterial, Verwitterungsschutt und feines Gesteinsmehl, die sogenannte Gletschertrübe oder Gletschermilch, ab und erodiert mit Hilfe dieser Gesteinsfragmente den Untergrund seines Bettes. Andere Bäche stoßen aus Seitentälern zu ihm und allmählich entwickelt sich der Bach zu einem Gebirgsfluß, dessen Transport- und Erosionskraft durch weitere Zusammenflüsse immer mehr zunimmt.

Bild 11.10. Kolk

Die Geschiebefracht der Fließgewässer, das sind die im Bach- oder Flußbett rollend oder hüpfend transportierten Gerölle, bewirkt die Tiefenerosion. Das vom Wasser mitgeführte Geröll scheuert den Felsuntergrund ab, so daß sich das Bett des Fließgewässers immer tiefer einschneidet. Feinste Körner, die durch die gegenseitige Abreibung von Geröll und Flußbett entstehen, werden zur Schwebfracht und als sogenannte Flußtrübe mitgeführt. Bilden sich durch Hindernisse im Bach- oder Flußbett ortsfeste Wirbel, werden die unterschiedlich großen Gesteinsfragmente der Geschiebefracht ständig im Kreis bewegt. Allmählich bilden sich auf diese Weise rundliche Hohlformen im Fels, die sogenannten Kolke. Ihr Entstehungsprozeß ist eng verwandt mit demjenigen der Gletschertöpfe (Kap. 10.1), die durch, in Gletscherspalten oder Gletschermühlen zur Gletscherbasis stürzende, fluvioglaziale Schmelzwässer und ihre Sedimentfracht in den Fels geschliffen wurden.

Bild 11.9. Gletscherschmelzwasser (Zaytal, Ortlergruppe, Südtirol/Italien)

Bild 11.10. Kolk (Bei Grindelwald, Berner Oberland, Schweiz)

Bild 11.11. Wasserfall

In Hochgebirgen wie den Alpen oder dem Himalaya, welche sich durch tektonische Hebung und einer damit verbundenen Absenkung der Erosionsbasis auszeichnen, waren die Fließgewässer noch nicht in der Lage, ein ausgeglichenes Gefälle zu schaffen. Daher treten an den zahlreichen konvexen Knickpunkten im Flußbett oder an höheren Gefällsbrüchen Stromschnellen oder Wasserfälle auf. An letzteren überwindet der Gebirgsfluß frei oder weitgehend frei fallend die Gefällsstufe. Häufig werden solche Gefällsstufen durch die Einmündung eines glazialen Seiten- oder Hängetals in ein glazial übertieftes Haupttal gebildet (Kap. 9.1).

Bild 11.12. Kaskade

Wenn das Wasser eines Gebirgsbaches nicht in einem großen Sprung über eine Gefällsstufe zu Tal stürzt, sondern mehrere kleine Stufen fallend überwinden muß, spricht man von einer Kaskade oder dem Kaskadentyp eines Wasserfalls. Bekannte Kaskadenfälle in den Alpen sind beispielsweise die Umbalfälle in den Hohen Tauern mit dem ersten Wasserschaupfad Europas. Die Aufnahme zeigt die Kaskaden eines Gletscherbaches in der Südtiroler Rieserfernergruppe.

Bild 11.11. Wasserfall (Stuibenfall, Ötztaler Alpen, Österreich)

Bild 11.12. Kaskade (Bachertal, Rieserfernergruppe, Südtirol/Italien)

Bild 11.13. Gefrorener Wasserfall

In manch einem Alpental sehen wir im Winter an den steilen Talwänden gefrorene Wasserfälle, die wie riesige Eiszapfen anmuten. Für viele extreme Eiskletterer eine lockende Herausforderung. Bei der Wasserbewegung an Wasserfällen spricht man vom fallenden Fließen, da das Wasser über senkrechte oder gar überhängende Felswände in freiem Fall herabstürzt. In Abhängigkeit von der Größe des herabstürzenden Fließgewässers und der Fallhöhe vollzieht sich dies als zusammenhängende Wassermasse, in einzelnen Wassersträhnen oder, bei besonders großer Fallhöhe und geringem Abfluß, in einzelnen Wassertropfen als fallender Wasserstaub. Es ist leicht vorstellbar, daß ein solch stäubender oder in einzelnen Strähnen herabstürzender Wasserfall bei großen Minustemperaturen und geringem Abfluß im Gegensatz zu vielen Gebirgsflüssen, die auch im Winter nicht völlig gefrieren, allmählich zu einer Eissäule erstarrt.

Bild 11.14. Klamm

Sind die Talhänge eines Flusses durch junge und rasch erfolgende Einschneidung des Gewässers noch nicht durch andere Abtragungsprozesse zurückverlegt worden oder hält die Hangabtragung in sehr hartem Gestein nicht mit der Tiefenerosion Schritt, so bildet sich eine Klamm mit nahezu senkrecht aufsteigenden Talwänden und fehlender Talsohle. Der Fluß nimmt dann die gesamte Breite des Tales ein. Wie die meisten Talformen, die durch Fließgewässer entstanden, sind auch Klammen prinzipiell Kerbtäler mit mehr oder weniger deutlich ausgeprägtem V-Profil. Sie stellen lediglich eine bestimmte Kerbtalvariante dar. Häufig folgt der Verlauf einer Klamm geologischen Strukturen wie Klüften oder Verwerfungen (s. a. Kap. 5.1), denen das fließende Wasser bevorzugt nachtastet.

Bild 11.13. Gefrorener Wasserfall (Reiter Alm, Berchtesgadener Alpen, Deutschland)

Bild 11.14. Klamm (Rofental, Ötztaler Alpen, Österreich)

Bild 11.15. Schwemmfächer

Schwemmfächer bilden den Akkumulationsbereich von Flußsedimenten, der dort entsteht, wo das Gefälle des Flußbettes plötzlich nachläßt. Das ist z. B. der Fall, wenn ein Fließgewässer aus einem Seitental mit steil geneigtem Talboden in ein weites Haupttal einmündet oder wenn Flüsse in das flachere Vorland austreten. Dabei wird allmählich ein wenig geneigter und im Grundriß meist dreieckiger Schwemmfächer aufgebaut. Bei aktiven Schwemmfächern finden sich meist mehrere Gerinnearme auf der Oberfläche. Im Verlauf von extremen Niederschlägen, Hochwasserereignissen und Murenbildung kommt es immer wieder zur Verlagerung dieser Arme. Steil geneigte Schwemmfächer werden als Schwemmkegel, solche mit hohem Anteil an Grobkomponenten als Schotterkegel bezeichnet. Das Foto zeigt in der linken Bildmitte den berühmten Schwemmfächer von St. Bartholomä, der in den Königssee mündet. Er besteht im wesentlichen aus leicht verwitterbarem Dolomitschutt, der im tieferen Teil der Watzmann-Ostwand ansteht (vgl. Kap. 5.2). In geologischer Zukunft wird der abgebildete Königssee durch den Schwemmfächer zweigeteilt werden. Der Akkumulationsbereich von Flüssen, die in einen See oder das Meer münden, bildet in der Regel keinen Schwemmfächer, sondern das verwandte Delta (s. unteres Bild). Im vorliegenden Fall handelt es sich um eine "Zwitterform". Über einem Schwemmkegel, der unter dem Wasserspiegel weit in den Königssee reicht, bildet sich heute ein Delta. Jedoch reicht die Akkumulation weit hinauf in Richtung Watzmann-Ostwand, so daß oberhalb des Deltas die Form eines Schwemmfächers oder -kegels vorliegt.

Bild 11.16. Delta

Als Delta bezeichnet man eine Aufschüttung von fluvialen Sedimenten an der Flußmündung in das Meer oder in einen See. Die Form des Deltas ist wie die des Schwemmfächers (s. oberes Bild) annähernd dreieckig. Unterschiedliche Lieferbedingungen und die verschiedenartige Gestalt des Sedimentationsuntergrundes bedingen unterschiedliche Deltaformen: Flügeldelta, Fingerdelta, Bogendelta, Spitzdelta oder Ästuardelta. Die Aufnahme zeigt das Bogendelta der Maggia, die heute jedoch kanalisiert in den Lago Maggiore mündet.

Bild 11.15. Schwemmfächer (St. Bartholomä, Berchtesgadener Alpen, Deutschland)

Bild 11.16. Delta (Maggia-Delta, Lago Maggiore, Schweiz)

Bild 11.17. Sohlental

Bei starker Schuttproduktion und Schuttauffüllung der Hauptgebirgstäler durch Fließgewässer bildet sich der Aufschüttungstalboden eines Sohlentals. Im Gegensatz zu charakteristischen Kerbtälern, bei denen die Seitenhänge unmittelbar an das Flußbett grenzen, erstreckt sich beim Sohlental zwischen den Talhängen und dem Flußbett eine mehr oder weniger breite Talsohle. Bei häufigen Überschwemmungen bildet sich die Talaue unmittelbar zu beiden Seiten des Gewässers mit fruchtbaren Hochflutlehmen.

Bild 11.18. Sandbänke

Anders als bei typischen Kerbtälern, deren Seitenhänge direkt an das Flußbett grenzen, erstreckt sich bei einem breiten Sohlental (s. oberes Bild) zwischen Talhängen und Flußbett eine mehr oder weniger breite Talsohle. Während eines Hochwassers werden Flußufer aus feinerdearmen, wenig standfesten Lockersedimenten zurückversetzt, wodurch das Flußbett breiter und der Fluß seichter wird. Die Transportkraft des Flusses läßt dadurch nach und die vom Ufer abgetragenen Lockermaterialien werden, je nach ihrer Korngröße, nun wieder als temporäre Akkumulationsformen, d. h. gemeinsam mit der übrigen Sedimentfracht des Flusses als Sand- oder Schotterbänke abgelagert.

Bild 11.17. Sohlental (Braldo, Baltistan, Pakistan)

Bild 11.18. Sandbänke (Indus, Karakorum, Pakistan)

Bild 11.19. Breitenverzweigung

Bei Hochwasser werden Flußufer aus wenig standfesten Schotter- und Sandablagerungen zurückversetzt. Dadurch wird das Flußbett breiter und der Fluß seichter. Dies bedingt eine verminderte Transportkraft des Fließgewässers. Die vom Ufer abgetragenen Lockermaterialien werden nach nur kurzem Transport wieder als Sand- oder Schotterbänke abgelagert. Dadurch werden sie zu Hindernissen im Flußbett und fangen weitere Sand- und Schotterfrachten ab. Eine Erhöhung ihrer Oberfläche ist die Folge. Schließlich werden die Sand- oder Schotterbänke so hoch, daß der Fluß sie in mehreren Armen umfließen muß, er verwildert. Man spricht dann auch von einer Breitenverzweigung des Flusses. Dieser Vorgang wiederholt sich bei Hochwasser immer wieder, so daß die temporäre Gestalt eines verwilderten Flusses stets neue Formen annimmt.

Bild 11.20. Mäander

Durch die Bildung von *Mäandern* fließen Bäche und Flüsse in weiten Schleifen durch die Auen der Sohlentäler (Bild 11.17.). Das Wort Mäander stammt vom griechischen Namen *Maiandros´* für den Menderes-Fluß in Kleinasien, der in das Ägäische Meer mündet. Bereits in der Antike war dieser Wasserlauf bekannt für seine zahlreichen Flußschlingen. Ob ein Fluß mäandriert oder verwildert (s. oberes Bild), hängt insbesondere von der Standfestigkeit seiner Ufer ab. Ufer aus Kies und Sand mit nur wenig Feinerdeanteil neigen eher zur Verwilderung oder Breitenverzweigung. Mäander können dadurch entstehen, indem bei nachlassender Strömungsgeschwindigkeit des Flusses Kies- und Sandbänke abgelagert werden. Diese Akkumulationen, aber auch andere Störungen des Stromstriches wie etwa die Einmündung eines Nebenflusses oder ein großer Felsbrocken, zwingen das Flußwasser zum Ausweichen. Der Stromstrich beginnt dadurch zu pendeln. In der Regel bewirkt aber alleine schon das turbulente Fließen des Wassers (S. 319) ein Hin- und Herschwingen des Stromstriches und somit die Mäanderbildung. Dort, wo die Wasserteilchen in einer Krümmung des Flußbettes durch die Zentrifugalbeschleunigung schneller gegen das konkave Ufer strömen, entsteht ein steil abfallender, unterschnittener Prallhang. Die Flußschlingen weiten sich nach und nach aus, wie im Bild rechts unten erkennbar. Im Innenbogen einer solchen Flußschleife ist die Strömung deutlich geringer. Hier werden Sedimente abgelagert, und es bildet sich ein flach ansteigender Gleithang. Bricht bei Hochwasser eine solche Flußschleife durch, bleibt ein Altarm zurück.

Bild 11.19. Breitenverzweigung (Kali Gandaki, Dhaulagiri Himal, Nepal)

Bild 11.20. Mäander (Gonococha Paß, Anden, Peru)

Bild 11.21. Flußterrasse

In vielen Hochgebirgstälern fallen entlang der Talhänge Verebnungsflächen von unterschiedlicher Größe und Form auf, die einerseits hoch oben in verschiedenen Niveaus über dem Talboden ansetzen und sich andererseits unmittelbar über dem Flußbett, manchmal stufenartig übereinander folgend erheben. In der Regel handelt es sich dabei um Flußterrassen, welche die Reste alter Talböden repräsentieren. Ihre Entstehung durch die erosive Tätigkeit der Flüsse belegt, daß die Tiefenerosion im Zuge der Talentwicklung in mehreren hintereinanderfolgenden Phasen jeweils von der Seitenerosion und von Aufschüttung unterbrochen wurde. Mancherorts treten jedoch auch terrassenartige Hangverflachungen auf, die aus anstehendem Fels bestehen, der allein aufgrund seiner widerstandsfähigeren Gesteine durch Prozesse der Verwitterung und Abtragung ohne die Mitwirkung eines Fließgewässers herauspräpariert worden ist. Man spricht in derartigen Fällen von strukturell bedingten Terrassen oder von Denudationsterrassen (Kap. 5.1).

Bild 11.22. Felssohlenterrasse

Bei hoch über dem Talboden liegenden Flußterrassen handelt es sich um sogenannte Felssohlenterrassen, die im Zuge der mehrphasigen tektonischen Heraushebung der jungen Orogene oder Faltengebirge entstanden sind (s. Kap. 2.3). Tiefen- und Seitenerosion wechselten sich mehrfach ab, so daß in Gebirgen wie den Alpen häufig eine Abfolge von unterschiedlich alten Felssohlenterrassen in den Tälern anzutreffen ist. Die Felssohle ist das Ergebnis von kräftiger Seitenerosion in Phasen von tektonischer Ruhe, während derer die Schotterbedeckung des ehemaligen Felssohlentalbodens ausgeräumt wurde. Im Anschluß daran setzt erneut ein Zeitraum der Einschneidung ein, so daß der ehemalige Talbodenrest heute als Terrasse in Erscheinung tritt. Auch in Ufernähe anzutreffende Felssohlenterrassen, wie die in der rechten Bildhälfte zu erkennende Terrasse im Tiroler Ötztal, sind auf tektonische Hebungsvorgänge im Wechsel mit verstärkter Seitenerosion zurückzuführen.

Bild 11.21. Flußterrasse (Indus, Skardu, Pakistan)

Bild 11.22. Felssohlenterrasse (Ötztal, Ötztaler Alpen, Österreich)

Bild 11.23. Seitenerosion

Die Seiten- oder Lateralerosion ist ein Prozeß, der die Uferböschungen unterschneidet, wobei das anfallende Abtragungsmaterial sofort wieder als Schleifmittel zur weiteren Abtragung der Ufer bereitsteht. Dieser Prozeß steht mit Ruhe- oder Stillstandsphasen im Zuge der tektonischen Hebung des Hochgebirges in Verbindung. Auch in Ufernähe anzutreffende Felssohlenterrassen (Bild 11.22.) sind auf tektonische Hebungsvorgänge im Wechsel mit verstärkter Seitenerosion zurückzuführen.

Bild 11.24. Aufschüttungsterrasse

Den Felssohlenterrassen (Bild 11.22.) stehen die Aufschüttungsterrassen gegenüber. Ihre Entstehung beruht darauf, daß sich der Fluß erneut in einen Aufschüttungstalboden aus Lockersedimenten einschneidet und der ehemalige Talboden schließlich nur noch als Rest in Form von Terrassen in unterschiedlichster Größe an beiden Talseiten erhalten bleibt. Neben tektonischen Einflüssen beruht dieser Wechsel von Aufschüttung und Tiefenerosion vor allem auf Klimaschwankungen. Er kann sich mehrfach wiederholen, wobei sich die unterschiedlichen Sedimentlagen durch starke Seitenerosion und abermals erfolgende Aufschüttung in komplizierter Weise miteinander verzahnen können.

Bild 11.23. Seitenerosion (Indus, Karakorum, Pakistan)

Bild 11.24. Aufschüttungsterrasse (Doko, Karakorum, Pakistan)

11.3
Seen

Berge, Wälder, Seen (Bild 11.25.) - drei Begriffe, die für viele Menschen Urlaub, Erholung, Natur und Wildnis bedeuten. Das trifft sicherlich für die unzähligen Hochgebirgsseen Norwegens, Kanadas, oder Südamerikas zu. Aber auch die Kulturlandschaft der Alpen bietet, abgesehen von der nicht mehr unberührten Wildnis, rund 4000 Seen zur Erholung und für sportliche Aktivitäten an. Man denke nur an die bekannten Kärntner Seen wie z. B. den Wörther-See oder an den Gardasee in den italienischen Alpen.

Die Entstehung der Seen kann auf sehr unterschiedliche Vorgänge zurückgeführt werden, wie in den vorangegangenen Kapiteln deutlich wurde. Seen gibt es in den Hochgebirgen in Form von *Eisstauseen* (Kap. 8.2), *Lawinenstauseen* (Kap. 7.1), *Kar-* und *Zungenbeckenseen* (Kap. 9.1), *Bergsturzseen* (Kap. 4.2.1) oder künstlichen *Stauseen* zur Energie- und Trinkwassergewinnung (Kap. 12.2). Hinzu kommen Seen, die zwischen Endmoränen (Kap. 9.2) liegen oder Seen, die durch Toteis (Kap. 8.3) entstandene Hohlformen ausfüllen. Die meisten der aufgezählten Typen von Seen sind in den Alpen vergleichsweise klein und flach. Die Wassertemperaturen sind im großen und ganzen recht niedrig, so daß sämtliche biologischen Prozesse in ihnen sehr langsam ablaufen. Überaus große und tiefe Hochgebirgsseen finden sich beispielsweise in den Anden, mit dem höchstgelegenen schiffbaren See, dem 3812 m hoch gelegenen Lago Titicaca, und am Rande des über 2500 m hohen Baikalgebirges mit dem gleichnamigen See (Ozero Bajkal), dem mit 1620 m Tiefe, tiefsten See der Erde.

Bild 11.25. See im Hochgebirge (Lago di Antorno, Dolomiten, Italien)

An der Auffahrt vom italienischen Alpenort Misurina zur 2320 m hoch gelegenen Auronzohütte verlockt der romantische Lago di Antorno zum Halt. Im Hintergrund erheben sich die Südwände der Drei Zinnen in den Sextener Dolomiten.

12 Der Mensch formt das Hochgebirge

Wie in den vorangegangenen Kapiteln deutlich gemacht wurde, bedarf es bestimmter Faktoren, gleich, ob man sie Landschaftselemente oder Geofaktoren nennt, um landschaftsspezifische Formen entstehen zu lassen. Es wurden bisher zwei wesentliche Faktoren erwähnt: der geologische Untergrund mit seiner Struktur als endogenem Faktor und das Klima, das die Prozesse von Verwitterung und Abtragung sowie das Abflußregime der Fließgewässer und somit die fluviatile Tiefen- und Seitenerosion an der Erdoberfläche als exogener Faktor steuert.

Die Gebirge der Erde wären ohne die ungeheuren Kräfte tektonischer Bewegungen und vulkanischer Eruptionen nie entstanden. Erst klimatische Einflüsse wie Schnee und Wind formen hoch oben an Berggraten die für Bergsteiger so gefährlichen Wächten. Trogtäler (Kap. 9.1) würde es ohne das formende Element Gletscher nicht geben, und das Wasser des Colorado River hat in einer jahrmillionenlang andauernden Entstehung den gewaltigen Grand Canyon geschaffen. Das sind nur einige Beispiele, die das Prinzip von Ursache und Wirkung in der Geomorphologie, der Wissenschaft, die sich mit der Reliefentstehung und -entwicklung beschäftigt, verdeutlichen.

Es wurde in einigen vorangegangenen Kapiteln ebenso offensichtlich, daß auch dem Menschen unter den landschaftsformenden Elementen im Hochgebirge eine nicht unbedeutende Funktion zukommt. Erst relativ spät jedoch hat sich die Erkenntnis durchgesetzt, daß der Mensch als formender Faktor anzusehen ist, der mittlerweile in immer größerem Umfang an der Reliefgestaltung der Erde mitwirkt. Der Teil der Geowissenschaften, der sich mit den Einflüssen des Menschen auf das Relief der Erde und letztendlich mit künstlichen Oberflächenformen beschäftigt, ist die anthropogenetische Geomorphologie (von griechisch *ánthropos* = Mensch und *genés* = bürtig, stammend). Unter künstlichen Formen auf der Erdoberfläche verstehen wir solche, die direkt vom Menschen geschaffen werden und an deren Entstehung in der Regel keine natürlichen geomorphologischen Prozesse beteiligt sind. Künstliche Formen dienen den Zwecken der Siedlung, der Wirtschaft, des Verkehrs, dem menschlichen Schutzbedürfnis vor Naturgewalten oder, das sollte nicht unerwähnt bleiben, militärischen Zwecken. Der Gebirgskrieg von 1915-1917 hinterließ in den Dolomiten, den Karnischen Alpen oder in der Adamellogruppe unzählige Stollen, Kavernen und Schützengräben im Fels. Und am 17. April 1916 wurde mit 5024 kg Dynamit sogar der Gipfel eines Berges, des heute 2462 m hohen Col di Lana in den östlichen Dolomiten, einfach weggesprengt und somit vom Menschen in wenigen Sekunden neu geformt. In den Berchtesgadener Alpen finden wir zahlreiche Bombentrichter aus dem 2. Weltkrieg, die natürlichen Karstformen (Kap. 4.1) teilweise zum Verwechseln ähnlich sehen. Zu den künstlichen Formen zählen im wahrsten Sinne des Wortes auch die "Abfallberge", die uns in manchem Hochgebirgstal als Mülldeponien entgegentreten. Letztendlich müssen wir auch die Formen und Anlagen prähistorischer Gräber und religiöser Kultstätten zu den vom Menschen geschaffenen Landschaftsformen rechnen.

Auf allen Kontinenten hat der Mensch als Landschaftsformer agiert, speziell in den Hochgebirgen jedoch unter großen Mühen und Entbehrungen. Um in diesem ursprünglich feindlichen und bedrohlichen Raum überhaupt existieren zu können, mußte der Mensch in die vorhandenen Ökosysteme eingreifen und sie für seine Bedürfnisse umgestalten. Durch Schaffung verschiedener landwirtschaftlicher Kulturstufen (Entsumpfung und Urbarmachung großer Talböden, Rodung von Wäldern über mehrere Höhenzonen, Schaffung von Almen durch Vergrößerung alpiner Matten mittels Rodung) hat der Mensch eine Naturlandschaft zum großen Teil völlig verändert und umgestaltet. Ein Stausee, hoch über menschlichen Siedlungen gelegen; ein Bahndamm mitten im Gebirge; die Autobahnbrücke, die zwei Talseiten verbindet - all das und vieles mehr, sind künstliche, durch den Menschen entstandene Landschaftsformen, denen wir im Gebirge begegnen, sei es im Alltag, beim Wandern oder Klettern. Der Mensch in den Hochgebirgen hat, wie auch in anderen Regionen der Erde, aus seinem unmittelbaren Lebensraum eine Kulturlandschaft entwickelt, die sich über Jahrtausende fortwährend verändert hat.

Die Gründe dafür, daß der Mensch das Gebirge mit seinen technischen Hilfsmitteln zu erschließen sucht, sind primär ökonomischer Natur. Er war einerseits bestrebt, die gegebenen land- und energiewirtschaftlichen Möglichkeiten sowie Bodenschätze auszunutzen. Andererseits machte der Handel gut ausgebaute und sichere Wege über die Gebirge erforderlich. Und nicht zuletzt sind Berge zu einer wichtigen Erholungslandschaft geworden, in der Menschen aus Ballungsräumen Ruhe finden und sich mit der Wildheit der Natur - sofern sie noch zu finden ist - konfrontieren können. In infrastrukturell gut erschlossenen Hochgebirgen wie den Alpen oder den Vulkaninseln des Hawaii-Archipels mit seinen mehr als 4000 m hohen Gipfeln aus erstarrter Lava, hat der Mensch allerdings in vergleichsweise kurzer Zeit mit einer solchen Vehemenz eingegriffen, daß vielerorts zugunsten ökonomischer Interessen das ökologische Gleichgewicht, aber auch die kulturelle Identität, durch Massentourismus, Urbanisierung, Verkehr, fragwürdige Wirtschaftsformen, Einbürgerung fremder Tier- und Pflanzenarten oder durch zunehmende Erosion gefährdet ist.

12.1
Land- und Forstwirtschaft

Landwirtschaft wird, mit Ausnahme der polaren Regionen und extremer Trockengebiete, in fast allen Zonen der Erde und demzufolge auch in den meisten Hochgebirgen betrieben. Unter dem Begriff Landwirtschaft versteht man die wirtschaftliche Nutzung des Bodens zur Gewinnung pflanzlicher und tierischer Erzeugnisse. Außer Ackerbau und Viehwirtschaft werden zur Landwirtschaft auch Garten-, Gemüse-, Obst- und Weinbau gezählt. Im weitesten Sinne rechnet man zur Landwirtschaft auch Forstwirtschaft, Jagdwesen und Fischerei sowie die landwirtschaftlichen Nebenbetriebe (z. B. Molkereien, Kellereien, Mühlen). Die Formen der Landwirtschaft sind ausgesprochen mannigfaltig und ebenso wie die angebauten Kulturen abhängig vom Naturraum. Niederschlagsmenge und -verteilung,

Hangneigung, Bodenart (s. Kap. 4.1) und Grundwasserstand sind ausschlaggebend für die Nutzung des Bodens als Acker, Wiese, Weide oder als Standort für bestimmte hochwertige Kulturen, wie z. B. Wein.

Die möglichen Wirtschaftsformen der Landwirtschaft sind:
1. der bäuerliche Betrieb mit diversen Bodennutzungssystemen, mit oder ohne Fremdarbeitskräfte und mit oder ohne Viehhaltung,
2. die Plantagenwirtschaft in den Tropen und Suptropen, die primär auf den Export der Produkte ausgerichtet ist,
3. Produktionsgemeinschaften verschiedener Art, von religiös, sippen- oder stammesmäßig gebundenen Formen bis hin zu Kolchosen und anderen Formen, desweitern Staatsgüter in sozialistischen Ländern,
4. die transhumante Weidewirtschaft als Form der Fernweidewirtschaft mit Herdenwanderung oder -transport zwischen zwei oder mehreren nur jahreszeitlich abweidbaren Weiden über größere Entfernungen hinweg,
5. der Weidegroßbetrieb als typisches Merkmal der nordamerikanischen Agrarlandschaft.

Zu den auffälligsten Landschaftsformen, die im Zuge der Bewirtschaftung des Hochgebirges entstanden, gehören neben *Feld-* und anderen *Landwirtschaftswegen* (Bild 12.1.), künstlich hervorgerufene *Hangverflachungen* oder *Terrassen*. In einigen Regionen der West- und Südalpen haben künstliche Terrassen landschaftsprägenden Charakter (vgl. Kap. 1.1). Auch in vielen Gebirgen der Subtropen wird die agrare Kulturlandschaft durch den Terrassenbau dominiert. Terrassen bremsen die natürliche Hangabtragung und erfüllen u. a. den Zweck, den Bauern zur Bearbeitung flacheres Gelände anzubieten. In extremen Fällen sind auf mehr als 1000 m hohen Steilhängen mehrere 100 Terrassen übereinander angeordnet. Besonders häufig begegnet man im nepalesischen Himalaya solchen Terrassenkulturen. In jahrhundertelanger Arbeit haben die Bauern dort - sie leben von der Subsistenzwirtschaft, einer bäuerlichen Produktionsform, die ausschließlich den eigenen Bedarf deckt - die steilen Berghänge terrassiert und ihnen dadurch eine unverwechselbare Form verliehen (Bild 12.5.). Die ursprünglich vorhandene Ackerfläche für den Anbau von Reis, Mais, Weizen, Hülsenfrüchten, Hirse und Kartoffeln wurde durch aufwendige Umgestaltung vergrößert, die jedoch ein mehrfaches an Pflege verlangt. Alljährlich kommt es vor, daß durch starke Monsunregenfälle ganze Terrassenfelder zerstört werden. Der Arbeitsaufwand ist enorm, um weggeschwemmte Ackerflächen wieder urbar zu machen und manchmal, wenn wertvolles Erdmaterial endgültig verloren gegangen ist, sogar unmöglich.

Neben der Erschaffung künstlicher Landschaftsformen, die vom Menschen indirekt auch durch die Viehhaltung hervorgerufen werden (Bild 12.2.), führte die Bewirtschaftung des Hochgebirges zur allgemeinen Veränderung des Landschaftsbildes durch Eingriffe in die natürliche Vegetation. Ein Ergebnis dieser Eingriffe sind beispielsweise die *Bergwiesen* in den Alpen, die von Bergbauern seit Jahrhunderten bewirtschaftet werden. Die Besiedlung der alpinen Bergregionen geht bis weit ins Mittelalter zurück. Die Gründung der Bergbauernhöfe setzte im 12. Jahrhundert ein und war etwa im 14. Jahrhundert abgeschlossen. Die Menschen siedelten sich hoch oben über dem Talboden an, weil die Talregionen hochwassergefährdet und vielfach zu naß oder vermoort waren, als daß der Boden einen vernünftigen Ertrag abgegeben hätte.

In den vergangenen Jahrhunderten pflegten die Bergbauern ein autarkes Wirtschaftssystem, das sie ohne Hilfe von außen überleben ließ. Der Bergbauer war bis vor wenigen Jahrzehnten ausschließlich Selbstversorger. So entstanden in Jahrhunderten kleinräumige Kulturlandschaften, die sich harmonisch ins Hochgebirge einfügten. Ohne sich dessen zunächst bewußt zu sein, wirkten die Bergbauern durch das arbeitsintensive Bewirtschaften der Hänge auch pflegend und erhaltend auf ihre Böden ein. Durch regelmäßiges Abmähen der Bergwiesen kann sich nach der Schneeschmelze das neue Wachstum sofort entfalten. Der Mensch verlieh seiner Kulturlandschaft diejenige ökologische Stabilität, die ihr von Natur aus fehlte, die aber für ein langfristiges Leben und Wirtschaften im Alpenraum dringend notwendig war. Der Bergbauer, der vier oder fünf Hektar steilste Bergwiesen zu bearbeiten hat, kann dies oftmals nur mit Sense, Rechen und Heugabel bewerkstelligen. Eine unglaublich harte und langwierige Arbeit, die, solange sie betrieben wird, einen bewahrenden und landschaftsformenden Charakter hat (Bild 12.3.). Zwar traten auf den künstlich entstandenen, mitunter extrem steilen Flächen immer wieder Bodenschäden durch Hangrutschungen, Schneeschurf oder Lawinen auf (Kap. 7.2), hielten sich aber durch die permanente Pflege der Wiesen durch den Bergbauern in Grenzen. Dies trifft natürlich in gleicher Weise auf die Kulturstufe der *Almen* zu (Bild 12.4.), die eine prägnante Form der Hochgebirgslandwirtschaft darstellt und die höchstgelegenen landwirtschaftlich nutzbaren Regionen umfaßt.

Im Naturzustand waren die Alpen bis in große Höhen von dichtem Wald bewachsen, der nur schwer zu durchdringen war. Breite und ebene Talböden waren versumpft. Lediglich die Regionen der alpinen Urrasen jenseits der Waldgrenze boten sich dem Menschen für eine eingeschränkte Nutzung ohne umfangreiche Kahlschläge an. Die alpine Almwirtschaft hatte in ihrer Entstehungszeit jedoch ständig einen großen Bedarf an Holz, das für Bauten, Zäune oder Werkzeuge geschlagen wurde. Der Mensch dezimierte im Laufe der Zeit die riesigen Waldbestände und vergrößerte seine Almfläche, je tiefer er kam. Dies war mit einem positiven Nebeneffekt verbunden. Denn je tiefer man Flächen rodete, desto besser wuchs das Gras und der Ertrag der Almwirtschaft wurde höher. Es war nur eine Frage der Zeit, bis man begann, die Almflächen systematisch nach unten hin zu erweitern. Durch die landwirschaftliche und gewerbliche Rodung wurde in den Alpen die obere Waldgrenze schließlich um 200-400 m nach unten geschoben.

In den Alpen sind die Almgebiete nach alter Tradition in unterschiedliche Bewirtschaftungsstufen aufgeteilt, um sie möglichst optimal zu nutzen. Man unterscheidet die untersten oder auch Kuhalmen, darüber liegen die Galtviehalmen (von galt = trocken, also ohne Milchproduktion). Über diesen befinden sich die sogenannten Schafalmen, die allerhöchsten und wasserärmsten Almen, auf denen nur noch Schafe weiden können.

Infolge der strukturellen Veränderungen in der Almwirtschaft, die in den vergangenen Jahrzehnten in vielen Regionen der Alpen zu Arbeitsextensivierung und Brache führten, traten, wie bereits in Kapitel 7.2 geschildert, verstärkt Schädigungen der Bodendecke durch Gleitschnee und Lawinen infolge ausbleibender Almpflege auf. Dabei wird deutlich, daß der Mensch nicht nur künstliche Landschaftsformen schafft, sondern durch sein Eingreifen in die Hochgebirgsnatur auch landschaftsformende Prozesse in Gang setzt, die nach natürlichen Gesetzmäßigkeiten ablaufen. Die Entstehung von flächenhaften Bodenschäden auf Almwiesen und -weiden, d. h. die Bildung von Blaiken (s. Kap. 4.2.4 u. 7.2), stellt somit einen quasinatürlichen morphodynamischen Prozeß dar (von griechisch *dýnamis* = Kraft, Vermögen), der sich durch das Handeln des wirtschaftenden Menschen mehr oder weniger stark beeinflussen läßt.

Die Forstwirtschaft beschäftigt sich heute mit der wirtschaftlichen Nutzung des Waldes, und ihr sollte auch die Pflege von bestehenden Wäldern sowie der Anbau von neuem, standortgemäßem Baumbestand anheimfallen. Zur standortgerechten Bewirtschaftung von *Bergwäldern* (Bild 12.6.) ist jedoch auch der Bau von *Forstwegen* notwendig, die ebenfalls anthropogene Landschaftsformen darstellen. In den Alpen sind die Fehler einer früheren Forstwirtschaft nicht zu übersehen. Durch die Anlage von standortfremden Fichtenmonokulturen, Nutzungseinstellungen in pflegebedürftigen Wäldern aus ökonomischen Gründen sowie durch eine zu hohe Wilddichte sind Waldprobleme in Form flächenhafter Überalterung entstanden. Darüber hinaus ist es zu einem ausgesprochenen Vitalitätsverlust der Bäume gekommen. Wald, der auf diese Weise gestreßt wird, ist für neuartige Waldschäden deutlich anfälliger als ein gesunder, naturnaher Wald. Dies trifft ebenso für die Anfälligkeit des Bergwaldes gegenüber Massenverlagerungen in Form von Hangrutschungen zu. Infolge unzureichender oder falscher waldbaulicher Maßnahmen (mangelnde Durchforstung, selektive Entnahme von Bäumen mit wertvollem Holz u. a.) und den daraus resultierenden Bestandsentwicklungen mit ungenügend tiefgreifender Durchwurzelung und Erschließung des Bodenraumes, können bei extremen Regenfällen selbst in geschlossenen Waldbeständen - unabhängig vom Alter der Bäume - umfangreiche Massenverlagerungen in Gestalt von Rutschungen, Schuttgängen oder Muren auftreten (s. Kap. 4.2.2 u. 4.2.3). Hinzu kommen bestandesschwächende Maßnahmen, wie z. B. das Schneiteln (abschneiden der dünneren Äste zur Viehfütterung oder zur Einstreu im Stall, auch "schnaiteln" geschrieben), das gerade bei Fichten häufig zur Kernfäule und somit zur Instabilität des Bestandes führt. Die geschilderten Entwicklungen beeinflussen sich gegenseitig negativ, so daß dies zu einem auf großen Flächen geschwächten Wald führt. Offensichtlich werden die Konsequenzen einer fehlerhaften Forstwirtschaft an solchen Katastrophen wie die vom Februar 1990, als die beiden Orkane "Vivian" und "Wiebke" für die bisher größte Katastrophe in den alpinen Wäldern im gesamten 19. und 20. Jahrhundert sorgten. Allein in der Schweiz wurden 3 Millionen Bäume oder 4,3 Millionen m^3 Holz durch Windwurf vernichtet. Dabei wird wiederum deutlich, daß der Mensch auch im Bereich der Forstwirtschaft nicht nur durch Baumaßnahmen künstliche Formen in der Landschaft errichtet, sondern bei negativer Einwirkung auf die natürliche Waldvegetation quasinatürliche Prozesse, sei es als Hangrutschung oder großflächigen Windwurf, bewirkt.

Angesichts einer zunehmenden Schadstoffbelastung der Umwelt kommt der Forstwirtschaft große Bedeutung für die Erhaltung des ökologischen Gleichgewichts zu. Vom Waldsterben ist schon längst auch der Bergwald in den Alpen betroffen, und auch in außeralpinen Bergregionen gerät er ins "Wanken". Der aktuelle Zustand der Wälder gibt weiterhin Anlaß zu großer Besorgnis. Ca. 50 % der alpinen Wälder weisen in den unteren und mittleren Schadensklassen neuartige Waldschäden auf. Der Wald ist damit flächenhaft im gesamten Alpenraum bedroht. Aufgrund ökonomischer Veränderungen in den sechziger und ziebziger Jahren, in denen der europäische Holzmarkt durch Billig-Importe aus Dritte-Welt-Ländern und günstigem skandinavischem Holz bestimmt wurde, mußte man die Rentabilität der alpinen Forstwirtschaft in Frage stellen. Um den völligen Zusammenbruch dieses Wirtschaftssektors zu verhindern, subventionierten die alpinen Anreinerstaaten den Bau von breiten, Lkw-befahrbaren Forststraßen, damit durch umfangreichen Maschineneinsatz und kurze Wegzeiten die Arbeitskosten gesenkt werden konnten.

Durch diese noch immer aktuellen strukturellen Förderungen ließen sich allerdings keine Gewinne erzielen, allenfalls ein kostendeckendes Wirtschaften. Die derzeitigen Rahmenbedingungen - umfangreiche Zwangsnutzungen auf Grund des Waldsterbens, die zu einem Überangebot an Holz und somit zu sinkenden Preisen führen - erschweren die alpine Forstwirschaft zusehends. So werden aus diesen Gründen zahlreiche Wälder im Alpenraum gar nicht mehr oder nur noch sporadisch forstwirtschaftlich genutzt. In der Schweiz beispielsweise betrifft dies bereits ein Viertel aller Wälder. Es handelt sich dabei nicht um Natur- oder Urwälder, deren natürliche Reproduktion von selbst abläuft, sondern um Bauernwälder oder ehemalig genutzte Forste, deren Bewirtschaftung irgendwann in den vergangenen fünf Jahrzehnten eingestellt wurde. Diese Wälder weisen oft einen gleichaltrigen und nicht immer standortgemäßen Baumbestand auf, der im Laufe der Zeit zu Überalterung und flächenhaftem Zusammenbruch führt, bevor das junge Gehölz eine ausreichende großflächige Existenzmöglichkeit erhält.

Eine Besiedlung und die wirtschaftliche und verkehrstechnische Erschließung wäre nicht nur in den Alpen, sondern auch in vielen anderen Hochgebirgen ohne den schützenden Bergwald nicht möglich gewesen (vgl. Kap. 4.2.2). In zahlreichen Hochgebirgsregionen hat man daher *Schutzwälder* ausgewiesen, die nicht gerodet oder nur eingeschränkt genutzt werden dürfen. Die rechtlich strengere Form des Schutzwaldes ist im alpinen Raum der *Bannwald*, der weitgehend sich selbst überlassen bleibt. In Tirol z. B. ist annähernd die Hälfte des Waldbestandes Schutz- oder Bannwald. Doch auch hier gibt die Entwicklung Anlaß zur Sorge, denn Luftschadstoffe und Rotwild setzen auch dem Schutz- und Bannwald zu.

Bild 12.1. Landwirtschaftsweg (Pustertal, Deferegger Alpen, Österreich)

Landwirtschaftliche Wege im Hochgebirge bilden künstlich geschaffene Einschnitte und Verebnungen im natürlichen Verlauf eines Hanges. Sie gehören neben Anbauterrassen zu den auffälligsten Landschaftsformen, die vom Menschen im Rahmen der Landwirtschaft geschaffen wurden.

Bild 12.2. Formen durch Weidetiere (Marterlochtal, Sarntaler Alpen, Südtirol/Italien)

Der Mensch formt die Landschaft des Hochgebirges nicht nur unmittelbar, sondern auch indirekt durch die Weidewirtschaft. Das Vieh tritt hangparallel verlaufende Spuren in den Hang, die diesen treppenartig überformen können. Man spricht dann von "Viehgangeln" oder, wie es die Wissenschaft formuliert, von isohypsenparallelen zoogenen Mikroformen linearer Prägung (vgl. Kap. 4.2.4).

Bild 12.3. Bewirtschaftung und Bodenpflege

Durch das regelmäßige Abmähen der Bergwiesen - in vielen Teilen der Alpen geschieht dies zweimal pro Jahr - ergibt sich zugleich auch eine Pflege des Bodens. Nach der Schneeschmelze im Frühjahr erfolgt recht schnell neues und kräftiges Wachstum, wohingegen das lange Gras auf nicht bearbeiteten Flächen einen dichten Filz bildet. Bei größerer Hangneigung kann im Winter, vor allem aber im Frühjahr während der Schneeschmelze oder bei plötzlichen Föhneinbrüchen (Kap. 1.5) durch die Einwirkung gleitender und rutschender Schneemassen auf den Grasfilz ein Aufriß der Grasnabe erfolgen. Eindringendes Schmelz- und Regenwasser führt in der Folge zu einer beschleunigten Bodenabtragung, die der Bergbauer durch die Pflege der Wiesen weitgehend vermeiden kann (vgl. Kap. 7.2). Die Aufnahme zeigt einen Bergbauer bei der beschwerlichen Heuarbeit im Sarntal.

Bild 12.4. Almregion

Als Ergebnis einer landwirtschaftlichen und gewerblichen Rodung wurde überall im Alpenraum die obere Waldgrenze um 200-400 m nach unten gedrückt. Die Almen, die für uns häufig das Idealbild einer unberührten Naturlandschaft darstellen, sind so stark vom Menschen geprägt, daß wir sie als Kulturlandschaft bezeichnen müssen. Die Aufnahme zeigt die 1485 m hoch gelegene Hinterkaiserfeldenalm im Kaisergebirge. Angesichts der dichten Bewaldung der Landschaft ist der ehemalige Naturzustand des heutigen Almgeländes gut vorstellbar.

Bild 12.3. Bewirtschaftung und Bodenpflege (Marterlochtal, Sarntaler Alpen, Südtirol/Italien)

Bild 12.4. Almregion (Hinterkaiserfelden, Kaisergebirge, Österreich)

Bild 12.5. Terrassenkulturen

In jahrhundertelanger Arbeit haben nepalesische Bauern die steilen Berghänge terrassiert und ihnen dadurch eine prägnante und unverwechselbare Form verliehen. Die Aufnahme, die Terrassenfelder nahe der Ortschaft Phalaigaon (1700 m) im Dhaulagiri Himal zeigt, verdeutlicht das Prinzip. Die ursprünglich vorhandene Ackerfläche wurde durch aufwendige Terrassierung vergrößert, die jedoch eine ständige Pflege verlangt. Den Bauern, die oftmals über mehrere hundert Höhenmeter ihre Terrassenfelder bearbeiten müssen, stehen lediglich einfachste Gerätschaften zur Verfügung. Maschinen kennen sie nicht.

Bild 12.6. Bergwald

Wälder haben neben ökonomischen Aspekten auch eine soziale Bedeutung für den Menschen. Sie sind beliebte Erholungsgebiete und bieten in den Hochgebirgen Schutz vor Lawinen (Kap. 6.3), Steinschlag und Erosion (Kap. 4.2). Aufgrund begangener Fehler der früheren Forstwirtschaft mit der Anlage standortfremder Fichtenmonokulturen, der Nutzungseinstellung in pflegebedürftigen Wäldern und einer Veränderung des ökologischen Zustandes des Waldes ist der Wald in Gefahr geraten. Bereits an vielen Stellen im Alpenraum ist heute schon seine Schutzfunktion eingeschränkt, so daß Siedlungen, Wirtschaft und Verkehrswege potentiell bedroht sind. Der Bergwald und seine Böden halten auch große Niederschlagsmengen zurück. Die umfangreichen Kahlschläge im Himalaya haben daher immer wieder große Überschwemmungen am Ganges und Brahmaputra zur Folge.

Bild 12.5. Terrassenkulturen (Phalaigaon, Dhaulagiri Himal, Nepal)

Bild 12.6. Bergwald (Kaisertal, Kaisergebirge, Österreich)

12.2
Energie- und Rohstoffgewinnung

In vergletscherten Hochgebirgen setzt das abfließende Schmelzwasser riesige Energiemengen frei, die seit altersher vom Menschen genutzt wurden. In früheren Zeiten betrieb man Sägewerke, Pumpen und Getreidemühlen direkt mit dem Wasserrad (Bild 12.9.). Heute hingegen nutzt man das Wasser primär zur Gewinnung von Elektrizität. Um im Hochgebirge die Energie zu "lagern", ließ man mit Hilfe von gewaltigen *Bogenstaumauern* aus Beton (Bild 12.10.) oder *Naturdämmen*, wie z. B. im Fall des Mattmarkstaudammes im Schweizer Kanton Wallis, große *Stauseen* (Bild12.7.) entstehen, die das ehemalige Landschaftsbild völlig veränderten. Aber auch die Sperren selbst sowie oberirdisch verlaufende *Druckrohrleitungen* (Bild12.8.) verändern das Landschaftsbild und sind als künstliche Landschaftsformen anzusehen.

Eine besondere Bedeutung beim Bau von Staudämmen kommt dem Faktor Sicherheit zu, denn im Fall eines Dammbruches kann das Ausmaß der Katastrophe verheerend sein. So geschehen am 2. Dezember 1959, als die Staumauer von Malpasset im südfranzösischen Departement Var aufgrund von Betonierfehlern brach. Die kleine Stadt Frejus wurde zur Hälfte zerstört und 396 Menschen fanden den Tod. Am 8. Oktober 1963 lösten sich 300 Millionen m^3 Fels vom Monte Toc in der Provinz Belluno und stürzten in den Vaiont-Stausee. Eine gewaltige Flutwelle schwappte über die Staumauer und zerstörte die Ortschaft Longarone. Natürlich sind auch gravierende Veränderungen in der Landschaft unmittelbare Folgen dieser technischen Katastrophen.

Die Nutzung der Wasserkraft zur Stromerzeugung ist eine der umweltfreundlichsten Arten der Energiegewinnung. Es gelangen keine Schadstoffe in die Luft und das verwendete Wasser wird unverändert in seiner Qualität und Menge der Natur zurückgegeben. Daß damit natürlich das Erscheinungsbild der Landschaft in gewissem Umfang verändert wird, ist unumgänglich. Und für viele Menschen sind diese künstlichen Veränderungen und Formen sogar gelungene Verbindungen von Natur und Technik, die sich mit ihrer eigenen Ästhetik in die Hochgebirgslandschaft einfügen. Allerdings nur dann, wenn die Stauseen so gefüllt sind, wie es die Fotos in den Informationsbroschüren der Energiewirtschaft vermitteln. Fast leere Stauräume mit weithin sichtbaren Schlammkrägen - mitunter die Folge von eingeschränkter oder eingesteller Nutzung durch eine geologisch bedingte Instabilität der Sperrensohle - bieten eher trostlose Anblicke inmitten der Hochgebirgslandschaft. Die energieproduzierende Industrie beschränkte sich jedoch nicht nur auf einzelne glazial übertiefte Täler (Kap. 9.1), um an günstigen Talabschnitten Staudämme zu errichten, sondern realisierte die gewünschten Bedingungen, indem ganze Bergstöcke durchbohrt wurden, um das in anderen Tälern fließende Wasser abzuleiten. Als Ergebnis sind einerseits größere Energiereservoirs zu verzeichnen, andererseits jedoch entwässerte Täler und ein dramatischer Grundwasserschwund. Wo einstmals prächtige Gebirgsbäche strömten, fließen heute in einigen Alpentälern nur mehr kleine Restwässer in breiten Bachbetten. So wurde in der Umgebung von Zermatt nicht ein einziger Bach mit nennenswerter Wasserführung von der Energiewirtschaft verschont. Solche Veränderungen des Landschaftshaushaltes führen letztendlich auch zu einem vom Menschen modifizierten geomorphologischen Prozeßgefüge.

In den Kraftwerksgeneratoren, die von Wasserturbinen angetrieben werden, wird Drehstrom mit Spannungen zwischen 5000 und 30.000 Volt erzeugt, der für die Fernübertragung auf Hochspannung bis zu 70.000 Volt transformiert und den Verteilernetzen zugeführt wird. Dort befinden sich die Verteilerzentren der lokalen Stromnetze, in denen die Spannung des elektrischen Stroms stufenweise auf die beim Verbraucher benötigte Niederspannung (220 oder 110 Volt) vermindert wird. Die für die Fernübertragung notwendigen *Strommasten* können wir ebenfalls als künstliche Landschaftsformen bezeichnen, die ein Landschaftsbild prägnant beeinflussen. Jeder Fotograf kennt das Ringen um den geeigneten Standort, will er ein attraktives Landschaftsmotiv ablichten, welches jedoch von Strommasten störend durchzogen ist.

Hochgebirge sind zumeist auch Regionen intensiver Sonneneinstrahlung, was die Nutzung der Sonnenenergie nahelegt. So werden beispielsweise im Sonnenofen von Odeillo in den französischen Pyrenäen mit Hilfe von beweglichen Spiegeln, die das Sonnenlicht auf einen 39 Meter hohen Parabolspiegel werfen, Temperaturen von über 3500° C erzeugt. Diese ebenfalls saubere Technik dient dort dem Schmelzen von Metallen und Mineralien, zudem wird probeweise die Dampferzeugung genutzt. Sonnenergie ist unabhängig von der Lufttemperatur, so daß durch reflektierende Schnee- und Eisflächen - wie im Falle des Sonnenofens - noch zusätzliche Energie gewonnen wird. Der steigende Energiebedarf gibt der Wissenschaft Anlaß zu neuen und visionären Ideen. So hatte man schon in den achtziger Jahren den Bau von turmförmigen Sonnen-Dampfkraftwerken im Gebirge in Betracht gezogen. Solarkollektoren auf Dächern von Unterkunftshütten in den Hochregionen sind immer häufiger anzutreffen, und angesichts der intensiven Forschung zur Nutzung der Sonnenenergie dürften in den kommenden Jahren sicherlich weitere Neuerungen zu erwarten sein. Jedoch wird auch im Fall der Nutzung von Solarenergie die Landschaft zwangsläufig durch technische Bauten und Einrichtungen verändert und beeinflußt.

Für die Rohstoffgewinnung werden Hochgebirgslandschaften mitunter derart umgestaltet, indem man ganze Berge abträgt (Bild 12.11.). Zu den Rohstoffen zählen neben tierischen und pflanzlichen Produkten insbesondere die Bodenschätze in Form von Energieträgern (Kohle, Erdöl, Torf) oder Metallen, die in gediegener Ausbildung (Gold) oder als Erze in Verbindung mit anderen Elementen vorliegen (u. a. Hämatit oder Pyrit, das bekannte "Katzengold"). Unter den Begriff Bodenschätze fallen aber auch Rohstoffe aus sedimentären Lagerstätten für die Bauindustrie, wie z. B. Kies, Sand, Sandstein, Kalk oder Granit. Kalksteine z. B., die im wesentlichen durch marine Organismen chemisch ausgefällt wurden, dienen als wertvolle Bausteine und für die Herstellung von Zement, aber auch als Düngemittel in der Land- und Forstwirtschaft. Steinsalz und Mineralwässer sind ebenfalls zu den bedeutenden Bodenschätzen zu rechnen.

Die Bergbauindustrie, zu der im weitesten Sinne auch die Materialentnahme in *Steinbrüchen* zählt (Bild 12.11.), hat mit gewaltigem Maschineneinsatz bis dato wohl die stärksten künstlichen Veränderungen im Relief hervorgerufen. Die hauptsächlichen Lagerstätten von Metallen wie Blei, Zinn, Molybdän, Kupfer oder Zink finden sich vor allem in geologisch jungen Hochgebirgen, z. B. in den Anden und den Rocky Mountains, die sich entlang von Plattengrenzen (Kap. 1.4) erstrecken.

Das an der Subduktionszone (Kap. 1.4) aufsteigende Magma ist Lieferant der Erze. Darüber hinaus treten viele Erzlagerstätten in Form von hydrothermalen Gängen auf (von griechisch *hýdor* = Wasser und *thermós* = warm), die von heißen Magmaintrusionen gebildet werden. In den Alpen gibt es neben größeren Vorkommen an Eisenerzen u. a. Stein- und Braunkohlelager, Steinsalz sowie einige Erdöl- und Erdgasvorkommen im Vorland. Berühmt ist das Tauerngold, über dessen frühe Gewinnung durch keltische Stämme bereits der griechische Geschichtsschreiber Polybios um 200 v. Chr. berichtete. Die Blütezeit des Gold- und Silberbergbaus in den Hohen Tauern dauerte vom Beginn des 15. Jahrhunderts bis zum Ende des 16. Jahrhunderts. Zeugen dieser Bergbautätigkeit sind zahlreiche *Stollenmundlöcher*, *Bergbauhalden* und *Schlackenablagerungen*. Durch den Abbau von Rohstoffen kann es auch indirekt zu mehr oder weniger großräumigen Veränderungen der Landschaft kommen. Und zwar dann, wenn Bergbautätigkeit zu Einbruchtrichtern an der Erdoberfläche führt oder größere Fels- bzw. Bergstürze auslöst. Beispiele dafür sind der Bergsturz von Elm im Jahre 1881 (s. Kap. 4.2.1) und das Grubenunglück von Lassing in der Steiermark 1998.

Bild 12.7. Stausee (Schlegeisspeicher, Zillertaler Alpen, Österreich)

Im Wasserbau werden im wesentlichen zwei Gruppen von künstlichen Formen unterschieden. Solche, mit denen sich der Mensch gegen das Wasser schützt (Kap. 11.1) und solche, mit denen der Mensch das Wasser bewirtschaftet. Wo er es zur Energiegewinnung nutzt, werden Stauseen mittels Naturdamm oder Betonsperre aufgestaut. Im Gebirge finden sich Stauseen häufig in der Nähe von Gletschern, die im Sommer große Schmelzwassermengen freisetzen. Mit der Anlage von Stauseen läßt sich gewissermaßen die Energie lagern, dies bedeutet, daß die Produktion von elektrischem Strom dem Bedarf angepaßt werden kann. Für die Landschaft bedeutet das Aufstauen eines Sees eine gewaltige, vom Menschen hervorgerufene Veränderung ihres Erscheinungsbildes. Auf dem Foto ist der Schlegeisspeicher am Fuße von Hochfeiler und Schönbichler Horn in den Zillertaler Alpen zu sehen.

Bild 12.8. Druckrohrleitung (Maiskogel, Hohe Tauern, Österreich)

Im Rahmen der Energiegewinnung aus dem Wasser der Bäche und Flüsse werden nicht nur Staumauern, sondern auch zahlreiche unter- und oberirdische Leitungssysteme errichtet. Im Kraftwerk Kaprun, einem Teil der Kraftwerksgruppe Glockner-Kaprun in den Österreichischen Zentralalpen, wird Wasser aus dem Stausee Wasserfallboden sowie Wasser aus dem sogenannten Klammspeicher energiewirtschaftlich genutzt, das über Druckrohrleitungen herangeführt wird. Das Landschaftsbild ist, wie unschwer erkennbar, auf Dauer durch diese künstlichen Formen geprägt.

Bild 12.9. Mühle

Das Wasser der Gebirgsbäche wurde seit altersher vom Menschen als Energiequelle genutzt. So betrieb man schon in früheren Zeiten Sägewerke, Pumpen und Getreidemühlen mittels Wasserrad. Durch die Errichtung einer Mühle wurde auch das Gelände im näheren Umfeld des Bauwerkes sowie die Wasserführung des Baches durch den Menschen verändert.

Bild 12.10. Staumauer

Gewaltige Bogenstaumauern aus fast unzähligen Tonnen an Beton sind die auffälligsten künstlichen Formen in der Landschaft, die im Rahmen der Energiegewinnung aus Wasser errichtet wurden. Durch die Anlage von gewaltigen Staumauern und Stauseen (Bild 12.7.) kann der Mensch auch indirekt landschaftsformend wirken, wenn dadurch lokale Erdbeben ausgelöst werden. Beispiele sind der Hsinfengkiang-Stausee in China und der Koyna-Stausee in Indien. In beiden Fällen versickerte beim Aufstauen Wasser in Gesteinsschichten mit tektonischen Störungen, die unter Spannung standen. Diese Spannung war jedoch noch niedriger als die Reibungskräfte zwischen den Schichten. Durch das Wasser verringerte sich die Reibung und es kam zu heftigen Erschütterungen. Unter Stauseen können auch Beben entstehen, wenn Sickerwasser gefriert und Gesteinsklüfte sprengt (s. Kap. 4.1). Dies war offenbar die Ursache des Bebens am Schweizer Livigno-Stausee, das sich im Jahr 1979 bei Temperaturen unter -10° C ereignete. Es kann auch geschehen, daß große Stauanlagen allein durch ihre Last ein Erdbeben auslösen. Und zwar dann, wenn in vorhandenen Verwerfungen die Spannungen schon so groß sind, daß nur ein winziger Anstoß erforderlich ist.

Bild 12.9. Mühle (Lesachtal, Lienzer Dolomiten/Karnische Alpen, Österreich)

Bild 12.10. Staumauer (Beauregard, Valgrisenche, Italien)

Bild 12.11. Steinbruch (Weißachtal, Kaisergebirge, Österreich)

Bergbau (Tagebau), zu dem man auch im weitesten Sinne materialentnehmende Aktivitäten durch den Menschen in Steinbrüchen zählt, hat auf der Erdoberfläche die einschneidensten künstlichen Veränderungen hervorgerufen. Die Arbeiten, die heutzutage mit modernsten Maschinen erfolgen, hinterlassen regelrecht abgenagte Berge. In Steinbrüchen, wie beispielsweise in dem abgebildeten Steinbruch am Westfuße des Kaisergebirges in Tirol, werden Rohstoffe für die Bauindustrie abgebaut. Zu diesen Rohstoffen gehören u. a. Gesteine wie Sandstein, Granit, Marmor oder Kalkstein, der neben seinem Einsatz als Baumaterial auch zur Zementherstellung und zur Düngung verwendet wird.

12.3
Tourismus und Verkehr

Was hat Tourismus mit künstlichen Landschaftsformen zu tun? - mag man sich vielleicht fragen. Bei näherer Überlegung werden jedoch schnell die Zusammenhänge zwischen einer alpin-touristischen Entwicklung und den daraus resultierenden künstlichen Landschaftsformen klar. Um touristische Infrastrukturen benutzen zu können, muß man sie verständlicherweise zuerst entstehen lassen. Die Entstehungsphase ist gewöhnlich mit mehr oder weniger intensiven Bauarbeiten verbunden, die in der Regel einen Eingriff in den oberflächennahen Untergrund darstellen. Mit schwerem Gerät werden Gruben für die Fundamente von Hotels ausgehoben, Schneisen in Wälder geschlagen, um Seilbahnen bauen zu können, Hänge für den Pistenskilauf planiert, Bahnstollen- und Tunnels durch Bergstöcke getrieben (ein berühmtes Beispiel ist der Stollen der Jungfraubahn, der durch den 3970 m hohen Eiger führt) und vieles mehr. Der Blick auf die Geschichtstabelle der touristischen Erschließung der Alpen macht deutlich, in welch rasantem Tempo die alpine Landschaft durch den Tourismus verändert wurde. Diese massive Veränderung, die im Vergleich zur Zeitspanne vom Ende der letzten Eiszeit vor rund 10.000 Jahren bis zum Ende des 20. Jahrhunderts nur kurze Zeit benötigte, läßt sich in sechs Phasen gliedern:

1. Zwischen 1780 und 1880 sind die Alpen touristisch nur sehr wenig frequentiert. Wenn man überhaupt von touristischer Infrastruktur sprechen kann, so ist diese nur schwach vorhanden und konzentriert sich auf die Renommierorte Chamonix, Grindelwald, Zermatt und St. Moritz.

2. 1880-1914, die Phase der "Belle-Epoque", in der man beginnt, die Alpen erstmals touristisch zu erschließen. Die Gästezahlen sind im Vergleich zum Massentourismus des ausgehenden 20. Jahrhunderts zwar bescheiden, jedoch fällt in diese Zeit der Bau der großen Hotels mit Kapazitäten von 200-300 Betten, die von der bessergestellten zahlungskräftigen Gesellschaft genutzt werden. In diesen Jahren hält die Eisenbahn Einzug in die Alpentäler, ferner werden Schmalspur- und Zahnradbahnen auf Aussichtsgipfel gebaut, von denen einige Höhen um 3000 m erreichen. Den Rekord hält die Jungfrau-Bahn, die Touristen bis auf 3500 m Höhe bringt. In dieser Phase errichten die Alpenvereine die ersten Schutzhütten mit den entsprechenden Aufstiegswegen.

3. Die Zeit zwischen 1914 und 1950 ist von massiven Wirtschaftskrisen und vor allem von zwei Weltkriegen gekennzeichnet, die zum Zusammenbruch des Belle-Epoque-Tourismus führen. Viele der riesigen Hotels müssen schließen, einige werden abgerissen. Allerdings erleben die zwanziger und dreißiger Jahre fundamentale Veränderungen: Von einer größeren Urlauberzahl wird der Wintertourismus entdeckt. Ende der zwanziger Jahre werden die ersten bescheidenen Skiliftanlagen gebaut, und in der Schweiz entstehen, quasi als preisgünstige Alternative zu den mondänen Hotelburgen, die ersten Ferienhäuser.

4. Um 1955 setzt erstmals der Sommer-Massentourismus ein, der weite Alpenräume für hohe Gästezahlen erschließt. Leitstruktur dieser Entwicklung ist das private Gästezimmer, die Pension oder das kleine Hotel. Die Alpen werden ab

1955 zur Hälfte für den Tourismus erschlossen. Damit gehen auch vielfältige Baumaßnahmen einher. Der Tourismus boomt zwischen 1955 und 1975, anschließend stagnieren die Übernachtungszahlen und verlaufen bis zur zweiten Hälfte der achziger Jahre rezessiv.

5. Um 1965 setzt verstärkt der Winter-Massentourismus ein, der bis zum Jahr 1981 stetige Zuwachsraten zu verzeichnen hat. Trotz Stagnation der Übernachtungszahlen wird ab 1981 das touristische Angebot weiter ausgebaut. Überkapazitäten entstehen. Es folgen drei schneearme Winter, 1987-1990, in denen nur die großen und stark ausgebauten Wintersportzentren ein halbwegs zufriedenstellendes Skifahren ermöglichen. Über vielen Gletscherskigebieten kreist bereits der Pleitegeier. Im Laufe dieser Entwicklung setzen sich die größten und poulärsten Wintersportzentren durch und erlangen eine Monopolstellung.

6. Die jüngste Phase alpintouristischer Erschließung zeichnet sich gerade erst ab. Es kann beobachtet werden, daß seit Ende der achziger Jahre Sommer- und Wintertouristen keine signifikant unterschiedlichen Naturwahrnehmungen und Freizeitverhalten mehr aufweisen, so daß der den Tourismus seit Mitte der sechziger Jahre blockierende Gegensatz zwischen Sommer und Winter wegfällt. Dies könnte im Tourismusmanagement erhebliche Impulse für weitere technische Erschließungen bedeuten, die sich jedoch aufgrund sehr hoher Investitionen nur in großen Touristenzentren konzentrieren dürften. Seit Ende der siebziger Jahre trat der Gedanke des Umweltschutzes immer stärker in das Bewußtsein von Politikern und anderen Entscheidungsträgern. Mittlerweile wird dieser auch in der Tourismus-Werbung herausgestellt. Zumindest hat er dort einen hohen verbalen Stellenwert. Allerdings ist aber auch ein konkretes Umdenken zu beobachten: Mancherorts hat man erkannt, daß man den höchst sensiblen Naturraum Alpen nicht endlos erschließen kann, ohne sich um seine ökologische Stabilität zu kümmern. Es bleibt die Frage, ob trotz eines Umdenkens teure und aufwendige ökologische Sanierungs- und Pflegemaßnahmen ausreichend sein werden, um die immer größer werdenden technischen Eingriffe der Zukunft auszugleichen.

Natürlich hat es auch in anderen Hochgebirgen der Erde touristische Erschließungen gegeben, denkt man z. B. an die Skigebiete in den Rocky Mountains, im Himalaya oder in Skandinavien. In keinem anderen Gebirge sind diese jedoch so umfangreich und vehement vorangetrieben worden wie in den Alpen (Bild 12.12.). Fast die gesamte touristische Infrastruktur hat künstliche Landschaftsformen entstehen lassen, sei es durch den Bau von Hotelkomplexen (Bild 12.13.) oder die Anlage von Seilbahnen (Bild 12.15.), Skiliften und Parkplätzen. Zudem wurden und werden auch im Zusammenhang mit dem Sommer- und Wintertourismus quasinatürliche Abtragungsvorgänge landschaftsformend wirksam, denkt man z. B. an die Bodenerosion an Wanderwegen (s. Kap. 4.2.4) oder im Bereich von planierten Skipisten.

In nahezu allen Hochgebirgen hat der Mensch sich seinen Bedürfnissen entsprechend, nützliche Verkehrsinfrastrukturen geschaffen. Durch die Anlage von Pfaden, Wegen, Straßen (Bild 12.14.), Autobahnen, Eisenbahntrassen, Brücken oder Tunnels wurden teils außerordentlich umfangreiche Erdbewegungen erforderlich, so daß wir auch hier von künstlichen Landschaftsformen sprechen. In

Hochgebirgen wie Himalaya, Karakorum und Anden, die verkehrstechnisch längst nicht so erschlossen sind wie die europäischen Alpen, ist die einheimische Bevölkerung auf uralten Pfaden zu Fuß unterwegs, um Handel zu treiben, um auf ihre Felder zu gelangen und um Lasten zu transportieren. Asphaltierte Straßen, Autobahnen oder Eisenbahnen haben viele von diesen Menschen noch nie gesehen. Die uns so vertrauten Wanderwege in den Alpen (Bild 12.16.) als Teil einer verkehrsbedingten Infrastruktur waren und sind zum Teil heute noch in die lokale und regionale bäuerliche Ökonomie eingebunden. Sie wurden zunächst als Wirtschaftswege errichtet und später dann von wandernden Touristen entdeckt. Solche Wege sind für viele Menschen ein Quell der Erholung, denn äußerst harmonisch fügen sie sich ins Landschaftsbild ein und nur die wenigsten empfinden diese Weganlagen als störend.

Der Eisenbahnbau, der Ende des 19. Jahrhunderts erstmals in den Alpen betrieben wurde, hat, gemessen am Ausmaß seiner Bodenbewegungen, eine technische Revolution bedeutet. Gerade im Gebirge wurden durch die Anlage von Bahndämmen und Felstrassen gewaltige Erd- und Felsbewegungen erforderlich, wie man sie bis dahin nicht gekannt hatte. Eng verbunden mit dem Eisenbahnbau im Gebirge (Bild 12.17.) ist der Bau von Tunnels, um die Schienenstränge unter Paßhöhen oder ganzen Bergketten hindurchzuführen. Auch für den Straßenverkehr wurden Tunnels gebaut (Bild 12.18.), die beispielsweise den einstmals über Alpenpässe kriechenden Transitverkehr schneller bewerkstelligen konnten. Die Alpen sind inzwischen mit mehr als 720 km Tunnellänge das tunnelreichste Gebirge der Erde.

Bild 12.12. Wintersport und Landschaft (Schaufelferner, Stubaier Alpen, Österreich)

In keinem anderen Gebirge der Erde wurden die touristischen Erschließungen für den Wintersport so umfangreich und vehement vorangetrieben wie in den Alpen. Selbst die Gletscherregionen wurden davon nicht verschont. Neben der künstlichen Veränderung der Gletscheroberfläche durch Pistenplanierung und den Einsatz von Auftaumitteln wurden selbst in Höhen von über 3000 m futuristisch anmutende Gebäude als anthropogene Landschaftsformen errichtet.

Bild 12.13. Hotelkomplex

Fast die gesamte touristische Infrastruktur der Alpen hat künstliche Landschaftsformen entstehen lassen, sei es durch den Bau von Hotelkomplexen oder die Anlage von Seilbahnen, Skiliften, Wanderwegen, Straßen und Parkplätzen. Die Aufnahme zeigt Hotelbauten im italienischen Ort Breuil-Cervinia im Valtournenche vor der wolkenverhangenen Südseite des berühmten Matterhorns.

Bild 12.14. Straße

Die Anlage von Straßen, die in Serpentinen selbst steilste natürliche Hindernisse im Hochgebirge überwinden, erfordert zu ihrer Anlage umfangreiche Erd- und Felsbewegungen. Somit können diese Verkehrswege sowohl durch die reliefverändernden Baumaßnahmen als auch durch ihre Anwesenheit selbst als künstliche, vom Menschen geschaffene Landschaftsformen bezeichnet werden. Die Aufnahme zeigt den Blick auf eine der spektakulären Serpentinen des Trollstigveien in Norwegen (rechte Bildhälfte).

Bild 12.13. Hotelkomplex (Breuil-Cervinia, Walliser Alpen, Italien)

Bild 12.14. Straße (Trollstigveien, Møre og Romsdal, Norwegen)

Bild 12.15. Seilbahn

Seilbahnen gehören zur touristischen Infrastruktur im Gebirge. In den Alpen lassen sich mit Hilfe dieses Beförderungsmittels jährlich unzählige Touristen auf Berge hinaufbringen. Es gibt dort 12.000 Seilbahnen. Häufig sind forstliche Eingriffe - beispielsweise das Schlagen von Schneisen - notwendig, um die Voraussetzung für den Bau einer Seilbahn zu schaffen, wie die Aufnahme deutlich zeigt. Da die Tragseile von Hänge- bzw. Schwebeseilbahnen an Hänge- bzw. Luftschienen entlanglaufen und diese an manchmal gewaltigen Masten verankert sind, müssen für die Errichtung dieser Masten stabile Fundamente gebaut werden. Dies stellt einen menschlichen Eingriff in die natürliche Beschaffenheit des Bodens dar.

Bild 12.16. Wanderweg

Straßen und Wege der Menschen und deren Verkehrsmittel, wie z. B. Reittiere, Tragtiere, Schlitten oder Räderfahrzeuge, sind bereits seit dem Altertum als geomorphologische Zeugnisse erhalten. Sie sind teils als Trittspuren, teils in den anstehenden Fels gehauen, gekerbt oder teils durch Schotterung oder Pflasterung erkennbar. Die von Bergtouristen so gerne benutzten Wanderwege sind Teil einer verkehrsbedingten Infrastruktur und als solche in die lokale und regionale bäuerliche Ökonomie eingebunden. In ihrem Ursprung eigentlich schmaler angelegt, stellten sie für Bergbauern oftmals die einzige Verbindung nach draußen dar. Der in der Aufnahme erkennbare Wanderweg führt zum 2071 m hohen Eishof im Pfossental, dem höchst gelegenen und bis vor kurzem noch ganzjährig bewohnten Berghof der Ostalpen.

Bild 12.15. Seilbahn (Wallbergbahn, Rottach-Egern, Oberbayern)

Bild 12.16. Wanderweg (Wander-und Wirtschaftsweg, Pfossental, Südtirol/Italien)

Bild 12.17. Schienenverkehr

Ende des 19. Jahrhunderts wurde erstmals in den Alpen der Eisenbahnbau betrieben, der, gemessen am Ausmaß seiner Bodenbewegungen, eine technische Revolution bedeutet hat. Mehr als anderswo wurden im Gebirge durch die Anlage von Bahndämmen und Bahneinschnitten Erdbewegungen erforderlich, wie man sie bis dahin nicht gekannt hatte. Zunächst versuchte man, die Strecken in gebirgigen Regionen so zu führen, daß sich Einschnitte und Dammschüttungen im Materialvolumen kompensierten. Erst später war es möglich, mit dem Bahnbau ins Hochgebirge vorzustoßen, indem man mittels Tunnelbau die Eisenbahntrassen unter Paßhöhen oder durch ganze Bergketten durchführte. Europas erste Bergbahn war die im Mai 1878 eröffnete Vitznau-Rigi-Bahn (Zahnradbahn) in der Schweiz. Die vielleicht populärste Eisenbahnverbindung Südamerikas - das ist ein Güterzug mit einem noch zusätzlichen Waggon für 80 Personen - verbindet Argentinien mit Chile und fährt über die Anden. Die Touristenvariante dieses Zuges ist als "Tren al las Nubes" (Zug in die Wolken) bekannt, der im argentinischen Salta (1187 m) startet, in den Anden mit 4475 m den höchsten Punkt der Reise erreicht und von dort zum Ausgangspunkt zurückfährt. Etwas Besonderes kann man im Tiroler Stubaital erleben. Dort fährt, wie die Aufnahme zeigt, seit August 1904 von der Ortschaft Fulpmes in 937 m Höhe eine Straßenbahn entlang der alten Brennerstraße zum Hauptbahnhof nach Innsbruck. Fahrgäste erleben auf der etwa 45 Minuten dauernden Fahrt eine beeindruckende Hochgebirgslandschaft mit grandiosen Ausblicken auf die Stubaier Alpen, das Karwendel Gebirge und die Tuxer Alpen.

Bild 12.18. Straßentunnel

Tunnel sind künstlich angelegte unterirdische Bauwerke, die im Verlauf von Verkehrswegen (Straße, Schiene, etc.) durch Bergmassive, unter Flußläufen, Meerengen oder städtischen Bebauungen hindurchführen. Tunnelbauten - wenn auch etwas anderer Art - sind schon aus dem Altertum (Mesopotamien, Babylonien, Griechenland, Römisches Reich) bekannt, als sie im Zusammenhang mit dem Bau antiker Wasserversorgungsanlagen ausgeführt wurden. Die Entstehung von Tunnelanlagen im Gebirge ist eng mit dem Straßen- und Eisenbahnbau verbunden (s. oberes Bild). Straßentunnels im Hochgebirge erleichtern Verkehrsteilnehmern das Vorwärtskommen ganz beträchtlich, denkt man nur einmal an die im Winter geschlossenen hohen Alpenübergänge. Welche gewaltigen Umwege müßten Autofahrer in Kauf nehmen, könnten sie winters nicht durch den St.-Gotthard-Tunnel fahren, der die Schweizer Kantone Uri und Tessin verbindet. Gleiches gilt beispielsweise auch für den Arlbergtunnel, der Tirol mit Vorarlberg verbindet, den Felbertauerntunnel, die Verbindung zwischen Nordtirol und Osttirol oder den Tunnel des Großen-St.-Bernhard, der die Schweiz mit Italien verbindet. Kein anderes Hochgebirge der Erde ist von so vielen Tunnels durchzogen wie die Alpen. Es existieren mehr als 720 km Tunnellänge. Hinzu kommen nach Angaben der CIPRA (Commission Internationale pour la Protection des Alpes) 106.000 km Haupt- und Nebenstraßen. Um den Einfluß des Menschen auf die Hochgebirgslandschaft der Alpen durch den Verkehr zu verdeutlichen, noch einige Zahlen: 300.000 km Wirtschaftswege, 8000 km Schienen und 300 Flugplätze. Im Bild ist der 311 m lange und 2505 m hochgelegende Hochtortunnel der Großglockner-Hochalpenstraße zu sehen, in dessen Mitte die Bundesländergrenze Salzburg/Kärnten verläuft.

Bild 12.17. Schienenverkehr (Stubaitalbahn, Stubaier Alpen, Österreich)

Bild 12.18. Straßentunnel (Hochtortunnel, Glocknergruppe,Österreich)

12.4

Städte und Siedlungen

Bereits der primitive Mensch der Vorzeit begann Wohngruben, Wohnhöhlen und Höhlenwohnungen in leicht zu bearbeitenden Gesteinen anzulegen, deren Alter oftmals dadurch bekundet ist, daß sie sich heute unter Waldbedeckung befinden oder von jüngeren geomorphologischen Prozessen zerstört wurden. Menschliche Siedlungen aus prähistorischer Zeit hatten für die Gestaltung des Reliefs deutliche Konsequenzen. Nach Auffassung einiger Geomorphologen jedoch können menschliche Bauwerke nicht Gegenstand geomorphologischer Betrachtung sein. Alleine die Tatsache aber, daß Material dem Relief entnommen und an andere Stellen verbracht wird, und daß sich in den nachfolgenden Bauphasen die entstehenden Bauwerke quasi mit dem Relief verschmelzen, sollte eine weniger fundamentalistische Betrachtungsweise ermöglichen. Wir können uns der Meinung nicht anschließen, daß ein menschliches Bauwerk, wie beispielsweise ein Haus, vielleicht erst dann als anthropogene Landschaftsform bezeichnet wird, wenn, von Menschen schon längst verlassen, dieses Gebäude in vielleicht tausenden von Jahren ruinengleich und von der Natur stark verändert, als Haus nicht mehr erkennbar ist, sondern nur mehr als kleiner Wall oder Hügel wahrgenommen wird, unter dem man eine menschliche Siedlung aus längst vergangener Zeit vermutet. Wäre es anders, so könnte man die Bauten vieler Tiere - auch der heutige Mensch gehört biologisch zum Tierreich (Gattung *Homo*, Art *sapiens*, Unterart *sapiens sapiens*) - nicht als Landschaftsformen bezeichnen. Denken wir in diesem Zusammenhang beispielsweise an Termitenbauten, die eine spezifische Kleinform vieler tropischer Gebiete sind, oder an Maulwurfhügel, Murmeltierbauten, Mäusegänge und Korallenriffe. Daher definieren wir auch die Bauwerke menschlicher Siedlungen als Landschaftsformen oder als künstlich entstandene Landschaftsformen.

Unter einer Stadt versteht man eine Siedlung mit meist nichtlandwirtschaftlicher Funktion, die durch eine gewisse Größe, Geschlossenheit der Ortsform, eine hohe Bebauungsdichte und durch zentrale Funktionen in Handel, Verwaltung und Kultur gekennzeichnet ist. Speziell im Hochgebirge jedoch, in denen Städte sehr häufig von landwirtschaftlichen Nutzflächen umgeben sind (Bild 12.20.), kommt einer Stadt - sofern es in ihr landwirtschaftliche Betriebe gibt - zuweilen auch eine gewisse agrarökonomische Bedeutung zu. Auch kleinere Siedlungen wie Dörfer sind durch typische Funktionsmerkmale gekennzeichnet, die sich allerdings, je nach kulturellem Erbe, nach ethnischen und sozialen Aspekten voneinander unterscheiden können. Die Geschlossenheit der Ortsform (Bild 12.19.) ist oftmals ein wesentliches Merkmal der romanischen Dorfanlagen, die wir häufig auf der Alpensüdseite finden. Auf ähnliche Formen trifft man auch in anderen Hochgebirgen der Erde, wie z. B. im Karakorum, in den Anden oder im Himalaya (Bild 12.21.). Als Streusiedlungen werden ursprüngliche Konzentrationen von Einzelhöfen oder lockere Gruppensiedlungen bezeichnet, auf die man häufig im germanischen Sprachraum der Alpen antrifft.

In vielen Ländern der Erde gibt es Gebirgsstädte mit einer Bevölkerungsdichte von mehr als hunderttausend Menschen, wenngleich auch die Siedlungsform der Kleinstadt im Gebirge verbreiteter ist. Gewaltigen Schmelztiegeln gleich sind Großstädte eingebettet in Tälern oder Bergkesseln, wie beispielsweise Boliviens Hauptstadt La Paz, zwischen 3500 m und 4000 m Höhe gelegen und von 950.000 Menschen bewohnt. Selten finden sich in strukturschwachen Hochgebirgsregionen großstädtische Siedlungsanlagen, hier ist eher die dörfliche Siedlungsform anzutreffen. Aber, gleich ob man von Großstadt oder Dorf spricht, man muß die Bauwerke dieser Menschen - in diesem Fall sprechen wir von den Behausungen - als anthropogene Landschaftsform ansehen.

Bild 12.19. Geschlossene Ortsform (Saas Grund, Walliser Alpen, Schweiz)

Die Aufnahme zeigt die geschlossene Ortsform des alten Ortskerns von Saas Grund in den Walliser Alpen in der Bildmitte. Um diesen alten Ortskern herum sind zahlreiche neue Hotels und Pensionen errichtet worden.

Bild 12.20. Stadt im Gebirge

Menschen aus prähistorischer Zeit hatten ihre Behausungen in Wohngruben, Wohnhöhlen und Höhlenwohnungen in relativ leicht zu bearbeitendem Gestein angelegt. Im Laufe von vielen tausend Jahren hat sich diese Siedlungsform grundlegend geändert. Wohl nur die allerwenigsten würden freiwillig eine Wohngrube beziehen. Der Großteil der Menschheit lebt heute in städtischen oder dörflichen Siedlungen, die wir als anthropogene Landschaftsformen bezeichnen müssen. Allerdings finden sich in ökonomisch schwachstrukturierten Gebirgsregionen nur selten Großstädte, man trifft eher auf kleinstädtische und dörfliche Siedlungsformen. Die Aufnahme zeigt die Gemeinde Toblach, im Schnittpunkt zwischen Höhlenstein- und Pustertal, am Rande der Sextener Dolomiten gelegen. Obwohl nicht viel mehr als 3200 Menschen dort leben (Stand Dezember 1998: 3259), verfügt Toblach über einen ausgesprochenen Kleinstadtcharakter.

Bild 12.21. Dörfliche Siedlung

Ein Dorf ist eine ständig bewohnte, in der Regel geschlossene Siedlung der Landbevölkerung mit dazugehörigen Nutzflächen, einer besonderen Sozialstruktur sowie einer eigenen Verwaltung. Im Gegensatz zu flacheren Regionen sind die zu bebauenden Hänge etlicher Hochgebirgsgegenden so steil, daß erst Bodenabtrag notwendig ist, um mit dem Hausbau beginnen zu können. Namche Bazar, die 3500 m hoch gelegene berühmte Sherpa-Siedlung im Khumbu Himal, ist ein solches Beispiel. Die Ortschaft ist in eine Karform (Kap. 9.1) hineingebaut, deren steiles Relief erst durch künstliche Terrassierung für die Bebauung vorbereitet werden mußte. Selbstverständlich war dies ein Prozeß von vielen Jahrzehnten, der noch immer nicht abgeschlossen ist.

Bild 12.20. Stadt im Gebirge (Toblach, Pustertal, Südtirol/Italien)

Bild 12.21. Dörfliche Siedlung (Namche Bazar, Khumbu Himal, Nepal)

Literatur

Abele G (1974) Bergstürze in den Alpen - ihre Verbreitung, Morphologie und Folgeerscheinungen. Wissenschaftliche Alpenvereinshefte 25

Ahnert F (1996) Einführung in die Geomorphologie. Eugen Ulmer, Stuttgart

Amman W, Buser O, Vollenwyder U (1997) Lawinen. Birkhäuser, Basel Boston Berlin

Bätzing W (1991) Die Alpen. Entstehung und Gefährdung einer europäischen Kulturlandschaft. C.H. Beck, München

Bätzing W (1997) Kleines Alpenlexikon. Umwelt - Wirtschaft - Kultur. C.H. Beck, München

Bauer J (1983) Geologisch-botanische Wanderungen im Allgäu. Verlag für Heimatpflege, Kempten

Beinsteiner H (1981) Waldbauliche Beurteilung der Waldabbrüche im Osttiroler Katastrophengebiet. Dissertation, Universität für Bodenkultur Wien

Birkenhauer J (1980) Die Alpen. Schöningh, Paderborn München Wien Zürich

Blechschmidt G (1990) Die Blaikenbildung im Karwendel. Jahrbuch des Vereins zum Schutz der Bergwelt 55: 31-45

Blechschmidt G (1996) Blaikenbildung in den nördlichen Kalkalpen. Ein Aspekt quasinatürlicher Reliefformung im Hochgebirge. Am Beispiel des Karwendels und der Miesbacher Alpenregion. Geoökodynamik 3/4: 271-295

Bloom AL (1976) Die Oberfläche der Erde. Enke, Stuttgart

Bögli A (1978) Karsthydrographie und physische Speläologie. Springer, Berlin Heidelberg

Bunza G (1982) Systematik und Analyse alpiner Massenbewegungen. In: Schriftenreihe des Bayerischen Landesamtes für Wasserwirtschaft 17: 1-84

Catt JA (1992) Angewandte Quartärgeologie. Enke, Stuttgart

Cernusca A (1984) Ökologische Auswirkungen des Baues und Betriebs von Skipisten. Interpraevent 3: 57-77

Damm B (1993) Weidewirtschaft, Faktoren und Ausmaß von Degradationserscheinungen in Hochweidegebieten Osttibets (Sichuan/Qinghai). Geoökodynamik 3: 117-139

Decker R, Decker B (1997) Die Urgewalt der Vulkane. Seehamer, Weyarn

Dongus H (1980) Die geomorphologischen Grundstrukturen der Erde. Teubner, Stuttgart

Dongus H (1984) Grundformen des Reliefs der Alpen. Geographische Rundschau 8: 388-394

Engelhardt H (1987) Wenn Gletscher plötzlich schnell werden. Geowissenschaften in unserer Zeit 6: 212-220

Fraedrich W (1996) Spuren der Eiszeit. Landschaftsformen in Europa. Springer, Berlin Heidelberg

Ganss O, Grünfelder S (1974) Geologie der Berchtesgadener und Reichenhaller Alpen. Plenk, Berchtesgaden

Gwinner MP (1971) Geologie der Alpen. Schweizerbart, Stuttgart

Hagedorn H (1971) Untersuchungen über Relieftypen arider Räume an Beispielen aus dem Tibesti-Gebirge und seiner Umgebung. Zeitschrift für Geomorphologie, Suppl. Bd. 11: 1-251

Hantke R (1992) Eiszeitalter - Die jüngste Erdgeschichte der Alpen und ihrer Nachbargebiete. ecomed Fachverlag, Landsberg/Lech

Herrman R. (1977) Einführung in die Hydrologie. Teubner, Stuttgart

Hlauschek H (1983) Der Bau der Alpen und seine Probleme. Enke, Stuttgart

Höhne E (1977) Mensch und Alpen. Athesia, Bozen

Karl J, Mangelsdorf J (1982) Die Wildbachtypen der Ostalpen. In: Schriftenreihe des Bayerischen Landesamtes für Wasserwirtschaft 17: 85-102

Koenig MA (1984) Geologische Katastrophen und ihre Auswirkungen auf die Umwelt. Vulkane Erdbeben Bergstürze. Ott, Thun

Krainer K (1994) Die Geologie der Hohen Tauern. Wissenschaftliche Schriften Nationalpark Hohe Tauern, Carinthia, Klagenfurt

Kuhle M (1991) Glazialgeomorphologie. Wissenschaftliche Buchgesellschaft, Darmstadt

Laatsch W, Grottenthaler W (1972) Typen der Massenverlagerung in den Alpen und ihre Klassifikation. Forstwissenschaftliches Centralblatt 6: 309-339

Labhart TP (1979) Geologie. Einführung in die Erdwissenschaften. Hallwag, Bern

Labhart TP (1998) Geologie der Schweiz. Ott, Thun

Lamping H, Lamping G (1995) Naturkatastrophen. Spielt die Natur verrückt? Springer, Berlin Heidelberg

Langenscheidt E (1986) Höhlen und ihre Sedimente in den Berchtesgadener Alpen. Nationalpark Berchtesgaden, Forschungsbericht 10

Langenscheidt E (1994) Geologie der Berchtesgadener Berge. Melcher, Berchtesgaden

Lukschanderl L (1983) Rettet die Alpen. Europas Dachgarten in Bedrängnis. Orac, Wien

Leser H (1993) Geomorphologie. Westermann, Braunschweig

Machatschek F (1973) Geomorphologie. Teubner, Stuttgart

Marcinek J (1984) Gletscher der Erde. Deutsch, Frankfurt/Main

Messner R (1997) Berg Heil. Heile Berge? Rettet die Alpen. BLV, München Wien Zürich

Mayer H, Pitterle A (1988) Osttiroler Gebirgswaldbau. Waldbauliche Schlußfolgerungen aus den Hochwasserkatastrophen 1965 und 1966. Österreichischer Agrarverlag, Wien

Möbus G (1997) Geologie der Alpen. Sven von Loga, Köln

Press F, Siever R (1995) Allgemeine Geologie. Spektrum Akademischer Verlag, Heidelberg Berlin Oxford

Rast H (1987) Vulkane und Vulkanismus. Enke, Stuttgart

Rathjens C (1979) Die Formung der Erdoberfläche unter dem Einfluß des Menschen. Teubner, Stuttgart

Rathjens C (1982) Geographie des Hochgebirges 1 Der Naturraum. Teubner, Stuttgart

Reisigl H, Keller R (1987) Alpenpflanzen im Lebensraum. Alpine Rasen Schutt- und Felsvegetation. Vegetationsökologische Informationen für Studien, Exkursionen und Wanderungen. Gustav Fischer, Stuttgart New York

Semmel A (1984) Geomorphologie der Bundesrepublik Deutschland. Geographische Zeitschrift, Beihefte, Franz Steiner, Stuttgart Wiesbaden

Slupetzky H (1986) Gletscherweg Obersulzbachtal. In: Österreichischer Alpenverein (Hrsg) Naturkundlicher Führer zum Nationalpark Hohe Tauern Bd. 4

Stahr A (1991) Bodenphysikalische Ursachen von Waldabbrüchen im zentralalpinen Raum. Allgemeine Forst und Jagdzeitung 8: 150-154

Stahr A (1996) Zur Genese und Dynamik von Blattanbrüchen auf Almen in den nördlichen Kalkalpen. Geoökodynamik 3/4: 217-248

Stahr A (1997) Bodenkundliche Aspekte der Blaikenbildung auf Almen. Nationalpark Berchtesgaden, Forschungsbericht 39

Stahr A, Kolloff H (1991) Der Waldabbruch bei Vögelsberg - Ein Beitrag zum Thema Wegebau und Hangrutschungen. Österreichische Forstzeitung 102: 40-41

Stahr A, Dommermuth C (1993) Erosion im Hochgebirge und der strukturelle Wandel in der Almwirtschaft. Spektrum der Wissenschaft 5: 16-18

Tollmann A (1976) Der Bau der Nördlichen Kalkalpen. Deuticke, Wien

Tollmann A (1977) Geologie von Österreich. Deuticke, Wien

Veit H (1988) Fluviale und solifluidale Morphodynamik des Spät- und Postglazials in einem zentralalpinen Flußeinzugsgebiet (südliche Hohe Tauern, Osttirol). Bayreuther Geowissenschaftliche Arbeiten 13

Weischet W (1988) Einführung in die Allgemeine Klimatologie. Teubner, Stuttgart

Wilhelm F (1975) Schnee- und Gletscherkunde. Walter de Gruyter, Berlin New York

Zeil W (1986) Südamerika (Geologie der Erde). Enke, Stuttgart

Glossar

Aggregat von lateinisch *aggregare* = beigesellen, sich anschließen. Aus zusammenhaftenden mineralischen Einzelkörnern bestehendes Bodenteilchen. Oft werden die Einzelkörner von Humus, Ausscheidungen von Tieren (z. B. von Regenwürmern) oder von mineralischen Substanzen miteinander zu einem Aggregat verklebt. Krümelige Aggregate im Oberboden führen zu einem optimalen, porenreichen Bodengefüge.

Albedo von lateinisch *albidus* = weißlich. Der von einem Körper oder der Erdoberfläche reflektierte Anteil des Lichtes. Wichtigstes Maß der Reflexion des Sonnenlichtes.

Aluminium chemisches Element mit der Abkürzung Al. Dritthäufigstes Verbindungselement der Erdkruste.

Amphibole von griechisch *amphíbolos* = zweideutig. Gesteinsbildende Gruppe von Mineralen. Kompliziert zusammengesetzte Kettensilikate von grüner bis grünschwarzer Farbe (z. B. Hornblende).

Andesit helles Ergußgestein, dessen glasige Grundmasse mit Einsprenglingen der Minerale Plagioklas, Biotit, Amphibol und Augit durchsetzt ist. Der Name des Gesteins stammt vom Gebirge Anden.

andesitisch Zusammensetzung von Lava, die dem Andesit entspricht.

Augit von griechisch *augé* = Glanz. Häufiges Mineral von Ergußgesteinen wie Basalt oder Andesit. Eisen, Magnesium und Calcium enthaltend. Schwarz, grünlich oder bräunlich.

Bankung Gliederung eines verfestigten Sedimentes (z. B. Kalk) durch deutliche Fugen infolge von Sedimentationsänderungen oder durch Entspannung bei der Verwitterung. Bei Erstarrungsgesteinen tritt Bankung als Folge der Abkühlung auf.

Basalt dunkles Lavagestein aus den Mineralen Plagioklas, Olivin und Augit, häufig in sechseckigen Säulen ausgebildet.

Bims vulkanisches Lockerprodukt aus gasreichen Magmafetzen, die bei explosiven Ausbrüchen aus dem Vulkanschlot geschleudert werden. Sie erstarren in der Luft zu aufgeblähtem, porösen Gestein, das extrem leicht und schwimmfähig ist.

Biotit nach dem französischen Physiker Jean Baptiste Biot (1774-1862). Dunkler Glimmer, auch Eisenglimmer genannt. Ein weit verbreitetes Mineral. Als Gemengeteil z. B. in vulkanischen Gesteinen.

Boden im oberflächennahen Untergrund entstandene, äußerst komplex aufgebaute, mit Luft, Wasser und Lebewesen durchsetzte Verwitterungsschicht aus mineralischen und organischen Substanzen. Struktur, Bodenart, Luft- und Wasserhaushalt variieren je nach den Bildungsbedingungen (Geologie, Relief, Klima, Fauna, Flora).

Bodenbildung beruht auf Verwitterungsprozesen von Fest- und Lockergesteinen unter Mitwirkung von Tieren und Pflanzen (= Pedogenese).

Bodentyp bezeichnet den heutigen Zustand, den ein Boden unter dem Einwirken der bodenbildenden Faktoren erreicht hat. Kennzeichnend für jeden Bodentyp ist eine ganz bestimmte Abfolge von unterschiedlich ausgeprägten Bodenhorizonten. Zwischen den unterschiedlichen Bodentypen gibt es zahlreiche fließende Übergänge. Der Name des Bodentyps gibt dem Bodenkundler zugleich Auskunft über die wesentlichen Eigenschaften des Standortes (z. B. Felshumusboden, Braunauenboden).

Diagenese von griechisch *dia* = hindurch und *génesis* = Entstehen. Sammelbegriff für alle chemischen und physikalischen Vorgänge, die ein abgelagertes Sediment (Sand, Ton etc.) bis zum festen Gestein durchläuft.

Doline von slowenisch *Dolina* = Tal. Kleinere Hohlform in Karstgebieten, die häufig durch Einsturz entsteht (Karsttrichter, Einsturztrichter).

Dolomit Mineral- und Gesteinsbezeichnung für ein Calcium-Magnesium-Karbonat. Der Name geht auf den Malteserritter, Mineralogen und Geologen Déodat Guy Sylvian Tancred Grated de Dolomieu zurück, der 1789 auf die weite Verbreitung eines ”mit verdünnter Salzsäure wenig brausenden Gesteins in Südtirol” hinwies. Gleichzeitig Name der Gebirgsgruppe in den Südalpen.

Einzelkornstruktur liegt vor, wenn die Struktur oder das Gefüge des Bodens nicht von Aggregaten gebildet wird, sondern seine Bestandteile (z. B. Sandkörner) einzeln nebeneinander vorliegen.

Eiszeiten Zeiten im Verlauf der Erdgeschichte, in denen größere Bereiche der Kontinente von Eis bedeckt sind. Die letzten Eiszeiten im Zeitalter des Pleistozän begannen vor rund 2 Mill. Jahren und endeten vor etwa 10.000 Jahren.

Fazies von lateinisch *facies* = Form, äußere Erscheinung, Gesicht. Begriff, der sämtliche Merkmale eines Gesteins wie Chemismus, Fossilinhalt und Mineralausprägung umfaßt.

Feldspäte Gruppe der Gerüstsilikate, die in Kalifeldspäte, Kalk-Natronfeldspäte und Plagioklase unterteilt werden. Neben Quarz und Glimmer Bestandteil des Granits.

Gips wasserhaltiges Calciumsulfat von weißer bis gelblichroter Farbe. Vorkommen häufig gemeinsam mit Steinsalz im Salzgebirge.

glazial von lateinisch *glacies* = Eis, eiszeitlich. Das Wort bezeichnet alle Formen und Ablagerungen, die durch die Einwirkung des Gletschereises entstanden sind.

Glimmer Minerale aus der Abteilung der Schichtsilikate. Blättrige Form aus dünnen Schichten mit großer Biegsamkeit. Der helle, an zähen Kunststoff erinnernde Glimmmer wird als Muskovit bezeichnet, der dunkle, eisenreichere als Biotit. Heller Glimmer ist z. B. Bestandteil des Granits neben Quarz und Feldspat.

Glimmerschiefer metamorphes Gestein mit ausgeprägter Schieferung. Hauptbestandteile sind Glimmer und Quarz.

Gneis sächsischer Bergmannsausdruck. Metamorphes Gestein zumeist aus Feldspat, Quarz und Glimmer. Beispielweise durch die Umwandlung von Granit bei hohem Druck entstanden. Oft schiefriges oder lagiges Gefüge.

Granit von lateinisch *granum* = Korn. Richtungslos körniges Tiefengestein (Plutonit) mit weltweiter Verbreitung. Bestehend aus Quarz, Feldspat und Glimmer.

Grassode kleineres zusammenhängendes Stück der Grasnarbe samt stark durchwurzeltem Boden.

Hämatit von griechisch *haimatóeis* = blutig. Eisenerzmineral (Fe_2O_3), das z. B. vielen Böden der wärmeren Klimate eine typische Rotfärbung verleiht.

hangend bergmännischer Begriff für überlagernd.

Humus von lateinisch *humus* = Erdboden. Die Gesamtheit der abgestorbenen organischen Bodensubstanz.

Inselberg Berg oder Berggruppe, die sich inselartig und unvermittelt aus der Umgebung erhebt. Häufig Härtlinge.

Juvavikum oberste großtektonische Einheit in den nördlichen Kalkalpen.

Kalkglimmerschiefer Glimmerschiefer mit Kalkanteil. Leicht verwitterbar.

Kalkstein Sedimentgestein aus Calciumkarbonat. Hauptsächlich biogene Entstehung durch kalkabscheidende Lebewesen. Sonst durch chemische Fällung aus wässriger Lösung.

Kieselkalk Kieselsäure enthaltender Kalkstein.

Kieselsäure Verbindungen von Silicium mit Wasserstoff und Sauerstoff. Frei auftretend als Siliciumdioxid in den kristallinen Mineralen Quarz oder Christobalit und amorph als Feuerstein oder Opal. Auch Bestandteil von Lebewesen wie z. B. von Diatomeen (Kieselalgen).

Kontinentalhang Abfall der Kontinentalplattform (Schelf). Auch als Kontinentalabhang, Kontinentalböschung oder Kontinentalrand bezeichnet.

Kreidezeit Formation des Erdmittelalters 130 Mill. bis 70 Mill. vor heute.

Magmatit von griechisch *mágma* = geknetete Masse. Erstarrungsgestein aus der Gesteinsschmelze (z. B. Basalt).

Magnesium Element mit der Abkürzung Mg. Häufig in Mineralien und Gesteinen vorkommendes Erdalkalimetall.

Marmor von griechisch *mármaros* = schimmernder Felsblock. Grob- bis feinkörniger, durch Metamorphose umkristallisierter Kalkstein. Nebengemengteile wie Granat oder Graphit verursachen häufig Verfärbungen.

Mergel Sedimentgestein mit einem bestimmten Mischungsverhältnis von Kalk und Ton.

Molasse Nach der Gebirgsbildung entstandener Abtragungsschutt aus unterschiedlichem Gesteinsmaterial. Der Begriff wird auch für das Gebiet verwendet, in dem dieser Schutt abgelagert wurde. Molasse stammt aus der Schweizer Umgangssprache und wird von dem Wort Mahlstein abgeleitet (lateinisch *mola* = Mühlstein).

Oligozän von griechisch *olígos* = wenig und *kainós* = neu. Zeitalter des Tertiär. Oberste Abteilung des Alttertiärs, die von ca. 40 Mill. bis 25 Mill. Jahre vor heute dauerte.

Olivin von lateinisch *oliva* = Olive. Mineral von grünlicher Färbung. Z. B. Gemengteil von Basalt.

Orthoklas von griechisch *orthós* = gerade und *klásis* = zerbrechen. Kalifeldspat. Häufiges Mineral der Erdkruste. Gemengteil fast aller magmatischer Gesteine (z. B. Granit) und in vielen metamorphen Gesteinen (z. B. Gneise).

Oxide Verbindungen von Sauerstoff mit einem Element wie Eisen oder Silicium (Quarz).

Paralleltextur parallel geschichtetes Gefüge im Gestein (Schieferung).

Plagioklas von griechisch *plágios* = seitlich und *klásis* = zerbrechen. Feldspatgruppe.

Pliozän von griechisch *pléon* = mehr und *kainós* = neu. Zeitalter des Tertiär. Ca. 5,1 bis 2,5 Mill. Jahre vor heute.

plutonisch nach dem griechischen Gott der Unterwelt. Bezeichnung für einen Gesteinskörper von mehreren zehn bis einigen hundert Kilometern Durchmesser, der als Magma in die Erdkruste aufgedrungen ist und dort ohne auszufließen auskristallisierte. Die Gesteine eines Plutons heißen Plutonite (z. B. Granit).

polygonal von griechisch *polýs* = viel und *gonía* = Ecke. Vieleckig.

Prasinit von neugriechisch *prasino* = grün. Metamorpher Ozeanbodenbasalt.

Pyrit von griechisch *pyr* = Feuer. Mineral aus einer Verbindung von Schwefel und Eisen, auch Schwefelkies oder Katzengold genannt.

Quarz bergmännischer Ausdruck aus dem Mittelalter. Mineral. Verbindung von Sauerstoff und Silicium (Oxid). Das am weitesten Verbreitete Mineral. Vorkommen z. B. als klares Bergkristall oder in verschiedenen Farben durch Verunreinigungen (z. B. Citrin, Rosenquarz, Amethyst).

Quarzphyllit von griechisch phýllon = Blatt. Metamorphes Schiefergestein.

Radiolarit kieseliges Sedimentgestein, reich an Radiolarien = Strahlentierchen, im Wasser frei schwebende Einzeller mit einem Gehäuse aus Kieselsäure.

Rasensoden kleineres zusammenhängendes Stück der Grasnarbe samt stark durchwurzeltem Boden.

Rhyolith von griechisch *rhéo* = fließen und *líthos* = Stein. Vulkanisches Gestein mit Quarz und Feldspat als Einsprenglinge. Saures Ergußgestein der Granitfamilie.

Riftvalley nach dem ostafrikanischen Rift Valley, einem Grabenbruch mit einhergehendem Vulkanismus benannt. Riftvalleys markieren beginnende plattentektonische Prozesse, d. h. das Auseinanderbrechen von Kontinenten.

Rumpfgebirge aus dem Unterbau, dem weitgehend abgetragenen Rumpf, eines alten Gebirges durch Hebung neu entstandenes Gebirge.

Sandstein feinkörniges verfestigtes Sedimentgestein. Überwiegend aus Quarz. Die einzelnen Körnchen sind mit kieseligen, kalkigen oder z. B. tonigen Bindemitteln verkittet.

Schelf der den Kontinentalsockel umgebende Meeresbereich mit 0-200 m Wassertiefe.

Scherung Vorgang der Deformation im Fest- oder Lockergestein bis hin zum Bruch durch ansteigende Scherspannung entlang einer Fläche im Material selbst oder entlang der Grenze zwischen zwei unterschiedlichen Materialien (Scherflächen). Den inneren Widerstand des Materials gegen Verschiebung oder Scherung nennt man Scherfestigkeit.

Schieferhülle geologische Baueinheit in den Hohen Tauern. Teil des Tauernfensters.

Schwenden Wichtige Pflegemaßnahme auf Berg- und Almwiesen. Entfernen von Sträuchern, jungen Bäumen und hochwachsenden Weideunkräutern.

Sediment von lateinisch *sedimentum* = Bodensatz. Ablagerung aus Gesteinsmaterial. Der Vorgang heißt Sedimentation.

Serizit von griechisch *serikós* = seiden. Feinschuppiger Muskovit (Glimmer).

Serpentinit von lateinisch *serpens* = Schlange. Gesteinsname vom Mineral Serpentin. Namensgebung durch die oft schlangenhautähnlichen Flecken des Minerals und weil das Mineral als Mittel gegen Schlangenbisse galt.

Silicium von lateinisch *silex* = Kiesel. Chemisches Element mit der Abkürzung Si. 25 % der Erdkruste bestehen aus Silicium.

Sinter mineralische Ausscheidung durch Entweichen von CO_2, Druck- und Temperaturveränderungen oder durch Mitwirkung von Pflanzen. Ein bekanntes Sintergestein ist z. B. der Travertin. Bildung von Tropfsteinen oder Sinterterrassen, wie die berühmten Minerva-Terrassen im Yellowstone-Nationalpark.

Stalagmiten Tropfstein in Höhlen. Vom Boden in die Höhe wachsend. Von griechisch *stálagma* = Tropfen.

Stalaktiten Tropfstein in Höhlen. Von der Höhlendecke nach unten wachsend. Von griechisch *stalakós* = tröpfelnd.

Steinsalz Natriumchlorid (NaCl). Monomineralisches, in Wasser lösliches Gestein Halit

Stratosphäre Teil der Atmosphäre. Sie beginnt an den Polen in etwa 10 km und am Äquator in 18 km Höhe. Die Obergenze liegt bei 30 km Höhe. Im weitesten Sinne rechnet man auch die Ozonschicht zur Stratosphäre.

Tektonik von griechisch *tektonikós* = die Baukunst betreffend. Lehre von den Bewegungen in der Erdkruste und den diese verursachenden Kräfte.

Tertiär geologisches Zeitalter. Bezeichnung bedeutet "dritte Zeit" nach Erdmittelalter und Erdaltertum. Von ca. 66-2,5 Mill. Jahre vor heute.

Tirolikum großtektonische Einheit in den nördlichen Kalkalpen. U. a. Watzmann, Hochkalter, Karwendelgebirge.

Ton Lockergestein mit Korndurchmessern < 0,02 mm.

Tonminerale Endprodukte und Mineralneubildungen < 0,02 mm aus der Verwitterung von Silikatgesteinen wie z. B. Granit oder Gneis. Man unterscheidet je nach dem Kristallaufbau Zweischicht-, Dreischicht- und Vierschichtminerale sowie Allophane und Wechsellagerungsminerale. Durch ihre Quell- und Schrumpffähigkeit sowie ihre Fähigkeit zum Austausch von Ionen, sind sie wichtig für die chemischen und physikalischen Eigenschaften der Böden, aber auch für die Ernährung der Pflanzen.

Tonschiefer Sedimentgestein aus Tonmaterial (< 0,02 mm), das durch Druck, Temperatur oder chemische Prozesse verfestigt und geschiefert wurde, ein Vorgang der als Diagenese bezeichnet wird. Früher verwendete man Tonschiefer u. a. als Ausgangsmaterial für Schreibtafeln und zum Dachdecken.

Tonstein Sedimentgestein aus verfestigtem Tonmaterial (< 0,02 mm).

Uvala durch das Zusammenwachsen von mehreren Dolinen entstandene Hohlform in Karstgebieten.

Zyklone wandernde Tiefdruckwirbel mit Warm- und Kaltluftfront.

Bildnachweis

Dr. Gotlind Blechschmidt (Augsburg): 4.4., 4.28., 6.12., 9.6., 9.9., 9.13., 11.10.
Brigitte Reber (Frankfurt am Main): 8.31.
Dr. Ewald Langenscheidt (Rotthalmünster): 2.4., 2.6., 2.7., 2.13., 3.4., 4.5., 4.8.,
4.9., 4.12., 4.16., 4.17., 4.25., 5.14., 5.25., 9.21., 9.22., 11.4., 11.5., 11.15., 11.16.
Herbert Funk (Frankfurt am Main): 5.10., 5.11., 8.9., 8.28., 8.32., 8.44., 8.47., 9.4.,
9.15., 9.17., 12.14.
Heinz-Felix Stahr (Frankfurt am Main): 4.11., 4.14., 4.15., 5.6., 5.19., 5.20., 5.22.,
7.3., 9.16., 11.8., 11.22.
Thomas Winterstein (Offenbach am Main): 3.3. 3.6., 3.7., 6.7.
Dr. Peter Ippach (Kiel): 3.1., 3.2., 3.8.
Prof. Dr. Jürgen Heinrich (Leipzig): 8.15., 8.16.
Gemeindeverwaltung Prägraten (Osttirol): 7.8.

Dr. Alexander Stahr (Wiesbaden): 4.1., 4.6., 4.18., 4.20., 4.21., 4.22., 4.23., 4.24.,
4.26., 4.27., 4.29., 4.30., 4.35., 4.36., 4.37., 5.1., 5.2., 5.3., 5.7., 5.13., 5.18., 5.23.,
6.4., 7.1., 7.4., 7.5., 7.6., 7.10., 7.11., 7.12., 7.13., 7.14., 7.15., 7.16., 7.17., 7.18.,
8.4., 8.8., 8.13., 8.30., 8.43., 8.48., 8.49., 9.12., 9.20., 9.23., 9.27., 9.30., 9.32.,
10.1., 10.6., 11.2., 12.8., 12.9., 12.10., 12.12., 12.13., 12.19.

Alle anderen Fotos einschließlich Titelbilder Thomas Hartmann (Eppstein)

Sachverzeichnis

Muhskopf 127
Muir of Dinnet 299
Mulde 30
Murdamm 99, 104
Mure 99, 104, 105
Murengefahr 308
Murkegel 99
Mur-Mürz-Furche 37
Murverklausung 99
Mustaghtyp 246

Nährgebiet 205, 208, 209, 210, 290
Namche Bazar 368
Nanga Parbat 22, 285
Narbenversatz 107, 112, 113, 185
Narbenversatzblaike 185
Narbenversatzblaiken 107, 114
Naßschnee 149
Naßschneelawine 164, 182
Nationalpark Berchtesgaden 196
Natrium 66
Naturlandschaft 8
Naviser Tal 155
Naviser-Tal 267
Nazca-Platte 57
Nepal 45, 314
Neuschnee 18, 154, 202
Neuseeland 55, 58, 118, 278
Nevado Alpamayo 222
Nevado Huascaran 99, 165, 168, 240
Nickel 13
Niederschlag 18
Niederschlagshöhc 22, 28
Nieve de los Penitentes 217, 220
Nischenkarren 70
nivale Stufe 22
Nivation 173, 176
Nivationsnische 173, 176–79, 259, 266
Nivationsterrasse 173
Niveau 365 159
Nordföhn 19
Northwest Highlands 295
Norton-Couloir 22
Norwegen 79, 125, 131, 177, 213, 251, 360
Nuées ardentes 55
Nunatak 261, 282
Nuptse 201

Oberflächenreif 151, 158, 166
Obergabelhorn 26
Oberlawinen 164
Obermoräne 204, 212, 222, 284, 292
Oberrheingraben 38
Obersee 283
Obersulzbachkees 254
Odeillo 351
Oligozän 31
Omalós-Hochebene 72, 73
Ora 19
Orogenese 16
    alpine 17
Orthoklas 66
Ortler 133, 140
Ortlergruppe 133, 140, 141, 244, 323
Ortsform 367
Os 302
Oslo 38
Osttirol 101
Ötztal 42, 44, 109, 279
Ötztaler Alpen 45, 69, 109, 113, 161, 171, 179, 203, 207, 211, 214
Oxidationsverwitterung 66
Oxide 63
Ozeanboden 36
Ozeanbodenbasalt 36, 132, 138
Ozeanbodensedimente 15, 36, 54
ozeanischer Rücken 14
Ozero Bajkal 338

Pahoehoe 51, 52, 53
Pallavicini 36
Pallavicinirinne 36
Pamir 160, 237, 246
Pappschnee 149, 150, 152, 202
Papua Neuguinea 29
Parallelgefüge 34
Paralleltextur 31
partiell geschmolzene Zone 50
partielle Schmelze 50
Paß 7, 118, 124, 125
Paßstraße 9
Pasterze 210, 240, 244, 256, 284
Patagonien 118, 237, 278
Paznauntal 168
Penck 8, 304

Druck: Mercedes-Druck, Berlin
Verarbeitung: Buchbinderei Lüderitz & Bauer, Berlin